"이제 알겠소?

우리 과학자들이 밤새워 연구하는 이유가 바로 그겁니다.

짜릿한 발견의 순간, 발견하는 즐거움에 이르기 위해서라 이겁니다."

옮긴이 : 승영조
1991년 중앙일보 신춘문예 문학평론에 당선됐고, 한국산업은행에서 10년 남짓 일했으며, 옮긴 책으로는 『전쟁의 역사』, 『종구어(中國)』, 『인디언 여름』 외 10여 종이 있으며, 지은 책으로는 『창의력 느끼기』가 있다.

옮긴이 : 김희봉
연세대학교 물리학과 대학원을 졸업했고, 옮긴 책으로는 『세계 역사를 바꾼 100대 혁명』, 『파인만씨, 농담도 잘하시네』, 『양자물리와 전통철학』(공역) 등이 있다.

발견하는 즐거움

1판 1쇄 발행 2001년 4월 2일
1판 12쇄 발행 2019년 4월 5일

지은이 리처드 파인만
옮긴이 승영조 · 김희봉
펴낸곳 도서출판 승산
펴낸이 황승기
마케팅 송선경
등록번호 제16-1639
등록일자 1998. 4. 2
주소 서울시 강남구 테헤란로34길 17 혜성빌딩 402호
전화 02-568-6111
팩스 02-568-6118
전자우편 books@seungsan.com

ISBN 978-89-88907-16-0 03400

이 도서의 국립중앙도서관 출판시도서목록(CIP)은 e-CIP홈페이지(http://www.nl.go.kr/ecip)와 국가자료공동목록시스템(http://www.nl.go.kr/kolisnet)에서 이용하실 수 있습니다.
(CIP제어번호: CIP2011001208)
• 도서출판 승산은 좋은 책을 만들기 위해 언제나 독자의 소리에 귀를 기울이고 있습니다.

발견하는 즐거움

리처드 파인만 지음
승영조 · 김희봉 옮김

The Pleasure of Finding Things Out

차 례

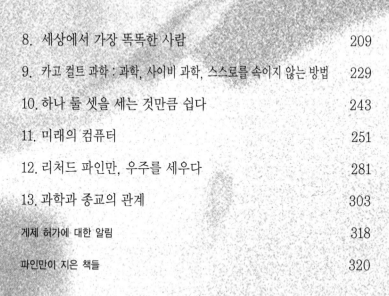

※일러두기

  원문에 실린 편집자 주석은 본문 글꼴보다 하나 작게 해서 괄호 안에 넣었다.
  그 밖의 옮긴이 주석은 주석 끝에 '옮긴이주' 표시를 달아 구분했다.

추천의 글

나의 우상

엘리자베스 여왕 시대의 극작가 벤 존슨은 이렇게 썼다.

'나는 우상 숭배에 가깝도록 그 사람을 사랑했다.'

'그 사람' 은 존슨의 친구이자 스승이었던 윌리엄 셰익스피어다. 존슨과 셰익스피어는 둘 다 성공한 극작가였다. 훌륭한 교육을 받은 존슨은 학자다웠다. 셰익스피어는 대학 교육을 받지 못했지만 저돌적인 천재였다. 두 사람은 서로를 시기하지 않았다. 아홉 살 위였던 셰익스피어는 존슨이 첫 희곡을 쓰기 시작했을 때 이미 런던 극장가에서 이름을 날리고 있었다. 존슨이 말했듯 셰익스피어는 '정직하고 개방적이며 자유분방한 성격' 을 지녔고, 후배들을 격려해 주었을 뿐만 아니라 실질적인 도움도 주었다.

셰익스피어가 존슨에게 준 가장 큰 도움은, 1598년에 상연된 벤 존슨의 처녀작 〈각인각색 *Every Man in His Humour*〉에서 주연으로 출연한 것이었다. 이 작품이 큰 성공을 거둠으로써 존슨은 본격적인 작가의 길을 걷게 되었다. 이때 존슨은 25세, 셰익스피어는 34세였다. 그 후 존슨은 계속 시와 희곡을 썼고, 셰익스피어의 극단이 그의 많은 희곡 작품을 상연해 주었다. 존슨은, 살아서는 시인과 학자로서 이름을 떨쳤고, 죽어서는 웨스트민스터 대성당에 묻히는 영예를 누렸다. 그는 명성을 얻은 후에도 옛 친구에게 진 빚을 결코 잊지 않았다. 셰익스피어가 세상을 떴을 때 〈나의 사랑하는 스승 윌리엄 셰익스피어를 추억하며〉라는 시를 썼는데, 이 시에는 다음과 같은 유명한 구절이 들어 있다.

그는 한 시대를 뛰어넘는 모든 시대의 사람이었다.

그는 라틴어를 잘 몰랐고 그리스어는 더욱 몰라서,
그런 말들로 영예를 높이고자 하지 않았으되, 나는
우레 같은 명성을 지닌 아이스킬로스, 유리피데스,
소포클레스를 찾지 않으리라, 오히려 그들을 불러내서,
다시 살아나 그의 비극을 관람하라 하리라.

대자연도 그가 구상한 작품을 자랑스러워했으며,
그의 문장으로 지은 옷을 입고 기뻐했다….
하지만 나는 그 모든 것을 대자연에게 돌려주진 않으리,
그의 예술, 나의 다정한 셰익스피어를,
나도 즐기게끔 조금은 남겨두리.
시인은 재료를 자연에서 얻지만, 재료는
시인의 예술로써 형상을 얻느니, 재료를 틀에 부어
살아있는 문장으로 주조하는 자, 땀을 흘려야 하리….

훌륭한 시인은 타고날 뿐만 아니라 만들어지는 것이기에.

존슨과 셰익스피어가 리처드 파인만과 무슨 상관이 있는가?
답은 간단하다. 나도 존슨처럼 말할 수 있다는 얘기다.
"나는 우상 숭배에 가깝도록 그 사람을 사랑했다."
운명은 나에게 파인만을 스승으로 모시는 엄청난 행운을 안겨주었
다. 나는 고등교육을 받았고 학자가 되고자 한 학생이었다. 1947년
잉글랜드에서 미국 코넬 대학으로 온 나는 파인만을 보자마자 저돌적
인 그의 천재성에 푹 빠져버렸다. 청춘의 치기로, 나는 파인만에게
셰익스피어의 존슨 같은 존재가 되겠다고 다짐했다. 미국이라는 토
양에서 셰익스피어를 만날 줄은 상상도 못했지만, 처음 보는 순간 나
는 그를 한눈에 알아보았던 것이다.
나는 파인만을 만나기 전에도 수학 논문을 많이 썼다. 그러나 반짝
이는 기교만 가득할 뿐이어서 전혀 가치가 없었다. 파인만을 만났을
때 나는 전혀 다른 세계에 들어왔다는 것을 직감했다. 그는 예쁘장한
논문을 쓰는 일에 관심이 없었다. 파인만은 자연의 본질을 이해하기
위해 그 누구보다도 열정적으로 새로운 물리학의 기초를 세우고자 노
력했다. 다행히 나는 8년에 걸친 그의 노력이 막바지에 이르렀을 때
그를 만났다. 그가 7년 전 존 휠러의 제자였을 때 구상한 새로운 물리
학은 마침내 조리 있는 비전으로 틀을 잡아가고 있었다. 파인만은 자

신의 비전을 '시공간적 접근'이라고 불렀다. 내가 그를 만난 1947년에는 이 비전이 완성되지 않아서, 아직 결말이 나지 않았고 모순도 많았다. 그러나 나는 이 비전이 옳을 수밖에 없다는 것을 금방 알아보았다. 나는 파인만의 강의를 들을 수 있는 기회가 있으면 절대 놓치지 않았고, 그가 쏟아 붓는 아이디어의 홍수 속에서 헤엄치는 방법을 배웠다. 그는 강의를 즐겼고, 나를 수강생으로 반갑게 맞아주었다. 이렇게 해서 우리는 평생의 친구가 되었다.

1년 동안 나는 곁에서 파인만을 지켜보았다. 그는 그림과 다이어그램으로 자연을 설명하는 방법을 완성시켜, 마침내 결말을 짓고 모든 모순을 제거했다. 그런 다음 스스로 고안한 다이어그램을 길잡이로 삼아 숫자 계산을 하기 시작했다. 그는 놀랍게 빠른 속도로 계산을 해냈고, 계산 결과를 즉각 실험 결과와 비교했다. 그것은 일치했다. 1948년 여름에 우리는 벤 존슨의 말이 실현되는 것을 보았다.

"대자연도 그가 구상한 작품을 자랑스러워했으며, 그의 문장으로 지은 옷을 입고 기뻐했다."

파인만과 산책하며 대화를 나누던 그 해에, 나는 물리학자 슈윙거와 도모나가의 연구 결과도 공부하고 있었다. 그들은 비교적 전통적인 방법으로 접근했지만 파인만과 비슷한 결과를 얻었다. 슈윙거와 도모나가도 파인만처럼 독자적으로 성공을 거두긴 했지만, 파인만이 다이어그램을 통해 쉽게 얻어낸 계산 결과를 그들은 아주 복잡한 방법으로 힘들여 계산해냈다. 그들은 새로운 물리학의 기초를 세우지 못했다. 그들은 물리학을 배운 대로 받아들였고, 단지 새로운 수학적 방법을 끌어들였을 뿐이다. 그들의 계산 결과가 파인만과 일치한다는 것이 분명해지자, 내게는 아주 특별한 기회가 주어졌다. 세 가지 이론을 한데 묶어서 얘기할 수 있다는 것을 알게 된 것이다. 나는 〈도모나가, 슈윙거, 파인만의 복사 이론〉이라는 제목의 논문을 써서, 세 가지 이론이 서로 달라 보이면서도 근본적으로는 동일한 이유를 설명했다.

내 논문은 1949년에 〈피지컬 리뷰〉지에 실렸고, 벤 존슨이 〈각인각색〉으로 그랬듯이, 이 논문은 내 성공의 출발점이 되었다. 그때 나는 1598년의 벤 존슨과 같은 25세였고, 파인만은 셰익스피어보다 세 살 어린 31세였다. 나는 논문에 등장하는 세 주인공을 공평하게 존경하는 마음으로 다루었지만, 내심으로는 파인만이 으뜸이라고 생각했다. 그리고 내 논문의 주된 목적도 파인만의 혁신적인 생각을 전세계 물리학자들에게 알리는 것이었다. 파인만은 자기 생각을 내가 발표할 수 있도록 적극 밀어주었고, 번득이는 생각을 내가 훔쳐간다고 불평한 적이 한번도 없었다. 그는 내 연극의 주연 배우였다.

내가 잉글랜드에서 미국으로 건너갈 때 가져간 아끼는 물건 가운데 도버 윌슨의 〈셰익스피어의 정수〉라는 짧은 전기물이 있다. 이 글에 쓰인 존슨의 말은 대부분 그 책에서 인용한 것인데, 그 책은 픽션도

넌픽션도 아닌 그 중간쯤 된다. 그 책은 벤 존슨을 비롯한 여러 사람의 직접적인 증언을 바탕으로 한 것이지만, 문헌 자료가 불충분할 경우에는 상상력을 발휘해서 셰익스피어의 삶을 그려냈다. 셰익스피어가 존슨의 연극에 출연했다는 증거 기록은 거의 100년이나 지난 1709년의 문헌에 처음 나타난다. 우리는 셰익스피어가 극작가일 뿐만 아니라 배우로도 유명했다는 것을 알고 있다. 나는 윌슨이 들려주는 옛이야기를 의심해야 할 어떤 이유도 없다고 본다.

다행히 파인만의 생애와 사상을 기록한 문헌은 드물지 않다. 이 책은 그 문헌들을 엮은 것으로, 그가 틈틈이 쓴 글과 강의 녹음으로 이루어져 있다. 쉽게 쓰인 이 기록들은 과학 전공자들보다는 일반인을 대상으로 한 것이다. 이 글에서 우리는 파인만이 항상 아이디어를 가지고 놀았으며, 장난기가 많았지만 중요한 일에는 항상 진지했다는 것을 알 수 있다. 정직, 독립심, 그리고 모른다는 것을 인정하는 데 거리낌이 없는 것, 그것이 파인만에게는 중요한 일이었다. 그는 권위를 싫어했고, 온갖 계층의 사람들과 우정을 나누었다. 또한 셰익스피어와 마찬가지로 희극을 연출하는 재능을 타고난 배우였다.

파인만은 과학에 대한 뜨거운 열정을 지녔으면서도 보통 사람들 못지않게 오락과 농담을 즐겼다. 그는 '반은 천재 반은 광대'였다. 이 말은 내가 그를 만난 지 1주일쯤 되었을 때 잉글랜드의 부모님께 보낸 편지에 쓴 말이다. 파인만은 자연 법칙을 이해하기 위한 영웅적인 노력을 하는 동안에도 친구들과 놀기를 좋아했고, 틈틈이 봉고 드럼을 신나게 두드렸고, 재미있는 이야기와 장난으로 주위 사람들을 즐겁게 해주었다. 그런 점에서도 그는 셰익스피어를 닮았다. 윌슨의 책에는 다음과 같은 존슨의 증언이 담겨 있다.

"그가 작품을 쓸 때면 밤낮이 따로 없었다. 도무지 쉬지를 않았고, 혼절할 지경에 이르러도 아랑곳하지 않았다. 그러다가 일단 작품에서 손을 떼면, 온갖 유희와 오락에 빠져들었다. 이럴 때면 다시 글을 쓰게 한다는 건 거의 불가능했다. 그러나 일단 펜을 쥐기만 하면 아주 쉽게 집중했고, 더욱 맹렬히 몰두했다."

셰익스피어가 그랬고, 사랑하는 나의 우상 파인만이 또한 그랬다.

뉴저지 주, 프린스턴, 고등학문 연구소에서
프리먼 J. 다이슨

편집자 서문

최근에 나는 하버드 대학의 유서 깊은 제퍼슨 연구소에서 열린 강연에 참석했다. 연사는 롤랜드 연구소의 린 하우 박사였다. 그녀의 최근 실험은 저명한 과학 학술지인 〈네이처〉에 실렸고 〈뉴욕 타임스〉의 표지를 장식하기도 했다. 이 실험에서 그녀는 보스 아인슈타인 응축물이라는 신물질을 다루었다(한 무리의 원자를 절대 영도에 가깝도록 냉각하면 거의 운동을 멈추고 하나의 입자처럼 움직이는 불가사의한 양자 상태가 되는데, 이것이 바로 보스 아인슈타인 응축물이다).

이 신물질에 레이저 빛을 통과시키자 빛의 속도라고는 믿을 수 없을 정도로 느린 초속 약 0.017km(시속 약 60km)로 속도가 떨어졌다. 빛은 진공 속에서 초속 약 30만km(시속 약 11억km)라는 엄청난 속도로 나아간다. 공기나 유리를 통과할 때는 조금 느려지지만, 진공에서보다 몇 천분의 1 정도 느려질 뿐이다. 그러나 신물질에서는 엄청나게 느려졌다. 간단한 산수로 0.017km를 300,000km로 나눠보면 약 0.00000006(1백만 분의 6%)도 안 된다는 것을 알 수 있다. 비유를 써서 말하면, 피사의 사탑에서 갈릴레오가 떨어뜨린 대포알이 땅에 닿는 데 2년이나 걸리는 셈이다.

나는 이 강의를 듣고 넋을 잃었다(아인슈타인이라도 감명을 받았을 것이다). 파인만이 평소에 '발견의 짜릿함'이라고 말했던 것을 나는 이때 난생 처음으로 조금이나마 느껴볼 수 있었다. 경우는 다르지만, 신의 출현을 보는 듯한 그 느닷없는 느낌! 뭔가 놀라운 개념을 알아냈는데, 그게 이 세상에 전혀 없던 새로운 것이라는 느낌. 엄청난 과학적 사건에 동참하고 있다는 느낌. 머리 위로 사과가 떨어지는 것은 달이 지구 주위를 도는 것과 같은 힘 때문이라는 것을 깨달았을 때 뉴턴이 느꼈을 그 극적인 희열. 빛과 물질의 상호작용을 이해함으로써 노벨상까지 받게 된 파인만이 이해의 첫 실마리를 얻었을 때 느꼈을 짜릿함과 무한한 행복감….

청중 속에 앉아 있던 나는 파인만이 내 어깨 뒤에서 이렇게 속삭이는 것만 같았다.

"이제 알겠소? 그게 바로 과학자들이 연구를 계속하는 이유올시다. 우리가 필사적으로 수수께끼에 매달려 밤 새워 답을 찾고, 또 다음 단계의 답을 찾기 위해 더없이 가파른 절벽을 기어오르는 이유가 바로 그겁니다. 짜릿한 발견의 순간, 발견하는 즐거움에 이르기 위해서라 이겁니다."

물리학을 하는 것은 수상의 영광을 위해서가 아니라고 파인만은 늘 말했다. 재미를 위해서라고! 세계가 어떻게 작용하는지, 세계를 똑딱거리며 가게 하는 것이 무엇인지를 발견하는 순수한 기쁨을 위해서라고.

모든 것을 무한히 의심하며 독단을 거부하는 과학의 논리와 방법에 몰두하고 헌신하는 자세, 그것이 바로 파인만이 우리에게 물려준 아름다운 유산이다. 과학이 책임 있게 사용될 때, 과학은 재미있을 뿐만 아니라 인류의 미래에 무한한 가치가 있을 수 있다는 것이 파인만의 신념이었다. 다른 모든 위대한 과학자들과 마찬가지로, 파인만은 자연 법칙에 대한 경이를 남들과 함께 나누고 싶어했다. 동료 학자뿐만 아니라 보통 사람과도 함께 나누고 싶어했다. 앎에 대한 파인만의 열정을 이 책보다 더 명쾌하게 보여주는 책은 어디에도 없다.

파인만이라는 신비한 인물을 이해하고 음미하기 위한 최선의 방법은 이 책을 읽는 것이다. 이 책에서 여러분은 파인만이 폭넓게 펼쳐 보이는 이야기를 듣게 될 것이다. 이 책에는 파인만의 깊은 생각과 매력적인 논의가 담겨 있다. 그가 누구보다도 더 잘 가르쳤던 물리학 얘기뿐만 아니라, 종교, 철학, 교육, 미래의 컴퓨터에 대한 얘기도 담겨 있다. 그가 선구적 기여를 한 나노테크놀러지, 인간으로서의 겸허함, 과학의 재미, 과학과 문명의 미래, 어린 과학 꿈나무들이 세계를 올바로 바라보는 방법 등에 관한 얘기가 담겨 있으며, 우주왕복선 챌린저 호의 참사를 불러일으킨 관료주의의 비극적 맹목성에 대한 보고서도 담겨 있다. 이 보고서는 언론에 대서특필되어 미국에서 파인만이라는 이름을 모르는 사람이 없게 되었다.

파인만의 언행은 살아 있을 때뿐만 아니라 죽은 후에도 사람들 기억에 남아 평생 지혜의 샘이 되었다. 자유분방하고 독특한 파인만의 정신세계를 좋아하는 기존 팬들과 처음 맛보는 독자들이 이 책에 담긴 그의 최고의 강연, 인터뷰, 통찰이 담긴 글 들을 즐겁게 읽고 좋은 자극을 받기 바란다.

읽고 즐기며, 때로 한바탕 웃음을 터트리고, 혹은 얼마간 교훈을 얻고, 영감을 받고, 특히 무엇보다도, 세상에 흔치 않은 한 인간에게서 뭔가를 발견하는 즐거움을 만끽하길 바란다.

1999년 9월, 매사추세츠 주, 리딩에서
제프리 로빈스

1
발견하는 즐거움

이 글은 1981년, 영국 BBC 텔레비전의 〈과학의 지평선 Horizon〉이란 프로그램에서 방영된 인터뷰를 편집한 것이다(이 인터뷰는 미국에서도 방영되었다).

1981년은 파인만의 말년이었다(그는 1988년에 세상을 떴다). 그래서 자신의 체험과 성취를 얘기하고 있는 이 글에는 젊어서는 얻을 수 없는 값진 통찰이 담겨 있다. 그리고 체험담답게, 파인만이 마음에 둔 많은 주제들에 대해 아주 사적으로 솔직하고 푸근하게 이야기하는 형식을 띠고 있다.

단순히 이름만 안다는 것은 왜 전혀 모른다는 것과 같은가? 맨해튼 프로젝트에서 일한 파인만과 동료 과학자들이 만든 끔찍한 폭탄으로 히로시마에서 수많은 사람이 죽었고 또 죽어가고 있을 때, 어떻게 성공을 축하하며 술판을 벌일 수가 있었는가? 노벨상을 받든 받지 않든 과학자로서 파인만의 삶은 왜 달라질 수 없는가?

꽃의 아름다움

화가 친구가 한 명 있는데, 그 친구는 내가 받아들일 수 없는 말을 하곤 합니다. 예를 들어 꽃 한 송이를 들고 이렇게 말합니다.

"이것 좀 봐, 정말 아름답지?"

나는 그렇다고 대답합니다. 이때 그 친구가 한다는 소리가 이렇습니다.

"나야 화가니까 당연히 꽃이 얼마나 아름다운지 알 수 있지. 하지만 과학자인 자네는 그걸 알 리가 없어. 과학자라는 건 꽃을 뜯어서 분석한다며 엉망으로 만들 뿐이라구."

그러면 나는 이 친구가 좀 돌았나 싶어집니다. 그 친구가 느끼는 아름다움은 다른 사람도 느낄 수 있고, 나도 물론 느낄 수 있으니까요. 심미적으로는 그 친구가 더 세련되었을 수 있겠지요. 하지만 나도 꽃의 아름다움에 취할 줄 압니다. 뿐만 아니라, 꽃에 대해 그 친구가 아는 것보다 더 많은 것을 알고 있습니다. 꽃 세포를 상상할 수 있고, 세포들의 복잡한 움직임을 상상할 수 있는데, 세포와 그 움직임도 여간 아름다운 게 아닙니다.

겉으로 눈에 보이는 것에만 아름다움이 있는 게 아니라, 눈에 보이지 않는 차원의 세계에도, 내부 구조에도, 그 작용에도 아름다움이 있어요. 꽃 색깔이 곤충을 끌어들여 가루받이를 하려고 진화한 거라는 사실은 참 흥미롭지요. 그렇다면 곤충도 색깔을 알아볼 수 있다는 얘기가 되는데, 과학은 거기에 의문을 덧붙입니다. 하등 생물도 미적 감각이라는 걸 지니고 있을까? 아름다운 것은 왜 아름다울까? 그것은 참 흥미로운 의문입니다. 알고 보면 과학 지식은 꽃에 대한 흥미와 신비로움과 경이감을 더하면 더했지 절대로 덜하게 하지는 않습니다.

인문학은 질색이어서

나는 언제나 외곬으로 과학에만 관심을 두었습니다. 젊음을 온통 과학에 바쳤지요. 인문학이라는 건 배울 시간도 없었지만, 참고 배울 인내심도 없었어요. 대학에서는 인문학을 교양 과목으로 이수해야 했는데, 어떻게든 배우지 않으려고 별짓을 다했습니다. 훗날 나이가 들어서야 좀더 여유를 갖고 관심 영역을 조금 넓히게 되었지요. 그래서 그림 그리기를 배웠고, 책도 좀 읽었습니다. 하지만 여전히 나는 외곬수 과학자고, 모르는 게 너무나 많아요. 내 지능에는 한계가 있어서, 나는 지능을 외곬으로 쏟아 붓습니다.

창 밖의 티라노사우루스

우리 집에는 〈브리태니커 백과사전〉이 있었습니다. 아주 어렸을 때부터 아버지는 나를 무릎에 앉히고 그걸 읽어주시곤 했지요. 예를 들어 공룡 이야기를 읽어주신 적이 있는데, 아마 브론토사우루스나 티라노사우루스 렉스에 대한 글이었을 겁니다.

"이 동물은 키가 8미터, 두개골 지름은 2미터에 이른다."

아버지는 읽다 말고 이렇게 말합니다.

"자, 그럼 이게 무슨 뜻인지 알아보자. 이건 말이지, 그 공룡이 우리 집 뜰에 서 있다면, 머리를 2층 창문으로 들이밀 수 있을 정도로 키가 크다는 뜻이야. 하지만 머리를 들이밀지는 못할 거다. 머리가 창문보다 조금 더 커서 유리창만 깨고 말 테니까."

읽어주는 것은 뭐든지 그렇게 생생하게 실제 상황으로 쉽게 풀이해 주셨기 때문에, 나도 그런 방법을 배우게 되었습니다. 혼자 책을 읽을 때도 항상 그것이 실제로 무슨 뜻인지 알아내려고 했던 겁니다. 실제 의미가 무엇인지를 번역해서 읽은 거예요(웃음). 어렸을 때 혼자 백과사전을 읽으며 제멋대로 해석해보곤 했는데, 아무튼 그렇게 큰 동물이 살았다는 것을 생각하면 아주 흥미진진하고 짜릿했어요. 그런 동물이 내 창문으로 들어오면 어쩌나 하고 겁을 먹지는 않았습니다. 공룡이 모조리 죽어버렸다는 게 나는 너무나 신기했고, 그 이유를 아는 사람이 당시에 아무도 없었다는 것도 여간 흥미롭지 않았어요.

우리는 뉴욕 교외에 살면서, 가까이 있는 캐츠킬 산맥에 자주 갔습니다. 캐츠킬 산맥은 여름에 사람들이 자주 찾는 곳이었어요. 아버지는 친구분들이 아주 많았는데, 모두가 주중에는 뉴욕에 가서 일하고 주말에만 집에 돌아왔습니다. 아버지는 주말에 돌아오셔서 나와 함께 숲으로 산책을 가곤 했습니다. 그리고 숲에서 일어나는 여러 가지 재미난 일들을 얘기해 주셨지요. 친구 어머니들이 그걸 알고 부러워한 나머지 남편들의 등을 떠밀며 들볶았어요. 아들을 데리고 산책을 나가라구요. 그렇지만 친구 아버지들은 꼼짝도 하지 않았어요. 우리 아버지더러 애들을 모두 데리고 산책을 가주면 안 되겠느냐고 사정하기만 했지요. 아버지는 거절하셨어요. 나와 함께 오붓하고 특별한 시간을 보내고 싶으셨으니까요. 결국 다음 주말부터 친구 아버지들도 애들을 데리고 산책을 나갈 수밖에 없었습니다. 그 주말이 지난 월요일에 아버지들이 모두 일터로 떠난 뒤, 아이들끼리 들에서 놀고 있는데 한 아이가 내게 묻는 거예요.

"저 새 좀 봐, 저게 무슨 새인지 알아?"

나는 모르겠다고 했지요. 그러자 그 애가 말하는 거예요.

"저건 갈색목개똥지빠귀라는 거야. 니네 아버지는 아무것도 안 가르쳐 주시는구나!"

그 반대였습니다. 아버지는 제대로 가르쳐 주셨어요. 아버지는 이렇게 말씀하셨지요.

"저 새가 뭔지 아니? 저건 스펜서 쩍쩍이라는 거야. (나는 아버지가 진짜 이름을 모른다는 걸 알았지요.) 하지만 포르투갈어로는 봄 다파이다, 이탈리아어로는 추토 라피티다, 중국어로는 츠웅룽타, 일본어로는 카타노 테케다라고 한단다. 자, 너는 이제 알고 싶은 모든 언어로 저 새의 이름을 알았어. 그런데 이름을 다 알았다 해도 너는 저 새에 대해 전혀 아는 게 없단다. 다른 곳에 사는 사람들이 저 새를 뭐라고 부르는지만 알게 된 거지."

그러고는 이렇게 말씀하셨어요.

"자, 이제 저 새를 살펴보자."

아버지는 그렇게 내가 사물의 이치를 깨닫도록 가르치셨습니다. 하루는 급행열차라고 부르는 장난감 기차를 가지고 놀고 있었어요. 이 기차에는 철로가 딸려 있어서 아이들이 끌고 다니도록 만든 것인데, 기차 화물칸에는 공이 실려 있었습니다. 지금도 생생하게 기억이

납니다. 기차를 끌다가 나는 공이 어떻게 움직이는지 알게 되었습니다. 그래서 아버지한테 달려가서 말했지요.

"아빠, 내가 알아낸 게 있어요. 기차를 끌면 공이 뒤로 굴러가요. 끌고 가다가 갑자기 세우면 공이 앞으로 굴러가구요. 그런데 왜 그렇죠?"

아버지는 이렇게 대답하셨습니다.

"그건 아무도 모른단다. 다만, 움직이는 물체는 계속해서 움직이려고 하고, 서 있는 것은, 네가 세게 떠밀지 않는 한 계속해서 서 있으려고 하는 게 일반적이지. 그걸 관성의 법칙이라고 하는데, 왜 그런지는 아무도 모른단다."

아버지는 잘 알고 있었습니다. 아버지는 이름만 가르쳐주는 법이 없었지요. 아버지는 이름만 아는 것과 진짜로 아는 것의 차이를 알고 계셨어요. 덕분에 나는 그걸 아주 일찍 깨달을 수 있었지요. 아버지는 또 이렇게 말씀하셨습니다.

"자세히 보면, 공이 기차 뒤로 굴러가는 게 아니란다. 사실 너는 기차만 끌어당긴 거야. 그래서 공은 제자리에 있는 거지. 하지만 실제로는 마찰 때문에 공이 뒤로 가기보다는 조금 앞으로 끌려가지." 그래서 나는 다시 기차가 있는 곳으로 뛰어가서 화물칸에 공을 얹고 기차를 살짝살짝 끌어보며 관찰했습니다. 아버지 말씀이 옳았어요. 기차를 앞으로 끌 때 공은 결코 뒤로 가지 않아요. 화물칸에서는 공이 뒤로 밀리지만, 방바닥을 기준으로 해서 바라보면 조금 앞으로 가죠. 마찰 때문에 앞으로 딸려간 겁니다. 나는 이런 식으로 배웠어요. 아버지는 온갖 예를 들어 설명하며 대화를 이끌어 가셨는데, 그 대화에 강요란 없었습니다. 오로지 흥미진진하고 사랑이 가득했습니다.

보통사람을 위한 방정식

그 무렵 나보다 세 살 많고 중학교에 다니는 사촌형이 있었는데, 수학을 너무 어려워했어요. 그래서 가정교사가 방문해서 과외 지도를 했지요. 하루는 가정교사가 방정식을 가르칠 때 사정을 해서 나도 귀퉁이에 끼어 앉았지요(웃음). $2x$더하기 뭐, 이런 문제를 풀고 있길래 사촌형에게 물었어요.

"무슨 문제를 풀고 있는 거야?"

사실은 이미 무슨 문제인지 알고 있었지만 모르는 척한 겁니다.

"네가 뭘 안다고 그래? $2x + 7 = 15$. 여기서 x값을 구하는 문제야."

"그건 4잖아."

"맞아. 산수로 풀었군 그래. 하지만 이건 방정식으로 풀어야 하는 거야."

그게 바로 사촌형이 방정식을 제대로 배우지 못한 이유였어요. 형은 문제를 푸는 방법만 배웠지 원리는 이해하지 못한 겁니다. 사실, 문제를 푸는 특정한 방법 같은 건 없죠. 다행히 나는 학교에서 방정식을 주입식으로 배우지 않고 혼자 공부했습니다. 그래서 x값을 알아내는 것이 핵심이지, 그걸 어떻게 푸는가, 산수로 푸는가 방정식으로 푸는가는 중요하지 않다는 것을 알고 있었어요. 방법이라는 건 학교에서 그럴 듯하게 만들어낸 것에 지나지 않는 겁니다. 방정식을 배워야 하는 아이들을 모두 시험에 통과시키려고 만든 것일 뿐이에요. 아무 생각 없이 따라 하기만 하면 답을 알아낼 수 있는 방법을 만든 거지요. 양변에서 7을 빼라, x에 곱한 숫자가 있으면 그 숫자로 양변을 나누어라, 등등의 과정들을 거치면, 지금 뭘 하려는 건지 몰라도 답을 얻을 수 있지요.

그 무렵 시리즈로 나온 수학책이 있었는데, 처음에는 〈실용 산수〉, 다음에는 〈실용 대수〉, 다음에는 〈실용 삼각법〉이 나왔어요. 나는 실용 삼각법을 배웠는데, 잘 이해가 되지 않아서 금방 잊어버렸습니다. 그런데 시리즈가 계속해서 나오는 것이었어요. 도서관에서는 다음 책인 〈실용 미적분〉도 구입할 거라더군요. 나는 그 무렵 백과사전을 통해 미적분이 아주 중요하고 재미있다는 것을 알고 있었기 때문에 꼭 배워야겠다고 다짐했습니다. 그때 나는 아마 열세 살쯤 되었을 겁니다. 마침내 그 책이 나왔다는 말을 듣고, 나는 아주 들떠서 도서관으로 달려갔습니다. 그런데 사서가 나를 척 보더니 이러는 거예요.

"아니, 너 같은 어린애가 이 책을 빌려가서 뭘 하려고? 이건 어른이 보는 거야."

그래서 내 평생 몇 번밖에 하지 않은 꺼림칙한 거짓말을 했죠. 아버지가 보실 거라구요. 그래서 그 책을 빌려가서 미적분을 배웠습니다. 그러고는 아버지한테 아는 척을 좀 했더니 아버지도 그 책을 읽기 시작했어요. 하지만 이해하지 못하시더군요. 나는 좀 놀랐어요. 아버지도 모르는 게 있을 줄은 정말 몰랐거든요. 내가 보기에 미적분은 비교적 간단하고 빤한 건데 그걸 이해하지 못하시는 거예요. 어떤 의미에서는 내가 아버지보다 더 많은 것을 배웠다는 사실을 그때 처음 알게 되었지요.

견장과 교황

나는 아버지한테 배운 게 참 많습니다, 물리학 말고두요(웃음). 옳든 그르든 많은 것을 배웠는데, 그 중 한 가지는 권위를 부정하라는 것입니다. 어떤 이치를 깨닫기 위해서 말입니다. 아주 어렸을 때 이런 일이 있었어요. 〈뉴욕 타임스〉지에 처음으로 윤전 그라비어 방식 (1920년대 처음으로 신문에 사진이 인쇄된 방식—옮긴이주)의 사진이 실렸을 때였는데, 아버지는 나를 무릎에 앉히고 사진을 펼쳤어요. 모든 사람이 교황 앞에서 절하는 사진이었습니다. 아버지는 이렇게 말씀하셨지요.

"이 사람들을 봐라. 여기 한 사람이 서 있고, 다른 사람들은 모두 절을 하고 있지? 서 있는 사람은 교황인데, 다른 사람과 뭐가 다를까?"

아버지는 교황을 싫어하셨어요.

"무엇이 다른가 하면, 바로 견장을 달고 있다는 거란다."

물론 교황은 견장을 달고 있지 않지만, 계급이 높은 군인으로 치면 그렇다는 얘기입니다.

"하지만 이 사람도 남들처럼 인간적인 문제를 안고 있단다. 남들처럼 밥도 먹고 똥도 누고, 여느 사람들과 똑같은 문제를 안고 있지. 인간이니까. 그런데 왜 모두들 그에게 절을 할까? 그건 단지 그의 이름과 지위, 그리고 제복 때문이란다. 특별히 무슨 영예로운 일을 해서가 아니야."

아버지는 제복 사업을 하셨기 때문에 제복을 입은 사람과 벗은 사람의 차이를 잘 알고 있었어요. 아버지에게 그들은 다 똑같은 사람이었죠.

아버지는 나와 함께 있는 것을 참 좋아했어요. 하지만 한번은, 내가 몇 년 동안 MIT에서 지내다 돌아왔을 때 이런 말씀을 하시더군요.

"이제 너는 많은 것을 배웠으니까, 하나만 물어보자. 항상 궁금했지만 알 수가 없어서 묻는 건데, 너는 그걸 배웠을 테니 좀 가르쳐다오."

그래서 그게 뭔지 물었어요. 아버지께서는, 원자가 한 상태에서 다른 상태로 변할 때 광자라는 입자가 튀어나오는 걸로 알고 있다고 하시더군요. 그건 사실이라고 내가 말했지요.

"그러면 광자는 원자에서 튀어나오기 전에도 있었던 거냐? 아니면 원래는 없었던 거냐?"

"원래 있었던 건 아니에요. 전자가 변하는 순간 튀어나오는 거죠."

"그러면 광자가 어디에서 나오는 거지? 없는 게 어떻게 나올 수 있느냐 이거야."

나는 그때 '광자의 수는 보존되는 게 아니라, 단지 전자의 운동에 따라 생성된다'는 식의 추상적인 말을 할 수는 없었어요. 그래서 다음과 같이 말해 보았지만 그것으로도 납득시킬 수 없었습니다. 즉, 내가 지금 내는 소리는 내 속에 미리 존재한 게 아닙니다. 내 아들이 아주 어렸을 때, 난데없이 어떤 낱말을 쓸 수가 없다고 말하는 것이었어요. 알고 보니 그건 '고양이'라는 낱말이었는데, 그 말을 너무 많이 써버려서 낱말 주머니에 남은 게 없다나요(웃음). 바로 그런 경우와 같습니다. 그렇게 낱말을 꺼내 쓸 수 있는 낱말 주머니라는 게 존재하지 않듯이, 원자 속에도 광자 주머니라는 게 존재하지 않습니다. 광자가 나올 때 그것이 어딘가에서 나오는 게 아니라는 뜻이지요. 나는 이 이상 잘 설명할 수가 없었습니다. 그런데 아버지는 영 못마땅해 하셨어요. 머리에 쏙 들어오도록 설명을 못 해준다구요(웃음). 그러니 아버지는 실패하신 셈입니다. 나를 대학에 대학원까지 보내놓고 당신이 모르시던 것을 알아내려고 했는데, 결국 아무것도 알아내지 못하고 말았으니까요(웃음).

원자폭탄 만들기

(박사 논문 연구 도중에 파인만은 원자폭탄 개발 프로젝트에 참여해 달라는 제의를 받았다.) 그것은 전혀 다른 종류의 일이었습니다. 그 프로젝트에 참여한다는 것은 진행 중인 연구, 내 평생의 소원이었던 연구를 중단해야 한다는 걸 의미했어요. 그런데 연구 시간을 빼앗기더라도 문명을 수호하기 위한 그 프로젝트에 참여해야 한다는 느낌이 들었습니다. 무슨 말인지 아시겠죠? 내가 고민한 것도 그런 갈등 때문이었어요.

제의를 받고 처음에는 정상적인 연구 활동을 중단하면서까지 그런 이상한 일을 하고 싶지는 않았어요. 물론 전쟁과 관련된 도덕적인 문제도 마음에 걸렸지요. 그 점에 대해서는 할 말이 많지 않지만, 아무튼 그 폭탄이 어떤 건지 알고는 소름이 끼쳤습니다. 그 폭탄을 만드는 것이 가능할 수도 있다는 것은 그게 반드시 가능해야만 한다는 집념이 돼버렸어요. 우리가 만들 수 있다면 독일이라고 해서 못 만들 이유가 어디 있단 말인가. 그래서 우리가 힘을 모아야 한다는 것은 아주 절박한 문제였어요.

(1943년 초에 파인만은 로스앨러모스의 오펜하이머 팀에 합류했다.) 도덕적인 질문에 대해 한마디하고 싶군요. 그 프로젝트를 시작한 당초 이유는 독일 때문이었습니다. 나는 프린스턴에서 첫 번째 시스템 개발에 참여했고, 나중에는 로스앨러모스에서 폭탄을 실제로 만들기 위한 연구를 했습니다. 더욱 무시무시한 폭탄을 만들기 위해 설계를 수없이 바꿔가며 갖은 노력을 다했지요. 우리는 아주 아주 열심히 일을 했고, 모두가 한데 힘을 모았습니다. 여느 프로젝트와 마찬가지로 일단 하기로 마음먹자 다들 성공하기 위해 줄기차게 노력했어요. 그러나 내가 했던 일은 비도덕적이었습니다. 나는 그걸 하기로 한 당초의 이유를 잊어버렸어요. 독일이 패전했으니 당초의 이유가 사라졌는데도, 그 점을 단 한번도 반성하지 않았던 겁니다. 무슨 일을 계속하고 있다면 그걸 왜 계속하고 있는지 다시 생각해봐야 합니다. 그런데 나는 전혀 생각해보지 않았습니다.

성공과 고통

(1945년 8월 6일 히로시마 상공에서 원자폭탄이 터졌다.) 아마 나는 성취감 때문에 눈이 멀었나 봅니다. 원폭 투하에 대해 내가 기억하는 단 한 가지 반응은, 사람들이 아주 흥분했고 의기양양했다는 것입니다. 술판이 벌어졌고 모두가 거나하게 취했습니다. 로스앨러모스와 히로시마에서 일어난 일은 정말 흥미로울 정도로 대조적이었지

요. 나도 들뜬 분위기에 휘말려 잔뜩 마시고 취해서 지프 보닛 위에 올라가 드럼을 치며 로스앨러모스를 휘젓고 다녔습니다. 히로시마에서 사람들이 몸부림치며 죽어가는 바로 그 순간에 말입니다.

전쟁이 끝난 후 나는 심각한 후유증에 시달렸습니다. 단지 원자폭탄 때문일 수도 있지만, 다른 심리적인 이유 때문일 수도 있지요. 그 무렵 아내가 세상을 떴으니까요. 뉴욕의 한 식당에서 어머니와 함께 있었던 때가 생각납니다. 히로시마 사건 직후였는데, 나는 히로시마를 뉴욕에 견주어 생각해 보았습니다. 내가 앉아 있던 식당이 59번 스트리트쯤이었으니까, 34번 스트리트에 폭탄을 하나 떨어뜨리면, 내가 있는 곳까지 박살나서 모든 사람이 죽고 모든 것이 다 파괴될 거라는 생각을 했던 겁니다. 히로시마에 떨어진 폭탄이 얼마나 큰지, 그것이 얼마나 넓은 지역을 파괴하는지 따위를 나는 알고 있었어요. 게다가 폭탄은 하나밖에 없는 게 아니었습니다. 계속 만들어내는 것도 식은 죽 먹기였어요.

그러니 세상은 정말 암담했습니다. 나는 낙관적인 사람들보다 훨씬 먼저 그걸 감지했지요. 국제 관계도, 사람들의 행동 방식도, 원폭 투하 당시와 전혀 달라지지 않았고, 다른 일도 마찬가지였습니다. 앞으로도 달라지지 않을 테니 내가 하루 빨리 적응하는 수밖에 없다고 생각은 했지만, 정말 마음이 무거웠어요. 이건 정말 어리석은 짓이라고 나는 생각했습니다. 아니 확신했어요. 예를 들어 사람들이 다리를 놓는 걸 보면 이렇게 중얼거립니다.

"정말 뭘 모르는구나."

만든다는 것은 무의미한 짓이라고 나는 확신했습니다. 그래봐야 머잖아 죄다 파괴될 테니까요. 하지만 사람들은 이해하지 못했어요.

누가 무엇인가를 만드는 걸 볼 때마다 나는 늘 이렇게 생각했어요. 뭔가를 만들려고 하다니 얼마나 어리석은가! 그렇게 나는 일종의 우울증에 사로잡혀 정말 괴로웠습니다.

"내가 잘할 거라고 남들이 생각하기 때문에 잘할 필요는 없다."

(제2차 세계대전이 끝난 후 파인만은 한스 베테*Hans Bethe*(1906~.핵반응 이론, 특히 항성에서 생산할 수 있는 에너지에 관한 발견으로 1967년에 노벨 물리학상을 받았다)가 있던 코넬 대학의 교수가 되었다. 그때 파인만은 프린스턴 고등학문 연구소에서 와달라는 제안을 거절했다.) 그들은 아마 내가 그 제안을 받고 환호할 거라고 생각했을 겁니다. 나는 환호하지 않았어요. 그때 나는 새로운 원리를 하나 깨달았지요.

'남들이 내가 뭘 잘할 수 있을 거라고 생각하든 그건 내 책임이 아니다.'

내가 잘할 거라고 남들이 생각하기 때문에 잘할 필요는 없다 이겁니다. 그래서 나는 느긋해질 수 있었습니다. 나는 속으로 이렇게 다짐했지요.

'나는 지난날 중요한 일을 한 게 하나도 없고, 앞으로도 중요한 일을 결코 하지 않겠다.'

그렇지만 나는 물리학과 수학을 즐겼습니다. 훗날 노벨상을 받게된 연구(양자전기역학 분야에서 근본적인 업적을 이루었으며, 소립자물리학에 커다란 영향을 미친 공로로 1965년에 파인만은 줄리안 슈윙거, 도모나가 신이치로와 공동으로 노벨 물리학상을 수상했다)를 그렇게 빨리 해낼 수 있었던 것도 내가 그걸 가지고 놀았기 때문입니다.

노벨상, 가치가 있었는가?

나와 슈윙거와 도모나가는 독자적으로 같은 일을 해냈습니다. 우리가 한 일의 핵심은, 1928년에 처음 만들어진 전기와 자기에 대한 양자론을 어떻게 다룰 것인가, 어떻게 분석하고 논의할 것인가를 알아냈다는 것입니다. 다시 말하면, 어떻게 해석을 해야 무한대를 피해서 의미 있는 계산값을 내놓을 수 있는가 하는 것이죠. 결국 우리의 계산값은 이제까지 모든 실험에서 나온 값과 정확히 일치하는 것으로 판명되었습니다. 양자전기역학은 적용 가능한, 예를 들어 핵력 분야는 제외한, 모든 분야의 실험 결과와 일치하는데, 내가 그 방법을 알아낸 것은 1947년이었습니다. 그걸 알아낸 공로로 노벨상도 받았지요.

(**BBC**: 노벨상이 가치가 있었나요?) 노벨상에 대해서는 아는 게 없어요. 뭘 보고 주는 상인지, 무슨 가치가 있는지 나는 모르겠습니다. 스웨덴 한림원 사람들이 아무개에게 상을 주겠다고 결정하면 그렇게 되는 걸로만 알고 있습니다. 나는 노벨상이 나와 아무 상관이 없었으면 좋겠어요. 그건 목에 걸린 가시 같은 거예요…(웃음). 나는 명예를 싫어합니다. 나는 내가 한 일이 가치가 있다는 걸 알고 있어요. 그 가치를 인정하는 사람들이 있고, 전세계 물리학자들이 내 연구를 이

용하고 있으니까요. 나는 그걸로 족합니다. 더 이상 바랄 게 없어요. 나는 모든 것이 다 의미가 있다고는 생각하지 않습니다. 한림원에서 노벨상을 받기에 충분히 값진 업적이라고 결정한다고 해서 그 결정이 무슨 의미가 있다고는 보지 않아요.

나는 그 전에 이미 상을 받았어요. 무언가를 발견하는 즐거움보다 더 큰 상은 없습니다. 사물의 이치를 발견하는 그 짜릿함, 남들이 내 연구 결과를 활용하는 모습을 보는 것, 그런 것이 진짜 상이죠. 내게 명예라는 건 비현실적인 거예요. 나는 명예라는 걸 믿지도 않아요. 그건 나를 괴롭히기만 합니다. 명예는 귀찮아요. 명예는 견장이고 제복일 뿐이죠. 아버지는 나를 그렇게 길렀어요. 나는 명예라는 게 못마땅합니다. 명예는 내 기분만 망쳐요.

고등학교에 다닐 때, 내가 처음으로 얻은 명예는 아리스타의 일원이 된 것이었습니다. 그건 성적이 뛰어난 학생들의 모임이었지요. 모두들 아리스타에 들어오려고 했어요. 내가 아리스타에 들어가 보니, 그 모임에서 하는 일이라는 게 고작 둘러앉아서 누가 또 이 놀라운 그룹에 들어올 자격이 있는가를 토론하는 것이었어요. 아시겠습니까? 우리는 빙 둘러앉아서 누구를 아리스타에 받아들일지 논의했던 겁니다. 나는 그런 일이 정말 싫은데 그 이유는 나도 모르겠어요. 그 시절부터 지금까지 나는 항상 명예라는 걸 견딜 수가 없었어요.

미국 국립과학학술원 회원이 되었을 때에도 결국 사임하지 않을 수 없었어요. 그 학술원이라는 것도, 누가 회원이 될 만큼 유명한가를 따지며 시간을 보내는 단체였지요. 그러니까, 우리 조직에 누구를 가입시켜 줄까, 아주 훌륭한 화학자가 한 명 있는데 이 사람이 가입하려고 한다, 그건 큰 일이다, 우리 물리학자들은 똘똘 뭉쳐야 한다, 자리가 부족하니 화학자를 받아들일 수는 없다, 이러쿵저러쿵 쑥덕쑥덕 하는 겁니다. 화학자면 뭐가 어떻다고 그러는 걸까요? 죄다 썩었어요. 그 명예라는 것을 누가 차지할 것인가를 결정하는 데만 목표를 두니까 그래요. 정말이지, 나는 명예라는 게 싫습니다.

게임의 규칙

(1950년부터 1988년까지 파인만은 캘리포니아 공대의 이론물리학 교수였다.) 자연의 본질을 이해하기 위해 우리가 하는 일은 무엇일까요? 그걸 알아보기 위해 재미있는 비유를 들어보겠습니다.

신이 체스와 비슷한 게임을 하고 있다고 합시다. 그런데 우리는 게임 규칙을 모릅니다. 하지만 체스판 옆에서 구경은 할 수 있다고 합시다. 적어도 어쩌다 한번씩은 한 귀퉁이만이라도 엿볼 수 있습니다. 그러면 우리는 게임의 규칙이 뭔지 알아보려고 하겠지요. 어떤 규칙으로 말이 움직이는가? 한참 들여다본 후, 예를 들어 이런 결론을 내릴 수 있습니다.

판 전체에 비숍이 하나밖에 없을 때는, 비숍이 서 있는 자리의 색깔이 일정하다. 다시 한참 후 비숍이 대각선을 따라 움직인다는 규칙을 발견하고, 이것이 앞에서 발견한 규칙(비숍이 선 자리의 색깔이 일정함)을 설명할 수 있다는 걸 알아낼 수도 있을 겁니다. 이것은 처음에 발견한 규칙을 나중에 더 깊게 이해하는 것과 비슷합니다.

이렇게 계속되어 점점 많은 규칙을 알게 되고, 모든 것이 척척 들어맞아 가는데, 갑자기 한 구석에서 이상한 현상이 나타납니다. 우리는 그걸 알아보려고 매달립니다. 그건 캐슬링 *castling*(입성. 킹과 어느 한 쪽에 있는 룩 *Rook*(성주) 사이에 말이 없을 때, 한 수에 킹을 두 칸 오른쪽 또는 왼쪽 으로 옮기고 룩을 그 안쪽에 앉힐 수 있다. 이 수는 킹도 룩도 아직 움직인 적이 없 고, 킹의 통로에 상대방 말의 행마길이 안 뚫려 있을 경우에만 허용된다—옮긴이 주)이었습니다. 전혀 예상치 못했던 일이지요. 그런데 항상 기초 물리 학에서는 결론이 이해되지 않으면 그냥 덮어두는 법이 없습니다. 충 분히 조사하고 점검해야 직성이 풀리죠.

잘 들어맞지 않는 것이 사실은 가장 흥미로운 것입니다. 우리가 예 상치 못한 방법으로 움직이는 부분 말입니다. 그 부분 때문에 물리학 에 혁명이 일어날 수도 있어요. 비숍이 선 자리의 색깔이 일정하고, 대각선으로 움직인다는 것 등이 알려진 다음, 오랜 시간이 지나 모두 들 그게 진실인 줄 알고 있는데, 어느 날 갑자기 비숍이 서 있는 자리 가 달라졌다는 것을 발견할 수도 있습니다. 세월이 흐른 후 다시 새로 운 규칙의 가능성을 발견합니다. 비숍이 잡혔고, 폰이 끝까지 전진해 서 비숍으로 변한 경우를 발견하는 겁니다. 있을 수 있는 일이었는데 전에는 몰랐던 거죠.

이건 우리가 아는 법칙이라는 것들과 정말 잘 들어맞는 비유입니 다. 때로 법칙은 아주 명확해 보여서 한동안 척척 들어맞다가, 법칙 이 틀렸다는 것을 보여주는 작은 변칙이 갑자기 나타납니다. 그러면 우리는 비숍이 선 자리의 색깔이 변하는 조건이 무엇인가 등을 탐구 해야 합니다. 그러다 차츰 새로운 규칙을 익혀서 더 깊이 이해하게 되 지요. 체스는 깊이 들어갈수록 규칙이 복잡해집니다. 하지만 물리학 에서는 새로운 것을 발견하면 할수록 규칙이 더 단순해 보입니다. 전 체적으로 보면 더 복잡해지는데, 그것은 우리가 더 큰 경험을 하기 때문입니다. 우리는 더 많은 입자들과 새로운 것들을 배우게 되는 거죠. 그래서 법칙이 다시 복잡해 보이는 겁니다. 하지만 이건 참 놀라운 일인데, 경험을 계속 넓혀가다 보면, 어느 날 갑자기 모든 것이 합쳐져서 하나로 통일됩니다. 그러면 모든 것이 전보다 훨씬 더 단순해집니다.

물리 세계의 궁극적인 특성에 관심이 있을 경우, 현재 우리가 그 특성을 이해할 수 있는 유일한 방법은 수학적 추론을 하는 것뿐입니다. 그러니 수학을 이해하지 못하면 세계의 어떤 측면들은 충분히 음미할 수가 없어요. 사실 거의 음미할 수 없지요. 수학에 대한 이해가 없으면 자연 법칙의 보편성이라는 심오한 특성이나 사물들의 관계를 제대로 음미할 수가 없다고 봅니다. 다른 방법이 또 있을까요? 수학 없이 정확하게 기술하는 다른 방법, 상호관계를 파악하는 다른 방법이 있을까요? 세계의 그런 측면을 충분히 음미하려면 수학적 감각을 익혀야 한다고 보는데, 제 말을 오해하지는 마시기 바랍니다. 세상에는 수학이 불필요한 경우가 너무나, 너무나 많습니다. 사랑이 그런 거죠. 사랑을 음미한다는 것은 대단히 경이롭고 신비롭고 기쁘고 가슴 떨리는 일입니다. 나는 세상에 오로지 물리학만 존재한다고 말하려는 게 아닙니다. 하지만 물리학에 관한 한, 수학을 모르고 세계를 이해하려고 하면 심각한 한계에 부닥치게 됩니다.

원자 부수기

나는 물리학 분야에서 우리가 맞닥뜨린 특수한 문제 하나를 연구하고 있는데, 그게 뭔지 설명해 보겠습니다. 아시다시피 모든 것은 원자로 되어 있습니다. 그건 이미 오래 전에 알려진 사실인데, 일반인도 대부분 그걸 알고 있습니다. 원자는 핵을 가지고 있고, 핵 주위에는 전자가 돌고 있습니다. 바깥에 있는 전자의 움직임은 이제 완전히 알려져 있지요. 우리는 앞에서 말한 양자전기역학으로 그 법칙들을 잘 이해하게 되었습니다.

그러자 이제는 핵이 어떻게 작용하는지, 입자들이 어떻게 상호작용하는지, 어떻게 입자들이 서로 붙어 있는지, 이런 것들이 문제가 되었습니다. 그 문제에 대한 연구의 부산물로 핵분열을 발견했고, 그게 원자폭탄 제조로 이어졌지요. 하지만 핵 입자들을 붙들고 있는 힘(핵력)을 탐구하는 것은 장기 과제였어요. 처음 핵력 이론을 제시한 것은 유카와 히데키인데, 핵 속에는 파이온이라는 입자(전자보다 약 270배의 질량을 가진 중간자)가 존재하며, 이 입자와 양성자와 중성자가 상호교환작용을 통해 핵력을 형성한다는 이론이었습니다. 그리고 양성자로 핵을 때리면 파이온이 떨어져나올 거라는 예측도 나왔지요. 그런데 실제로 그런 입자가 나왔어요. (핵 속에 양성자가 있다는 것은 전자 다음으로 일찌감치 알려졌고, 중성자의 존재는 1932년에 입증되었다. 이어 1935년 유카와 히데키의 이론이 나왔고, 제2차 세계대전 직후 파이온의 존재가 입증되었다—옮긴이주)

그런데 파이온뿐만 아니라 다른 입자들도 나왔어요. 케이온, 시그마, 람다 등등으로 이름을 붙여주다가 붙여줄 이름이 부족할 지경이 되고 말았지요. 요즘에는 그것들을 모두 하드론이라고 부릅니다. 충돌 에너지를 높이자 점점 더 많은 입자들이 튀어나와서 입자 종류는 수백 가지에 이르렀어요. 물론 이때는 1940년에서 1950년 사이였는데, 이때부터는 이 입자들 속에 숨어 있는 형태를 찾는 것이 문제가 되었지요. 입자 속에는 무수히 많은 형태와 관계가 존재하는 것 같았습니다.

그러나 막상 이 형태들을 설명하는 이론이 나오자 전혀 그렇지 않다는 것을 알게 되었어요. 모든 입자들이 실제로는 다른 뭔가로 이루어져 있는데, 그게 바로 쿼크라는 것입니다. 예를 들어 양성자는 쿼크 세 개로 이루어져 있지요. 쿼크에는 다양한 종류가 있는데, 처음에는 세 가지 쿼크만으로 수백 가지 입자를 다 설명할 수 있었습니다. 이 세 가지를 u형, d형, s형이라고 하지요. u형 둘과 d형 하나면 양성자가 되고, d형 둘과 u형 하나면 중성자가 됩니다. 이것들이 내부에서 다르게 움직이면 다른 입자가 됩니다. 그러자 다른 문제가 제기되었습니다.

쿼크는 정확히 어떻게 움직이는가? 무엇이 쿼크를 묶어두고 있는가? 그래서 단순한 이론 하나가 또 고안되었는데, 이건 양자전기역학과 아주 비슷한 것입니다. 완전히 똑같지는 않지만 정말 비슷하죠. 이 이론에 따르면, 쿼크는 전자와 같고, 전자들 사이를 오가며 전기적으로 전자가 서로 끌리게 하는 글루온 입자는 광자와 같습니다. 이 이론에서 쓰는 수학도 양자전기역학에서 쓰는 것과 아주 비슷한데, 몇 개의 항만 조금 달라요. 추측된 방정식 형태의 차이점은 아름다움과 단순성의 원칙에 따라 추측된 것으로, 임의적인 것이 아니라, 아주 아주 확고한 것이었어요. 쿼크 종류가 얼마나 많은가는 임의적이었지만, 쿼크들 사이의 힘의 특성은 확고한 것이었지요.

그런데 전기역학에서는 두 전자가 아무리 멀리 있어도 서로 끌어당길 수 있다고 보는데 양자전기역학에서는 그렇지 않아요. 너무 멀면 힘이 약해지니까요. 쿼크도 이런 성질을 가질 경우, 물질들을 서로 아주 세게 부딪치면 쿼크가 튀어나올 거라고 기대할 수 있습니다. 쿼크가 튀어나올 만큼 충분한 에너지로 실험을 해보면 엄청난 분출이 생기는데, 같은 방향으로 온갖 입자들이 튀어나와요. 그런데 그것들은 쿼크가 아니라 하드론들이죠. 이론상 그것은 명료하게 예측됩니다. 쿼크들은 튀어나오면서 새로운 쿼크 쌍을 만들어 작은 집단을 이루면서 나오기 때문에 하드론이 돼버리는 겁니다.

문제는 이렇습니다. 왜 그것이 전기역학과 다른가? 항의 작은 차이, 방정식에서 아주 작은 항의 차이가 왜 그토록 다른, 완전히 다른 결과를 낳는가? 그렇게 다르다는 것은 정말 충격적입니다. 그래서 처음에는 이론이 틀렸다는 생각이 들게 됩니다. 하지만 연구하면 할수록 그 작은 항의 차이가 커다란 결과의 차이를 낳는다는 것이 점점 더 분명해졌어요. 지금 우리는 물리학사상 어느 시대와도 다른 상황에 놓여 있습니다. 상황이야 늘 다르기 마련이지만 말입니다. 이제 우리는 이론을 가지고 있습니다. 모든 하드론에 대한 완벽하고 확고한 이론을 가지고 있죠. 우리는 엄청나게 많은 실험을 했고, 아주 세밀한 것까지 다 알고 있습니다.

그런데 왜 이론이 맞는지 틀리는지 테스트할 수 없을까요? 그 이유는, 이론의 결과를 계산해내야 하는데 그 계산이 어렵기 때문입니다. 만약 이론이 옳다면 어떤 일이 일어나야 하는가? 그 일은 실제로 일어났는가? 이 문제는 첫 단계부터 난관에 부닥칩니다. 이론이 옳다고 해도 어떤 일이 일어나야 하는지 알아내기가 너무 힘드니까요. 이론의 결과가 무엇인지를 알아내는 데 필요한 수학이 현재로서는 극복할 수 없을 만큼 어려운 것으로 드러났어요. 현재로서는.

자, 이제 내 문제가 무엇인지 분명해졌습니다. 내가 연구하고 있는 문제는 이 이론에서 숫자를 얻는 방법을 개발하는 것입니다. 그리고 직관적인 이해뿐만 아니라, 아주 세심한 테스트를 해서 수치적으로 올바른 결과가 나오는가를 알아보는 것이 내 문제입니다.

나는 몇 년 동안 그 방정식을 풀 수 있는 수학적 방법을 고안하려고 노력했습니다. 하지만 성공하지 못했어요. 그래서 문제를 풀기 위해서는 먼저 해답이 어떤 모습을 띨지 이해해야 한다고 판단했지요. 이건 쉽게 설명하기가 힘든데, 어쨌든 좋은 수치적인 아이디어를 얻기 전에 먼저, 현상들이 어떻게 나타나는가에 대한 직관적인 아이디어가 필요했던 겁니다. 바꿔 말하면, 현상을 대강이라도 이해하는 사람이 없었던 거예요. 그래서 나는 아주 최근에, 그러니까 한두 해 전부터, 수치적으로까진 아니더라도 대강이라도 이해하려고 노력했어요. 그래서 언젠가는 이 대강의 이해가 개선되어 이론은 물론이고 실제 입자까지를 다룰 수 있는 정교한 수학적 도구와 방법, 혹은 알고리즘으로 발전하기를 바랐지요.

그러니까, 우리는 참 멋쩍은 상황에 처해 있어요. 지금 우리는 이론을 찾고 있는 게 아닙니다. 이론은 이미 가지고 있는데, 이건 진실일지도 모르는 아주 뛰어난 이론입니다. 진실 후보지요. 우리는 이 이론과 실험을 비교해야 할 단계에 와 있습니다. 이론의 결과가 무엇인지를 알아내고 검증을 해봐야 하는 거죠. 그런데 이 단계에서 우리는 난관에 부닥쳤고, 이 난관을 돌파하는 것이 내 목표입니다. 이론의 결과가 무엇인지를 알아내는 방법을 내가 알아낼 수 있는지 알아보는 게 내가 바라는 거죠(웃음). 이런 상황에 놓여 있다는 건 미칠 노릇입니다. 이론은 있는데 결과를 알아낼 수 없다니…. 나는 견딜 수가 없어요. 나는 알아내고야 말 겁니다, 언젠가는, 아마도.

"조지에게 시킵시다."

참으로 훌륭한 물리학을 하기 위해서는 아주 긴 시간을 바쳐야 합니다. 애매하고 기억하기 힘든 개념들을 짜 맞추는 것은 마치 카드로 집을 짓는 것과 같아요. 개념 하나라도 잊어버리면 와르르 무너지죠. 그러면 어쩌다 그렇게 되었는지 알 수가 없어서 처음부터 다시 시작해야 합니다. 방해를 받아 집중력이 흐트러지기라도 하면 그동안 카드를 쌓아온 방법을 반은 잊어버려요. 내용도 다르고 형태도 다른 여러 가지 개념 카드를 잇대어 쌓아 올릴 때, 그러니까, 개념을 모두 결합해서 높다란 탑을 쌓으려고 할 때, 요점은 굉장한 집중이 요구된다는 겁니다. 그것들은 미끄러지기 쉬우니까요. 그러니까 아주 긴 시간 꼬박 생각할 수 있는 환경이 필요하죠.

그런데 만약 관리직 같은 걸 맡게 되면 그런 시간이 나질 않아요. 그래서 나는 또 하나의 신화를 만들어 냈습니다. 나는 무책임하다는 것이 그겁니다. 나는 누구에게나 말합니다. 나는 아무것도 하지 않는다고. 누가 나에게 입학 사정 위원회에 들어오라면, 안 돼요, 난 무책임해요, 난 학생들에게 관심이 없어요, 하고 말합니다. 물론 나는 학생들에게 관심이 있습니다. 하지만 그건 다른 사람들도 마찬가지일 겁니다. 그래서 나는 이런 태도를 갖습니다.

"조지에게 시킵시다."

물론 이런 태도를 가지면 안 되겠죠. 그건 옳은 일이 아니니까. 하지만 나는 그렇게 해요. 나는 물리학을 좋아하고 내가 아직도 그걸 할 수 있는지 알고 싶으니까요. 나는 그렇게 이기적인 사람입니다. 아시겠죠? 나는 오로지 물리학을 하고 싶어요.

역사가 따분해

온갖 학생이 강의실에 모여 있다고 합시다. 이제 여러분이 나한테 묻습니다. 학생들을 가장 잘 가르치는 방법은 무엇입니까? 과학사적인 관점에서 가르쳐야 합니까? 아니면 실용적인 관점에서 가르쳐야 합니까? 내가 생각하는 가장 잘 가르치는 방법은 아무런 철학도 갖지 않는 겁니다. 동원할 수 있는 모든 가능한 방법을 다 써봐야 한다는 견해를 가진 사람에게는 그것이 아주 혼란스럽고 제멋대로일 것 같지만, 나는 그렇게밖에 대답할 수가 없어요.

그렇게 가르치는 동안 각 학생들이 이런저런 미끼를 물도록 합니다. 그러다 보면 역사에 관심이 있는 학생은 추상적인 수학을 따분해하고, 추상적인 걸 좋아하는 학생은 역사를 따분해 합니다. 강의 시간 내내 모든 학생을 따분하지 않게 할 수 있다면 얼마나 좋겠어요. 그러려면 어떻게 해야 하는지 나는 정말 모릅니다. 관심도 다르고 생각도 다른 온갖 학생들이 무엇에 매료되고 무엇에 흥미를 갖는지, 어떻게 하면 흥미를 갖게 할 수 있는지 나는 몰라요. 한 가지 방법은 강제로 하는 거죠. 너는 이 강의를 이수해야 해, 너는 시험을 봐야 해, 하고 다그치는 건 아주 효율적인 방법이죠. 많은 사람들이 그런 식으로 학교를 다니지만, 좀더 효율적인 방법이 분명 있긴 있을 겁니다.

나는 아주 오랫동안 학생들을 가르쳐 왔고 수많은 방법을 써봤지만, 안타깝게도, 어떻게 해야 좋을지 아직도 모르겠어요.

그 아버지에 그 아들

나는 어렸을 때 아버지가 해주신 말씀에 상당한 자극을 받았어요. 그래서 나도 아들에게 이 세계에 대한 흥미로운 얘기를 해주려고 노력했지요. 아들이 아주 어렸을 때 요람에 눕혀 놓고 살살 흔들어 주면서 얘기를 해주었어요. 아주 작은 사람들에 대한 이야기를 지어내서 해준 적이 있는데, 이 작은 사람들은 환기창에 살면서 이리저리 쏘다니고, 소풍도 가고, 온갖 일이 벌어집니다. 그들은 숲속을 지나가곤 하는데, 이 숲의 나무들은 키가 아주 크고 파랗지만 잎사귀는 없고 줄기만 하나여서 그 사이로 빠져나가야 합니다. 또 작은 사람이 파란 융단의 보풀에 얽히기도 합니다. 아이는 이 이야기를 아주 좋아했어요. 내가 그 모든 걸 좀 이상한 관점에서 얘기했기 때문인데, 아이는 그런 이야기를 참 좋아했죠. 아주 놀라운 이야기도 많이 했어요. 작은 사람들이 축축한 동굴에도 들어갔는데, 그건 바람이 들락날락하는 동굴이었습니다. 들어가는 바람은 차갑고 나오는 바람은 따뜻해요. 그곳은 다름 아닌 개의 콧구멍이었습니다.

이런 식으로 나는 아이에게 생리학에 대해서도 얘기해줄 수 있었지요. 아이가 워낙 좋아하다 보니까 아주 많은 걸 얘기해주게 되었어요. 나도 즐거웠지요. 내가 좋아하는 걸 얘기했으니까요. 그게 뭘까? 하고 알아맞히게 하며 놀기도 했어요. 그 후 딸을 키우게 되었을 때 나는 아들과 똑같이 해주려고 했지만, 딸아이의 성격은 달랐어요. 그런 얘기를 듣고 싶어하지 않는 거예요. 책에 나오는 이야기를 되풀이해서 듣고 싶어하더군요. 그래서 같은 책을 여러 번 읽어 주었죠. 딸아이는 지어낸 이야기를 듣는 것보다 마음에 드는 책을 읽어주길 바랐어요. 성격이 다른 거죠. 그래서 아이들에게 과학을 가르치는 좋은 방법에 대해 말하라면, 작은 사람들에 관한 이야기를 지어내서 들려주라고 말하겠어요. 그런데 이 방법이 딸아이에게는 통하지 않았어요. 운 좋게 아들에게는 통했는데 말입니다.

"과학 아닌 과학…"

내가 보기엔, 과학의 성공 때문에 유사 과학도 생긴 것 같아요. 사실 사회과학은 과학 아닌 과학의 한 예입니다. 사회과학자들은 과학적으로 일하지 않아요. 겉모습만 뒤쫓지요. 혹은 자료를 모아서 이렇게 저렇게 해나가지만, 어떤 법칙도 얻지 못하고 아무것도 발견하지 못합니다. 그들은 아직 아무것도 얻지 못했어요. 아마 언젠가는 뭔가를 얻겠지만, 아직 그리 발달하지 못했고 아주 세속적인 수준에 머물러 있지요. 어떤 분야든 과학적 전문가인 것처럼 보이는 사람들이 있습니다.

그런데 과학적이지 않죠. 그들은 글을 씁니다. 몸에 좋은 식품은 무엇인가 따위를 운운하며, 유기비료로 가꾼 것이 무기비료로 가꾼 것보다 건강에 좋다고 말합니다. 그건 맞을 수도, 틀릴 수도 있어요. 그건 전혀 검증되지 않았으니까요. 그런데도 그들은 마치 과학적이라는 듯 글을 쓰고, 자연식품 전문가 따위가 되죠. 세상에는 온갖 신화와 사이비 과학이 있어요.

물론 내가 틀렸을 수도 있습니다. 그들이 그 모든 것을 잘 알지도 몰라요. 하지만 내가 틀리지는 않았다고 봅니다. 나는 뭔가를 진짜로 안다는 것이 얼마나 어려운지를 잘 알고 있으니까요. 실험 결과를 점검하는 것도 얼마나 세심한 주의가 필요한지, 얼마나 실수하기 쉬운지, 또 얼마나 스스로를 속이기 쉬운지도 잘 알죠. 나는 뭔가를 안다는 것이 무엇을 뜻하는지 압니다. 그래서 그들이 정보를 얻는 방법으로 미루어볼 때, 그들이 뭘 안다는 걸 믿을 수가 없어요. 그들은 필요한 일을 하지 않고, 필요한 것에 주의를 기울이지 않아요. 나는 그들이 모를 거라고 봅니다. 그들은 틀렸고, 사람들에게 겁이나 줍니다. 나는 그렇게 생각해요. 나도 세계를 잘은 모르지만, 내가 보기엔 그렇습니다.

의심과 불확실성

우리는 무엇인가? 우리는 어디로 가고 있는가? 우주의 의미는 무엇인가? 등의 훌륭한 질문에 대해 과학이 모든 답을 제시할 수 있다고 생각하셨다면, 여러분은 이내 실망하고 다른 신비한 답을 찾게 될 것입니다. 과학자가 어떻게 해야 신비한 답을 얻을 수 있을지는 나도 모릅니다. 왜냐하면 영적인 것을 이해하려면…, 아, 더 이상 말하지 않겠습니다. 나는 그것에 대해 아는 게 없어요. 그런데 생각해 봅시다. 우리는 무엇을 하고 있는 것일까요? 내가 보기에, 우리는 탐험을 하고 있습니다. 우리는 세계에 대해 될수록 많은 것을 알아내려고 합니다. 사람들은 이렇게 묻습니다.

"당신은 물리학의 궁극적인 법칙을 찾고 있습니까?"

그렇지 않습니다. 나는 단지 세계에 대해 좀더 알려고 하는 것뿐입니다. 만약 모든 것을 단순 명료하게 설명하는 궁극의 법칙이 정말 있다고 밝혀진다면, 그것을 찾는 것은 해볼 만한 일일 겁니다.

만약 그것이 수백만 겹으로 된 양파 같아서, 우리는 그저 껍질이나 벗기다가 지쳐버리기 마련이라면, 그거야 뭐 어쩔 수 없는 거지요. 하지만 자연에는 어떤 본성이 있고, 어떻게든 본성은 드러나기 마련입니다. 자연은 자기 방식대로 우리 앞에 나타날 것입니다.

그러므로 자연을 탐구할 때 우리는 찾고자 하는 것이 무엇인지를 미리 속단하지 말아야 합니다. 다만 더 많은 것을 발견하고자 하는 자세를 지녀야 합니다. 왜 더 많은 것을 발견하고자 하는가를 따지면 곤란해요. 더 많은 것을 발견하고자 하는 것은 좋은데, 그 이유는 심오한 철학적 질문에 답하기 위해서라고 생각해도 곤란합니다. 자연의 특성에 대해 더 많은 것을 발견한다고 해도 아마 철학적 질문에 대한 답을 얻을 수는 없을 겁니다. 나는 그런 철학적 질문에 매달리지 않아요. 내가 지닌 과학적 관심은 오직 뭔가를 발견하는 것입니다. 세계에 대한 뭔가를 많이 발견하면 할수록 좋지요. 나는 발견하기를 좋아합니다.

인간이 다른 동물보다 훨씬 더 많은 것을 할 수 있다는 사실은 아주 묘한 미스터리입니다. 그와 비슷한 다른 미스터리도 많지요. 나는 그것들을 아무 선입관 없이 탐구해보고 싶어요. 나는 인간과 우주의 관계에 대해 지어낸 별난 이야기들은 믿지 못하는데, 그것은 너무 단순하고, 그대로 믿기엔 연관성이 너무 명확하고, 너무 국소적이고, 너무 지엽적이기 때문입니다. 지구에 신이 와서, 또는 어떤 신적인 존재가 와서 우리를 보살핀다는 것은 이치에 닿질 않습니다.

어쨌든 그런 얘기는 해봐야 소용이 없습니다. 나는 그걸 논할 수가 없어요. 단지 내가 가진 과학적 관점이 내 신념에 어떤 영향을 미쳤는지에 대해서만 말하고 싶습니다. 그리고 진실이 있다면 그것을 어떻게 발견할 것인가의 질문에 답하고 싶습니다. 서로 다른 온갖 종교들이 서로 다른 주장을 하는 걸 보면 정말 어리둥절하지 않을 수가 없어요. 그래서 일단 의심하기 시작하면, 마땅히 의심하지 않을 수 없는 것처럼 보입니다. 그래서 여러분은 나한테 이렇게 묻게 될 것입니다.

"과학은 진실한가?"

아니오, 우리는 무엇이 진실한지 모릅니다. 우리는 발견하고자 노력하는데, 모든 것이 진실하지 않을 가능성도 있습니다.

모든 것이 진실하지 않을 수도 있다고 가정하고 종교를 바라보세요. 그러면 그 순간 우리는 돌이키기 힘든 변화를 겪게 됩니다. 과학적 사고방식, 혹은 우리 아버지의 사고방식에 따르면, 우리는 무엇이 진실한지 알아보아야 합니다. 무엇이 진실할 수 있고, 무엇이 진실하지 않을 수 있는지 알아보아야 합니다. 나는 의심하고 묻는 것이 아주 근본적인 내 영혼의 기능이라고 봅니다. 그런데 한번 의심하고 묻기 시작하면, 믿는다는 것이 힘들어집니다.

여기에서 한가지 말하고 싶은 것은, 나는 의심과 불확실성과 무지를 지닌 채 얼마든지 살아갈 수 있다는 것입니다. 틀릴 수도 있는 해답을 가지고 사느니보다, 차라리 모르는 채 사는 것이 더 흥미롭다고 봅니다. 나는 여러 가지 문제에 대해 답에 가까운 것을 알고 있고, 믿음의 가능성도 지니고 있어요. 나는 여기에 서로 다른 정도의 확실성을 부여합니다.

그러나 그 어떤 것도 절대적으로 확신하지는 않습니다. 물론 나는 전혀 모르는 것도 많지요. 예를 들어, 우리가 왜 지금 이 자리에 있는가? 이런 질문은 질문의 의미가 무엇인지도 모르겠어요. 그 의미를 생각해볼 수는 있겠지만, 생각해도 알아낼 수가 없으면 나는 다른 의문으로 넘어갑니다. 나는 반드시 답을 알아야 할 필요가 없고, 뭔가를 모른다는 것이 두렵지 않고, 미스터리인 이 우주에서 길을 잃고 아무런 목적도 없이 헤맨다는 것도 두렵지 않습니다. 실제로 나는 그렇게 살고 있어요. 나는 그게 전혀 두렵지 않습니다.

2
과학이란 무엇인가?

과학이란 무엇인가? 과학은 상식이다! 아니면 무엇이겠는가?

이것은 파인만이 1966년 4월에 전국 과학교사 협회에서 한 강연이다. 학생들을 과학자처럼 사고하도록 가르치는 방법, 호기심과 열린 마음, 그리고 무엇보다도 의심을 갖고 세계를 바라보는 방법을 얘기한다.

이 강연은 파인만 아버지가 파인만에게 세계를 바라보는 방법을 얼마나 훌륭하게 가르쳤는가에 대한 찬사이기도 하다.

과학 선생님들과 자리를 함께 할 기회를 마련해주신 드로즈 씨에게 감사드립니다. 나도 과학 선생입니다. 나는 주로 물리학과 대학원생들만을 가르쳤기 때문에, 그런 경험만으로는 가르치는 방법을 안다고 할 수 없다는 것을 잘 알고 있습니다.

교사, 교사를 가르치는 교사, 교과 과정 전문가로 이어지는 계층구조의 일선에서 일하는 진짜 선생님인 여러분 역시 가르치는 방법을 모르시기는 마찬가지일 거라고 봅니다. 그렇지 않으면 귀찮게 이런 모임에 오실 필요가 없겠지요.

'과학이란 무엇인가?' 라는 주제는 내가 선택한 것이 아닙니다. 드로즈 씨가 선정한 주제지요. 그러나 나는 '과학이란 무엇인가?' 가 '과학을 어떻게 가르칠 것인가?' 와는 전혀 같은 게 아니라고 본다는 것을 먼저 말씀드리고 싶습니다. 그리고 두 가지에 주목해 주시기 바랍니다.

우선, 내가 강연의 서두를 이렇게 시작한 것으로 볼 때는 과학을 어떻게 가르칠 것인지를 말하려는 것처럼 보일지 모르지만, 사실은 전혀 그렇지 않습니다. 왜냐하면 나는 어린이들에 대해 아무것도 모르기 때문입니다. 나도 아이가 있기 때문에, 내가 모른다는 것을 잘 압니다. 다른 하나는 여러분들 대다수가 교육에 대한 자기 확신을 갖고 있지 못한 것 같다는 것입니다. 그렇지 않으면 교육에 대해 그렇게 많은 강연과 그렇게 많은 논문과 그렇게 많은 전문가가 있을 이유가 없을 것입니다. 여러분은 교육이 어떻게 잘못되어 가고 있으며, 어떻게 해야 더 잘 가르칠 수 있는지에 대해 줄곧 강의를 듣습니다. 나는 여러분들이 잘못하고 있다고 꾸짖는다거나, 어떻게 하면 분명하게 개선될 수 있는지를 말하려는 것이 아닙니다. 그건 내 관심사가 아니니까요.

사실 우리 캘리포니아 공대에는 아주 좋은 학생들이 들어옵니다. 그리고 해가 갈수록 학생들이 점점 더 나아지고 있다는 것을 우리는 알고 있습니다. 어떻게 그것이 가능했는지 나는 모르겠습니다. 여러분은 아시나요? 나는 학교 체제에 간섭하고 싶지 않습니다. 잘들 하고 있으니까요.

불과 이틀 전에 우리는 회의를 열고, 대학원에서는 더 이상 기초 양자역학 과목을 가르칠 필요가 없다고 결정했습니다. 내가 학생이었을 때는 너무 어렵다는 이유로 이 과목이 대학원에도 개설되지 않았습니다. 그 후 내가 막 교수가 되었을 때는 대학원에 이 과목이 있었습니다. 지금 우리는 이것을 학부 과정에서 가르칩니다. 이제 우리는 다른 학교에서 온 대학원생에게 기초 양자역학을 가르칠 필요가 없다는 것을 알게 되었습니다. 왜 이것은 밀려 내려가고 있을까요? 그것은 대학에서 더 잘 가르칠 수 있게 되었기 때문이고, 학생들이 더 잘 훈련받고 입학했기 때문입니다.

과학이란 무엇인가?

여러분이 과학을 가르친다면 당연히 이것을 알아야 합니다. 과학은 상식입니다. 달리 뭐라고 말하겠습니까? 모든 교과서의 모든 교사용 교재에는 이 주제에 대한 완벽한 논의가 담겨 있습니다. 거기에는 몇 백 년 전의 프랜시스 베이컨의 말을 왜곡해서 증류하고 물을 타서 혼합한 말들이 들어 있는데, 그 말들이 당시에는 심오한 과학철학이라고 여겨졌지요. 그러나 진짜로 뭔가를 했던 동시대의 가장 위대한 실험과학자 윌리엄 하비*William Harvey*(1578~1657. 신체의 순환계를 발견한 과학자)는, 베이컨이 말한 과학은 대법관이나 할 법한 과학이라고 말했습니다. 베이컨은 관찰에 대해 말했지만, 무엇을 관찰하고 무엇에 주의를 집중할 것인가에 대한 핵심적인 판단 요인을 빠뜨렸습니다.

따라서 과학이 무엇인가 하는 것은, 철학자들이 말한 그 무엇도 아니고, 교사용 교재에 적힌 그 무엇도 아닌 것이 분명합니다. 과학이 무엇인가에 대해, 나는 이 강연을 하겠다고 말한 후 혼자 고민했습니다.

얼마 후 나는 동시 한 편을 떠올렸지요.

지네는 너무나 행복했대요, 두꺼비가 장난으로
이렇게 말할 때까지. "지네야, 지네야,
어느 발 다음에 어느 발을 내딛는 거니?"
지네는 자기도 너무나 궁금해서
궁리 궁리 하다가 도랑에 빠지고 말았대요.
어떻게 걸어야 할지 몰라 발이 꼬였대나요.

나는 평생 과학을 해왔고 과학이 무엇인지도 알고 있었습니다. 그러나 여러분에게 말하려고 하니, 어느 발 다음에 어느 발을 내딛어야 할지 말할 수가 없습니다. 나아가 시에 빗대어 말하면, 나는 집에 돌아가면서 생각이 꼬여 더 이상 아무런 연구도 할 수가 없을 것만 같습니다.

여러 신문 기자들이 나에게 이 강연을 요약해 달라고 했습니다. 나는 얼마 전에 준비를 끝냈기 때문에 그럴 수가 없었습니다. 그러나 나는 그들이 지금 막 뛰어나가 이런 제목의 기사를 쓰려고 하는 게 눈에 선합니다. '파인만 교수가 전국과학 교사협회 회장을 두꺼비라고 불렀다.' 주제가 이렇듯 어렵고, 나는 또 철학적 설명을 싫어하기 때문에, 이것을 아주 별난 방법으로 말해 보겠습니다. 나는 그냥 내가 어떻게 과학을 배웠는지 말하려는 것입니다. 좀 유치하게 들릴지도 모르겠습니다.

나는 어렸을 때 과학을 배웠습니다. 나는 과학을 시작하기 전에 이미 내 피 속에 과학을 지니고 있었습니다. 그래서 어떻게 그럴 수 있었는지 말하려는 것입니다. 내가 가르치는 법을 말할 것처럼 들릴지 모르지만, 그럴 뜻은 없습니다. 과학이 무엇인가를 내가 어떻게 배웠는지 말함으로써, 과학이 무엇인지 말하려는 것입니다.

그것은 아버지 덕분이었습니다. 어머니가 나를 낳을 때 아버지는 이렇게 말씀하셨지요. 내가 직접 그 말을 알아들은 게 아니라 나중에 들은 겁니다.

"이 아이가 아들이라면 과학자가 될 거요."

아버지는 어떻게 나를 과학자로 만들었을까요? 아버지는 나더러 과학자가 되라고 말한 적은 한번도 없었습니다. 아버지는 과학자가 아니었어요. 사업가였고, 제복회사의 판매 관리인이었습니다. 하지만 아버지는 과학책을 읽었고 과학을 좋아했어요.

내가 아주 어렸을 때, 내가 기억하는 맨 처음의 이야기인데, 저녁식사 후 아버지는 나와 함께 놀이를 했어요. 아버지는 롱아일랜드 시 어딘가에서 사각형의 욕실용 타일을 많이 사왔는데, 아주 낡은 것이었지요. 아버지와 나는 타일들을 세웠는데, 나란히 길게 세운 후, 아버지는 나더러 마지막 타일을 밀어보라고 했어요. 타일이 모두 차례로 쓰러지는 걸 보려는 거죠. 여기까지는 참 좋았어요.

곧 놀이가 발전했지요. 타일은 색깔이 여러 가지였어요. 나는 먼저 흰색 하나, 다음에 파란색 둘, 흰색 하나 파란색 둘, 흰색 하나 파란색 둘 순서로 놓아야 했어요. 나는 다음에 또 파란색을 놓고 싶었지만 흰색을 놓아야 했던 겁니다. 여러분은 이미 그 흔한 전략을 간파하셨겠지요. 먼저 놀이로 아이를 즐겁게 하면서, 아이 자신도 모르는 사이에 스스로 학습하도록 하는 것입니다!

그런데 어머니는 마음이 여려서 이렇게 말했어요.

"여보, 애가 파란색을 놓고 싶어하면 그렇게 하라고 해줘요."

아버지가 말했어요.

"안 돼요. 나는 이 애가 패턴에 관심을 갖게 할 거요. 내가 가르쳐줄 수 있는 것은 이런 초보적인 수학뿐이니까."

내가 만약 '수학이란 무엇인가?'로 강연했다면 벌써 나는 답을 말했을 겁니다. 수학은 패턴을 찾는 것입니다. 참, 아버지의 그 교육은 효과가 있었습니다. 내가 유치원에 들어갔을 때 우리는 일종의 시험을 치렀어요. 색종이 짝 맞추기였지요. 유치원에서 하는 것치고는 아이들에게 너무 어려운 것이었어요. 우리는 색종이를 수직으로 길게 짝 맞추면서 패턴을 만들었어요. 유치원 선생은 깜짝 놀라서 특별히 우리 집으로 편지를 보냈지요. 이 아이는 아주 특별하다고 말입니다. 자기가 무엇을 만들려고 하는지 먼저 생각해서 아주 복잡한 패턴을 만든다는 거예요. 그렇게 타일 놀이는 내게 영향을 주었습니다.

수학은 단지 패턴일 뿐이라는 증거를 또 하나 대보겠습니다. 나는 코넬 대학에서 가르칠 때 모든 학생들에게 매력을 느꼈어요. 내가 보기에 그들은 가정학 따위를 공부하는 우둔한 학생들 속에 똑똑한 학생 몇이 드문드문 섞여 있는 혼합체 같았습니다. 여학생도 많았지요. 나는 학생들과 섞여 앉아 식사하면서 학생들 말을 엿들었어요. 뭔가 똑똑한 말이 한마디라도 나오나 하면서요. 상상해 보세요. 그러다가 엄청난 것을 발견하고 내가 얼마나 놀랐을지. 내가 보기에는 엄청난 일이었어요.

나는 두 여학생의 대화를 엿들었는데, 한 학생이 다른 학생에게 이런 설명을 합니다.

"직선을 만들려면, 위로 올라가는 줄row마다 오른쪽으로 몇 번씩 건너뛰면 되는데, 그러니까, 매번 같은 양만큼 건너뛰면 한 줄 올라갈 때마다 직선이 만들어지는 거야."

이건 심오한 미분기하의 원리입니다! 대화는 계속되었고, 나는 깜짝 놀랐습니다. 여성의 정신력으로 미분기하학을 이해할 수 있을 줄은 몰랐거든요. 그 여학생은 계속해서 말했습니다.

"다른 쪽에서 또 하나의 선이 다가온다고 하고, 두 선이 어디서 만날 것인지 알고 싶다면…."

한 선이 한 줄 올라갈 때마다 오른쪽으로 두 번 건너뛴다고 하고, 다른 선은 한 줄 올라갈 때마다 오른쪽으로 세 번 건너뛴다고 할 때, 두 선이 스무 걸음step(코) 떨어진 곳에서 출발한다면…운운. 나는 깜짝 놀랐습니다. 그 여학생은 교점의 위치를 알아냈던 것입니다! 알고 보니 그 여학생은 친구에게 마름모 무늬 양말 뜨개질 법을 설명하고 있었어요.

그리하여 나는 교훈을 얻었습니다. 여성의 정신력으로도 미분기하를 이해할 수 있다고. 당시의 모든 명백한 반대 증거에도 불구하고, 여성은 남성과 동등하게 이성적 사고를 할 수 있다고 주장해온 사람들 말에 일리가 있었던 것입니다. 다만 우리 남성이 여성의 정신과 의사소통하는 방법을 아직 발견하지 못했다는 데 난점이 있습니다. 올바른 방법으로 의사소통을 한다면, 여러분은 거기서 대단한 것을 얻을 수 있을 것입니다.

다시 어릴 때 겪었던 수학 경험으로 돌아가겠습니다.

아버지가 내게 일러준 중요한 것이 있는데, 그것을 나는 제대로 설명할 수 없습니다. 그것은 말이라기보다 느낌에 가깝기 때문입니다. 크기와 상관없이 원의 둘레와 지름의 비율은 항상 일정하다고 아버지는 말씀하셨습니다. 이것은 전혀 명백해 보이지 않아서, 나는 이 비율에 뭔가 마법적인 성질이 있다고 생각했습니다. 그것은 놀라운 숫자, 심오한 숫자인 π였습니다. 이 숫자에는 미스터리가 있습니다. 어렸을 때 나는 그것을 제대로 이해할 수 없었지요. 그러나 그것은 위대한 것이었고, 나는 모든 곳에서 π를 발견했습니다.

나중에 학교에 들어가서 분수를 소수로 바꾸는 방법을 배울 때 나는 $3\frac{1}{8}$ 을 3.125라고 썼습니다. 그리고 친구에게 이 값은 π, 즉 원의 둘레와 지름의 비율과 같다고 말했지요. 그러자 선생님은 π값이 3.1416이라고 바로잡아 주었습니다.

내가 이런 걸 설명하는 이유는 영향을 보여주기 위해서입니다. 미스터리가 있다는 것, 숫자에 어떤 놀라움이 있다는 생각이 내게는 중요했지, 숫자 자체가 중요했던 것은 아닙니다. 나중에 내가 실험실에서 실험할 때의 일입니다. 집에 있는 실험실이었는데, 그냥 장난을 치는 곳이었지요. 아니, 정정하겠습니다, 나는 실험을 하지 않았어요. 실험을 한 적은 없고, 그저 이런저런 장난을 했어요. 나는 라디오나 간단한 장치들을 만들었습니다. 장난을 한 거죠. 차츰 나는 책과 설명서를 읽었고, 전기 저항과 전류 등에 적용되는 공식이 있다는 걸 알았습니다. 하루는 어떤 책에서 공식을 보다가, 공진회로의 주파수에 관한 공식을 발견했어요. 그것은 $2\pi\sqrt{LC}$ 였는데, L은 회로의 인덕턴스고 C는 회로 용량이었습니다. 여기에 π가 나옵니다. 그러면 원은 어디에 있는가? 여러분은 웃지만, 그때 나는 아주 진지했습니다. π는 원에 관한 것이고, 전기 회로에서 π가 나오는데, 이건 원을 대표하는 것입니다. 웃으시는 분들 가운데 거기서 π가 왜 나오는지 아는 사람 있습니까?

나는 그걸 사랑하지 않을 수 없었어요. 그러니 찾아보지 않을 수 없었지요. 생각해봐야 했던 거예요. 그리고 알아냈습니다. 다름 아닌 코일이 원형으로 감겨 있었던 겁니다. 반년쯤 뒤에, 나는 어떤 책에서 원형 코일과 사각형 코일의 인덕턴스가 나온 걸 보았는데, 이 공식에도 π가 들어 있었어요. 나는 이걸 다시 생각해 보았고, π가 원형 코일에서 나오는 게 아니라는 것을 알게 되었습니다. 지금 나는 이걸 더 잘 이해합니다. 그러나 내 마음속에서, 나는 여전히 원이 어디에 있는지, π가 어디에서 나오는지 모릅니다….

어린 시절 이야기는 잠시 접어두고, 말과 정의에 대해 얘기해보고 싶습니다. 말을 배우는 것은 필수불가결한 일이니까요. 그것은 물론 과학이 아닙니다. 과학이 아니라고 해서 우리가 말을 가르치지 말아야 한다는 뜻은 아닙니다. 우리는 지금 무엇을 가르칠 것인가에 대해 말하는 게 아니라, 과학이란 무엇인가에 대해 말하고 있습니다. 섭씨를 화씨로 바꾸는 것은 과학이 아닙니다. 그것도 필요하긴 하지만, 엄밀히 말해서 과학이 아닙니다. 같은 맥락에서, 여러분이 미술을 논한다면, 3B 연필이 2H 연필보다 무르다는 지식이 미술이라고 하지는 않을 겁니다. 그렇다고 미술 선생님이 그런 걸 가르쳐서는 안 된다거나, 화가가 그런 걸 모르고도 잘해나갈 수 있다는 뜻은 아닙니다. 실제로 여러분은 스스로 잠깐만 해보면 그걸 알 수 있습니다. 그러나 미술 선생님이 그런 걸 설명하려고 하지 않을 수도 있는데, 그런 태도는 과학적입니다.

서로 이야기하기 위해 우리는 말이 필요합니다. 그리고 그것은 좋은 것입니다. 언어를 통해 차이를 구별하려고 하는 것은 좋은 생각입니다. 과학 도구로서 언어를 언제 가르칠 것인지, 그리고 과학 자체를 언제 가르칠 것인지 때를 알아야 한다는 것도 좋은 생각입니다.

내가 말하려는 바를 좀더 명확하게 하기 위해, 특정한 책을 문제 삼아보려고 합니다. 이것은 좀 불공평한데, 약간의 안목만 있으면 다른 책에서도 얼마든지 잘못을 지적할 수 있기 때문입니다.

여기에 초등학교 1학년 과학책이 있는데, 이 책은 과학을 가르치는 데는 아주 한심한 방식으로 시작합니다. 왜냐하면 과학이 무엇인지에 대해 잘못된 생각을 갖고 있기 때문입니다. 개가 그려져 있는데, 태엽이 있는 장난감 개입니다. 손이 태엽으로 가고, 개가 움직입니다. 마지막 그림 아래에 이렇게 씌어 있습니다. '무엇이 이것을 움직이나?' 그 다음에는, 진짜 개가 그려져 있고 질문이 있습니다. '무엇이 이것을 움직이나?' 또 그 다음에는 오토바이 그림이 있고, 질문이 있습니다. '무엇이 이것을 움직이나?' 이렇게 계속됩니다.

나는 처음에 이것이 과학의 종류를 설명하는 것인 줄 알았습니다. 물리학, 생물학, 화학 같은 것 말입니다. 하지만 아니었습니다. 교사용 교재에 답이 있었습니다. 거기서 가르치려 했던 답은 이렇습니다. '에너지가 이것을 움직인다.'

에너지는 매우 미묘한 개념입니다. 이것을 바르게 사용하기는 아주 아주 어렵습니다. 에너지라는 말을 바르게 사용해서, 에너지라는 개념을 통해 뭔가를 제대로 추론할 정도로 이해하는 것이 쉽지가 않다는 뜻입니다. 이것은 초등학교 1학년 수준을 뛰어넘습니다. 다음과 같은 답도 똑같이 좋은 답이라고 할 수 있을 것입니다. '신이 이것을 움직인다.' 혹은 '정신이 이것을 움직인다.' 혹은 '운동성이 이것을 움직인다.' 사실상 이렇게 말할 수도 있습니다. '에너지가 이것을 멈추게 한다.'

이런 식으로 생각해 보세요. 그것은 다만 에너지에 대한 정의일 뿐입니다. 그것은 반대로 되어야 합니다. 우리는 무엇인가가 움직이면 거기에 에너지가 들어 있다고 말하지, '그것을 움직이게 하는 것이 에너지'라고 말하지는 않습니다. 이것은 아주 미묘한 차이입니다. 관성에 관한 정리도 마찬가지입니다. 다음과 같이 말하면 차이가 좀더 분명해질 것입니다.

여러분이 아이에게, 혹은 보통 사람에게, 무엇이 장난감 개를 움직이는지 묻는다면, 먼저 이런 생각을 해봐야 합니다. 그 답은 사람이 태엽을 감았다는 겁니다. 감아놓은 태엽이 풀리면서 톱니바퀴를 밀어서 돌리는 거지요. 과학 수업을 할 수 있는 아주 좋은 방법은 이렇습니다. 먼저 장난감을 뜯어서 어떻게 돌아가는지 봅니다. 톱니바퀴가 얼마나 교묘한지 알아봅니다. 깔쭉톱니바퀴 말입니다. 그래서 장난감에 대해 뭔가를 배웁니다. 장난감이 조립되는 방식도 배우고, 깔쭉톱니바퀴 따위를 만든 사람들이 얼마나 재간이 뛰어난지도 배웁니다. 그것은 좋은 일입니다. 사실 교재에 실린 것은 아주 좋은 질문입니다. 그런데 해답이 빗나갔어요. 그건 에너지에 대한 정의를 가르치려고 했기 때문입니다. 그래서는 아무것도 배우지 못합니다.

한 학생이 이렇게 말했다고 합시다. "나는 에너지가 그것을 움직인다고 생각하지 않습니다." 이 토론은 어디로 나아갈까요?

여러분은 어떤 개념을 가르쳤나요, 아니면 정의만을 가르쳤나요? 나는 그것을 판별할 수 있는 방법을 알아냈습니다. 이렇게 실험해 보세요. "방금 배운 말을 쓰지 말고, 너희들이 방금 배운 것을 다시 말해보라." "'에너지'라는 말을 쓰지 말고, 개의 운동에 대해 알고 있는 것을 말해보라." 그걸 말할 수 없다면, 정의 말고는 배운 것이 없습니다.

거기까지도 좋을 수 있습니다. 과학에 대해 당장 뭔가를 배우고 싶지 않을 수도 있으니까요. 그런데도 정의를 배워야 합니다. 그렇게 처음부터 정의를 배운다면 그 결과가 끔찍하지 않을까요?

내가 보기에, 다짜고짜 공식을 배우는 것은 아주 나쁜 일입니다. 그 책에는 이런 것들도 있었습니다. '중력이 그것을 떨어뜨린다.' '신발창은 마찰 때문에 닳는다.' 신발창은 보도에 쓸리고, 보도의 울퉁불퉁한 곳에 부딪쳐 신발창이 아주 조금씩 떨어져 나가기 때문에 닳습니다. 그런데 간단하게 마찰 때문이라고 말하는 것은 슬픈 일입니다. 그것은 과학이 아니기 때문입니다.

우리 아버지도 조금은 에너지 얘기를 해주셨는데, 내가 거기에 대해 얼마간 알게 된 후에 그 말을 썼습니다. 아버지라면 어떻게 말했을지 나는 압니다. 왜냐하면 아버지가 어떤 말을 하든 사실상 본질적으로는 똑같은 이치를 담고 있기 때문입니다. 장남감 개에 대해 얘기한 적은 없지만, 아무튼 아버지라면 이렇게 말했을 겁니다.

"해가 빛나기 때문에 이것이 움직인다."

그러면 나는 이렇게 말했을 것입니다.

"아니예요. 이게 해가 빛나는 것과 무슨 상관이 있어요? 내가 태엽을 감기 때문에 이것이 움직이는 거라구요."

"그렇다면 얘야, 네가 태엽을 감기 위해 움직일 수 있는 것은 무엇 때문이지?"

"먹기 때문이죠."

"음, 그럼 너는 뭘 먹지?"

"식물을 먹어요."

"식물은 어떻게 자라지?"

"해가 빛나기 때문에 자라죠."

개에 대해서도 마찬가지입니다. 휘발유는 어떻습니까? 그것도 태양 에너지가 축적된 것입니다. 태양 에너지를 담은 식물이 땅속에 보존된 거죠. 다른 예를 들어도 모두 태양으로 끝납니다. 자 이제 우리 교과서가 세계에 대해 가르치려고 했던 한 개념이 아주 재미있게 바뀌었습니다. 우리가 보고 있는 모든 움직이는 것은 햇빛이 비치기 때문에 움직입니다. 이것은 어떤 에너지원이 다른 에너지원과 가진 관계를 말해줍니다. 이건 아이가 반박할 수도 있습니다. 아이는 이렇게 말할 수 있지요.

"나는 햇빛이 빛나기 때문이 아니라고 생각해요."

그러면 이제 토론을 시작할 수 있습니다. 여기에는 큰 차이가 있습니다. 나중에 나는 아버지에게 도전할 수 있었습니다. 밀물과 썰물이 이는 것이나 지구가 도는 것은 햇빛 때문이 아니라는 것을 알게 되었거든요. 그러면 무엇 때문일까? 그래서 나는 다시 이 의문에 도전해야 했습니다.

이것은 단지 정의와 과학의 차이를 보여주기 위한 예일 뿐입니다. 정의도 필요한 것입니다. 이제까지 반대해온 것은 처음부터 정의를 가르치려고 하는 것에 대해서입니다. 분명 정의에 대한 얘기는 나중에 나와야 해요. 그때 에너지가 무엇인지 말할 수 있겠지만, '무엇이 개를 움직이는가?' 라는 단순한 질문으로 에너지 얘기를 해서는 안 됩니다. 아이에게는 아이에게 맞는 해답이 주어져야 합니다. '한번 뜯어보자. 어떻게 생겼는지 바라보자.' 이렇게 말입니다.

아버지와 숲을 거닐면서 나는 많은 것을 배웠습니다. 예를 들어 새의 경우에, 아버지는 이름을 가르쳐주는 대신 이렇게 말씀하셨습니다.

"저것 좀 봐, 새는 걸핏하면 자기 깃털을 쪼아대지. 자주 그런단다. 대체 왜 그럴까?"

나는 깃털이 헝클어져서 그런다고 추측했어요. 깃털을 가지런하게 하려고 그런다고 말이지요. 그러자 아버지가 말씀하셨습니다.

"좋아, 그러면 언제 깃털이 헝클어질까? 어쩌다 깃털이 헝클어졌을까?"

"날다가요. 걸어 다닐 때는 괜찮지만, 날다가 깃털이 헝클어져요."

"만일 네 말대로라면, 새가 날다가 내려앉았을 때 깃털을 가장 많이 쪼겠구나. 깃털을 다 고르고 잠시 땅을 걸어 다닌 뒤에는 덜 쪼겠지? 정말 그런지 한번 바라보자."

그래서 우리는 계속 지켜보았어요. 내가 관찰한 것에 따르면, 새는 날아다니다가 내려앉은 다음이거나 땅을 걸어 다닌 다음이거나 관계없이 똑같이 깃털을 쪼았습니다.

결국 내 추측은 틀렸어요. 나는 올바른 이유를 추측할 수 없었습니다. 그제야 아버지는 이유를 밝혔습니다.

"새한테는 이가 있단다. 새의 깃털에서 작은 가루가 떨어져 나오는데, 그것은 먹을 수 있는 것이고, 이가 그걸 먹는 거란다. 그리고 이의 다리 관절에서 밀랍 같은 것이 조금씩 나오는데, 진드기 무리가 그것을 먹고 산단다. 진드기의 먹이는 남아도는데 그걸 다 소화하지 못해서, 진드기 꽁무니에서 달콤한 설탕물 같은 게 나오고, 이 설탕물 속에 또 미생물이 살고, 미생물은…."

이게 맞는 말은 아닙니다. 그러나 그 이치는 옳고, 배우는 게 많습니다. 첫째, 나는 기생에 대해 배웠습니다. 어떤 것에 붙어사는 다른 것, 다른 것에 붙어사는 또 다른 것, 또또 다른 것, 이런 식입니다.

둘째로, 아버지는 이렇게 계속 설명하셨습니다. 이 세상에서 먹고 살 수 있는 자원이 있기만 하면 언제든, 어떤 형태의 생명체든 그 자원을 이용하는 방법을 발견한다고. 먹고 남아도는 것은 또 다른 생명체가 먹는다고.

요점은 이것이 모두 관찰의 결과라는 것입니다. 내가 궁극적인 결론에 이르지는 못한다 해도, 관찰은 놀라운 황금 광맥과도 같습니다. 놀라운 결과를 낳지요. 그건 아주 경이로운 것이었습니다.

누가 내게 새를 관찰하라고 시켰다고 해봅시다. 목록을 만들어라, 적어라, 봐라, 이래라 저래라 그랬다면, 나는 130가지가 넘는 목록을 적어야 했을 테고, 관찰 결과는 따분해 보였을 테고, 얻는 게 아무것도 없었을 것입니다.

나는 이것이 아주 중요하다고 생각합니다. 적어도 내게는 그래요. 여러분이 학생들에게 뭔가를 관찰하도록 가르치려면, 뭔가 놀라운 것이 거기에서 나올 수 있음을 보여줘야 합니다. 나는 과학이 무엇인지를 그렇게 배웠습니다. 과학은 인내였어요. 여러분이 지켜보며 관찰을 한다면, 그리고 주의를 기울인다면, 거기서 커다란 보상을 받게 됩니다. 반드시 항상 그런 것은 아니지만.

결국 나는 어른이 되어, 매시간, 매년, 끈질기게 문제와 씨름을 하게 되었습니다. 어떤 것은 여러 해 걸리고, 어떤 것은 조금 걸립니다. 수없이 실패하기도 했고, 쓰레기통에 던져버린 것도 많았습니다. 그러나 거기에는 매번 내가 어릴 때 기대할 수 있다고 배운 새로운 이해의 황금이 있었습니다. 그것은 관찰의 결과였고, 관찰이 얼마나 경이로운 것인지를 배운 덕분이었습니다.

숲 속에서 우리는 그밖에도 많은 것을 배웠습니다. 아버지와 나는 숲 속을 거닐면서 많은 것들을 보고, 여러 가지에 대해 얘기를 나누었습니다. 식물이 자라는 것에 대해, 빛을 찾는 나무의 투쟁에 대해, 나무가 어떻게 그토록 높이 자랄 수 있는가에 대해, 나무가 물을 10미터 이상 높이 끌어올리는 문제에 대해, 빛을 거의 받지 못하는 땅의 작은 식물에 대해, 그것들의 성장에 대해….

이런 모든 것들을 알게 된 어느 날, 아버지는 다시 나를 숲으로 데려가서 이렇게 말씀하셨습니다.

"우리는 이제까지 숲을 보아왔지만, 우리가 본 것은 절반일 뿐이야. 정확히 반이지."

"그게 무슨 뜻이에요?" 내가 물었어요.

"우리는 이 모든 것이 어떻게 자라는지를 보았어. 하지만 하나가 자라면, 똑같은 양만큼 썩는 게 있어야 한단다. 그러지 않으면 물질은 완전히 소모되어 버릴 거야. 공중과 땅 속의 모든 재료를 다 써버리면 나무는 다 죽어서 쓰러지고 말겠지. 이용할 수 있는 재료가 없으니까 아무것도 자랄 수 없을 거야. 그러니 자라는 만큼 똑같은 양이 썩어야 한단다."

그래서 이번에는 숲 속을 돌아다니며 오래된 그루터기를 부러뜨려 그 속에 신기한 벌레들과 버섯이 자라는 것을 보았어요. 아버지는 내게 박테리아까지 보여줄 수는 없었지만, 연화효과 따위를 보여 주었지요. 나는 물질의 끊임없는 순환 과정으로 숲을 바라보게 되었습니다.

아버지께서는 희한한 방식으로 설명하는 일이 많았어요. 흔히 이런 식으로 이야기를 시작하셨지요.

"화성인이 찾아와서 우리 세계를 바라본다고 하자."

이것은 세계를 보는 아주 좋은 방법입니다. 예를 들어, 내가 전기 기차를 가지고 놀면, 아버지는 이런 얘기를 해줍니다.

"기차에는 증기기관, 즉 물로 돌아가는 커다란 바퀴 하나가 있는데, 이 바퀴는 구리로 만든 선으로 연결되어 있고, 이 선은 온 방향으로 뻗어나가고 또 뻗어나가고 또 뻗어나간단다. 그리고 작은 바퀴들이 있는데, 커다란 바퀴가 돌면 작은 바퀴들도 모두 돌아가지. 그 관계라고는 그들 사이에 구리와 쇠가 있다는 것밖에 없단다. 움직이는 다른 부분은 아무것도 없지. 그런데 커다란 바퀴 하나를 돌리면 모든 곳에 있는 작은 바퀴들이 함께 돌아가는 거야. 네 기차도 그런 식으로 움직인단다."

아버지가 내게 말씀해주신 것은 정말 놀라운 세계였어요….

내가 보기에 과학이란 다음과 같은 것이라고 할 수 있습니다. 이 행성에 생명체가 진화해서 동물이 생겨났고, 지성을 가지게 되었습니다. 나는 사람만을 뜻하는 것이 아니고, 경험으로부터 뭔가를 배울 수 있는 고양이 같은 동물들도 말하는 겁니다. 그러나 이 단계에서 동물은 스스로 경험을 통해 배워야 합니다. 그런데 어떤 동물은 경험을 통해 더 빨리 배울 수 있게 되었습니다. 관찰을 통해 배울 수도 있었고, 이렇게 배운 것을 서로 주고받을 수도 있었습니다. 하지만 그러기엔 동물들은 너무 서서히 발전합니다. 그래서 모두가 배울 수 있는 가능성이 있었지만, 상호 전달이 비효율적이었습니다. 게다가 동물은 죽기 때문에, 뭔가를 배운 개체가 다른 개체에게 전달하기 전에 죽을 수도 있습니다.

문제는 이렇습니다. 학습자나 발명자의 죽음 혹은 기억력 부족으로 배운 것이 잊혀질 수 있는데, 한 개체가 우연히 배운 것을 잊혀지는 비율보다 더 빨리 전달하는 것이 가능한가?

아마도 어떤 종에게는 학습 속도가 증가한 시기가 있었던 것 같습니다. 갑자기 완전히 새로운 일이 일어날 정도로 그 속도가 증가했던 시대가 왔던 것입니다. 이 동물은 이치를 배우고, 다른 개체에게 전달하고, 또 다른 개체에게 전달하고 또 전달해서, 그 종에게 잊혀지지 않을 정도로 빠르게 전달할 수 있었습니다. 그래서 그 종에게는 지식의 축적이 가능해졌습니다.

이것을 시간 포박 *time-binding*('경험 전달'이라는 뜻으로 쓰이는 말—옮긴이주)이라고 부릅니다. 누가 처음 이런 말을 썼는지 나는 모릅니다. 어쨌든 그런 동물들의 표본이 여기 있습니다. 여기에 이렇게 모여 앉아 한 개체의 경험을 다른 개체에게 전달하려고 하고, 서로가 서로에게서 배우려고 합니다.

그 종이 기억을 갖는 이런 현상, 한 세대에서 다음 세대로 전달할 수 있는 지식을 축적하는 이 현상은, 완전히 새로운 것이었습니다. 그러나 여기에는 질병이 있었습니다. 잘못된 생각도 전달이 가능했던 것입니다. 그래서 그 종에게 이롭지 않은 생각도 전달되었습니다. 어떤 생각을 가졌다고 해도 그것이 반드시 이로운 것은 아닙니다.

아무튼 생각의 축적 시대가 왔습니다. 생각은 아주 천천히 축적되었습니다. 실제적이고 이로운 생각들도 축적되었지만, 이상하고 괴팍한 믿음과 편견도 수없이 많이 축적되었습니다.

그러다가 이 질병을 피하는 방법이 발견되었습니다. 과거로부터 전해진 것이 진정 올바른 것인지 의심하는 것, 그리고 처음으로 돌아가서 직접 경험을 통해 재발견하는 것, 전해 내려온 과거의 경험을 그대로 믿지 않고 실제 상황을 파악하는 것, 이것이 바로 그 방법입니다. 그리고 이것이 바로 과학입니다. 옛날부터 내려온 종의 경험을 그대로 믿지 않고, 새롭게 직접 경험으로 재확인함으로써 얻게 된 가치 있는 발견의 결과, 이것이 과학입니다. 나는 과학을 그렇게 봅니다. 이것이 내가 내린 최선의 정의입니다.

나는 여러분이 다들 아는 것이지만 열광할 만한 것을 상기시켜 드리고 싶습니다. 종교는 도덕적 교훈을 가르치는데, 단 한 번만 가르치지 않습니다. 거듭해서 교훈을 불어넣습니다. 나는 거듭해서 교훈을 불어넣는 것이 필요하다고 봅니다. 아이들, 어른들, 그 모두가 여러 가지 방법으로 과학의 가치를 기억하는 것이 필요하다고 봅니다. 그렇게 함으로써 우리는 더 훌륭한 시민이 될 뿐만 아니라, 자연물 등을 더 잘 다스릴 수 있게 됩니다. 그밖에도 중요한 것들이 또 있습니다.

과학이 만들어낸 세계관의 가치가 바로 그것입니다. 새로운 경험의 결과를 통해 발견한 세계의 아름다움과 경이 또한 가치 있는 것입니다. 말하자면, 내가 이제까지 여러분에게 상기시켰던 경이들 말입니다. 예컨대 태양이 빛나기 때문에 사물들이 움직인다는 것, 이것은 심오한 생각입니다. 아주 이상하면서도 경이로운 생각이지요. 물론 태양이 빛나기 때문에 모든 것이 움직이는 것은 아닙니다. 태양 빛과 상관없이 지구는 자전합니다. 그리고 최근 지구에서 핵반응으로 에너지를 생산했는데, 이것은 새로운 에너지원입니다. 화산은 일반적으로 태양 빛과는 다른 원천으로부터 힘을 공급받습니다.

과학을 배우면 세계가 완전히 달라 보입니다. 예를 들어 나무는 본래 공기로 만들어진 것입니다. 그러다 불에 타면 다시 공기로 돌아갑니다. 공기를 나무로 변화시켰던 태양열이 이때 불꽃의 열로 방출되는 거지요. 그리고 남은 재는 공기로부터 유래한 것이 아닌데, 이것은 흙에서 온 것입니다.

이런 것들은 아름답습니다. 과학의 내용은 놀랍게도 이런 것들로 가득합니다. 과학의 내용은 그 자체가 매우 고무적이며, 다른 것들을 고무할 수도 있습니다.

또 다른 과학의 특성은, 합리적 사고의 가치를 가르친다는 것입니다. 또한 사고의 자유가 얼마나 중요한지도 가르칩니다. 과학은 교훈들이 전적으로 옳은지 의심해서 얻은 실증적 결과입니다. 여러분은 반드시 구별해야 할 것이 있습니다. 특히 가르칠 때 그러한데, 과학을 발전시킬 때 가끔 사용되는 절차 혹은 형식과 과학 자체를 구별해야 합니다. "우리는 기록하고, 관찰하고, 실험하며, 이런저런 것을 한다." 이렇게 말하기는 쉽습니다. 여러분은 이런 형식을 정확히 모방할 수 있습니다. 위대한 종교라 해도 위대한 지도자가 직접 가르친 내용을 잊어버리고 형식만 추구하면 퇴보하게 됩니다. 마찬가지로, 형식만 추구하며 그것을 과학이라고 말한다면 그것은 사이비 과학입니다. 사이비 과학적 조언자들의 영향 아래에 있는 수많은 단체나 제도 속에서 오늘날 우리는 일종의 학정에 신음하고 있습니다.

우리는 교육에 대해 많은 연구를 합니다. 예를 들어, 관찰을 하고 목록을 만들고 통계를 냅니다. 그러나 그런 식으로 과학이나 지식의 기초를 세우지는 못합니다. 그것은 단지 과학을 모방하는 것에 불과합니다. 그것은 마치 남태평양 원주민들이 비행장을 닦고 나무로 송신탑을 만들어 놓고 거대한 비행기가 착륙해 주기를 바라는 것과 같습니다. 그들은 외국의 비행장에서 본 것과 똑같은 모양으로 나무 비행기를 만들기까지 했습니다. 그러나 이상하게도 이 비행기는 날지 않습니다. 이러한 사이비 과학적 모방의 결과는 전문가를 만들어내는 것입니다. 여러분들 가운데 상당수도 전문가입니다. 현장에서 진짜로 아이들을 가르치는 선생님인 여러분은 때때로 전문가를 의심할 줄 알아야 합니다. 전문가를 의심해야 한다는 것을 과학에서 배우십시오. 사실상 나는 다른 방식으로 과학을 정의할 수 있습니다. 즉, 과학은 전문가가 무지하다는 것을 믿는 것입니다.

과학이 이런저런 것을 가르친다고 말하는 것은 올바르지 않습니다. 과학은 가르치지 않습니다. 뭔가를 가르치는 것은 경험입니다. 만약 누군가 여러분에게 과학이 이런저런 것을 보여준다고 말하면, 여러분은 이렇게 물으십시오. "어떻게 그것을 보여줍니까? 과학자들은 어떻게 그것을 알았습니까? 어떻게, 무엇을, 어디에서?" 과학은 보여주지 않습니다. 그 실험, 그 결과가 보여줍니다. 그리고 여러분은 여느 사람과 마찬가지로, 그 실험에 대해 듣고(부분적이 아닌 전체적 얘기를 듣고), 그 실험이 재사용 가능한 결론에 도달했는지를 판단할 권리가 있습니다.

너무 복잡해서 아직 참된 과학의 기초를 세우지 못한 분야에서라면, 우리는 일종의 구식 지혜에 의지해야 합니다. 명백한 정직성이 바로 그것입니다. 나는 현장에 있는 여러 선생님들에게 희망을 불어넣어 드리고 싶습니다. 상식에 대한 자기 확신과 억지스럽지 않은 지성을 고무시켜 드리고 싶습니다. 여러분을 지도하는 전문가들은 오류를 범할 수 있습니다!

이것은 어쩌면 체제를 파괴하는 소리인지도 모르겠습니다. 캘리포니아 공대에 들어오는 학생들이 앞으로도 계속 훌륭하지는 못할 것입니다. 내가 보기에 우리는 비과학적인 시대에 살고 있습니다. 이 시대에는 비과학적인 대중매체와 비과학적인 책들이 난무합니다. 내 말은 그것이 나쁘다는 게 아니라 비과학적이라는 겁니다. 그 결과, 과학의 이름으로 상당량의 지적 학정이 행해지고 있습니다.

마지막으로, 사람은 무덤을 넘어 살 수 없다는 것을 말씀드리고 싶습니다. 각 세대는 경험으로부터 얻은 것들을 다음 세대에 전달해야 합니다. 하지만 존경과 의심이 섬세하게 균형을 이룬 가운데 전달되어야 합니다. 그 종이 아직 어릴 때 너무 커다란 잘못을 범하지 않도록 말입니다. 이제 그 종은 어떤 질병에 잘 걸릴 수 있는지 알고 있으니까요. 그리고 축적된 지혜를 전달할 때 그것이 지혜가 아닐 수도 있다는 지혜 또한 전달해야 합니다.

균형 감각을 지니는 데에는 상당한 기술이 필요하지만, 이 균형 감각을 지니고 과거를 받아들이거나 거부하도록 가르칠 필요가 있습니다. 앞 세대의 위대한 스승들이 전혀 오류가 없다는 믿음이 위험할 수도 있다는 교훈을 내포하고 있는 학문은 과학밖에 없습니다.

그렇게 나아갑시다. 감사합니다.

3
밑바닥에서 본 로스앨러모스

이것은 가벼우면서도 음미할 만한 이야기다. 파인만이 때로는 희극배우로, 때로는 금고털이로 로스앨러모스에서 겪은 일화를 소개한다.

독방을 차지하려다가 '남자 기숙사에 여성 출입금지' 규칙이 생기게 된일, 우편 검열의 허를 찌르며 맞서 싸운 일, 로버트 오펜하이머, 닐스 보어, 한스 베테와 같은 거장들과 어울려 지낸 일, 최초의 핵폭발을 유일하게 혼자 맨눈으로 바라본 일 등의 얘기가 나온다.

핵폭발과 관련한 경험을 통해 파인만은 전혀 다른 사람이 되었다.

히르슈펠더 교수님의 과분한 소개는 〈밑바닥에서 본 로스앨러모스〉라는 제목의 이 강연에 어울리지 않는 것 같습니다. 밑바닥이라고 말한 이유는, 내가 지금은 물리학 분야에서 조금은 유명한 사람이 되었지만, 그때는 전혀 유명하지 않았기 때문입니다. 맨해튼 프로젝트 (최초의 원자폭탄을 건조하는 거대한 계획에 붙여진 이름. 1942년에 시작하여 1945년 8월 6일과 9일에 히로시마와 나가사키에 폭탄이 투하됨으로써 절정을 이루었다. 이 프로젝트는 미국 전역에 걸쳐 시카고 대학, 핸포드, 워싱턴, 오크 리지, 테네시 등지에서 진행되었다. 그 중에서도 뉴멕시코의 로스앨러모스는 원자폭탄을 만든 곳이고, 실질적으로 프로젝트 전체의 본부였다)를 시작했을 때 나는 학위조차 없었어요.

로스앨러모스에 대해 강연하는 사람이 많은데, 그들은 대개 정부 기관의 고위층 사람들 혹은 커다란 결단을 내리기 위해 고심한 사람들과도 친분이 두터웠던 모양인데, 나는 다릅니다. 나는 커다란 결단의 문제로 고심하지는 않았어요. 나는 언제나 밑바닥 어딘가를 날아다녔지요. 완전히 밑바닥은 아니었어요. 몇 계단 위에는 있었으니까요. 그래도 높은 사람은 아니었습니다. 그러니 과분한 소개는 잊어버리기 바랍니다. 학위 논문을 연구하고는 있지만 아직 학위를 받지 못한 대학원생 하나를 떠올리면 충분합니다. 내가 어떻게 그 프로젝트에 들어가게 되었는가부터 시작해서, 그 후에 일어난 재미난 일들을 얘기할 것입니다. 프로젝트를 추진하는 동안 내가 어떤 일을 겪었는가? 그것이 내가 할 얘기의 전부입니다.

하루는 연구실(프린스턴 대학의 연구실)에서 일하고 있는데, 밥 윌슨 ***Robert R. Wilson*** (1914~2000. 페르미 국립 가속기 연구소 초대 소장)이 들어왔어요. 내가 일을 하는데(웃음), 아니, 우스운 말을 한마디도 하지 않았는데 왜들 벌써 웃는 거죠? 아무튼 밥 윌슨이 들어와서, 자기는 비밀 연구를 하며 연구비를 받고 있다는 거예요. 그걸 아무에게도 말하면 안 되지만 내게 말하는 이유는, 자기가 뭘 하려는지 알면 나도 그 일을 하고 싶어 안달을 할 게 분명하기 때문이라는 겁니다. 그리고 그는 우라늄 동위원소를 분리하는 문제에 대해 얘기했어요. 그는 궁극적으로 폭탄을 만들어야 했습니다. 우라늄 동위원소를 분리한다는 것과 그것이 결국 어디에 쓰이느냐는 별개의 문제지만, 어쨌든 그는 폭탄을 개발하려고 했어요. 이 이야기를 하고 나서, 곧 모임이 있는데 같이 가자는 것이었어요. 나는 그런 일에 끼어들지 않겠다고 대답했어요. 그래도 괜찮다면서, 세 시에 모임이 있는데 그때 보자고 하더군요. 그래서 내가 말했지요.

"아니요, 나는 그 일을 하지 않겠어요. 하지만 걱정하지 마세요. 방금 들은 얘기는 아무한테도 털어놓지 않을 테니까."

그러고 나서 나는 다시 내 논문 주제에 몰두했어요. 한 3분쯤 그러다가, 방안을 왔다갔다 하면서 생각에 잠겼습니다. 독일에는 히틀러가 있다. 원자폭탄 개발은 분명히 가능하다. 우리보다 독일이 먼저 그걸 개발할 가능성은 생각만 해도 끔찍하다. 그래서 나도 세 시 모임에 가보기로 마음먹었습니다.

네 시에 나는 벌써 다른 방 책상을 차지하고 앉아서, 어떤 특정한 방법이 이온 빔 전류의 총량에 제한을 받는지 따위를 계산하고 있었어요. 상세한 얘기는 하지 않겠습니다. 어쨌든 내게는 책상이 있었고, 종이가 있었고, 있는 힘을 다해 최대한 빨리 일을 했어요. 기계장치를 만드는 사람들은 내가 일하고 있는 곳에서 곧바로 실험을 하려고 했어요. 그건 마치 물건이 갑자기 펑, 펑, 펑, 나타나는 영화 같았어요. 내가 고개를 들 때마다 달랐어요. 모든 게 부쩍부쩍 커지고 있었던 거죠. 사람들이 죄다 자기 연구에는 손을 놓고 이 일에 매달린 겁니다.

전쟁 중에는 로스앨러모스에서 한 것 말고는 모든 과학 연구가 중단되었어요. 로스앨러모스에서 한 일은 과학이라기보다 공학이었죠. 사람들은 자기 연구에 사용하던 장치들을 훔쳐오기까지 했어요. 여러 가지 연구에 쓰이던 장비들은 한데 모여 새로운 장비로 탈바꿈했지요. 그건 우라늄 동위원소를 분리하기 위해서였습니다. 나도 똑같은 이유로 내 일을 중단했어요. 사실은 얼마 후 6주간 휴가를 얻어 내 논문을 끝낼 수 있었지요. 그래서 나는 로스앨러모스에 가기 직전에 박사 학위를 받았어요. 그러니까 여러분들에게 믿으라고 한 것만큼 아주 낮은 위치는 아니었죠.

프린스턴에서 프로젝트를 진행하면서 처음 겪은 일은 위대한 사람들을 만난 것입니다. 그건 아주 흥미로웠어요. 전에는 위대한 사람들을 그렇게 많이 만나보지 못했지요. 그 프로젝트에는 평가위원회라는 것이 있어서, 우리가 어느 길로 가야 할지를 결정하고, 우리를 지원해 주었습니다. 궁극적으로는 우라늄을 분리할 방법을 결정하는 것이 그들의 임무였어요. 이 평가위원회에는 톨먼, 스마이스, 우리, 라비, 오펜하이머*Julius Robert Oppenheimer*(1904~1967. 미국의 물리학자. 이차대전 중 원자폭탄 개발에 주도적인 역할을 했다. 나중에 수소폭탄 개발에 반대하고 군비 축소를 주장하다가 매카시 선풍으로 불명예를 겪었다) 같은 사람들이 있었어요. 콤프턴*Arthur Holly Compton*(1892~1962. 미국의 물리학자. X선이 산란될 때 파장이 변하는 현상을 발견. 이것을 콤프턴 산란이라고 부른다. 1927년 노벨상 수상)도 있었죠.

한번은 아주 충격적인 일을 겪었습니다. 나는 우라늄 분리 과정에 관한 이론을 이해하고 있었기 때문에 위원회에 참석하곤 했는데, 그들이 나에게 질문을 한 다음 다같이 토론을 했어요. 한 사람이 어떤 점을 지적하면, 예를 들어 콤프턴이 다른 견해를 설명합니다. 그의 말은 완벽하게 옳았고, 올바른 생각이었어요.

"이건 이렇게 될 수밖에 없습니다."

그가 말했어요.

그러자 다른 사람이 나서서 이렇게 말하는 것이었어요.

"그럴 가능성도 있겠습니다. 하지만 고려해야 할 다른 가능성도 있습니다."

나는 펄쩍 뛰었습니다! 말도 안 되니까요. 그가, 콤프턴이, 했던 말을 다시 해야 한다! 다시 말해야 해! 하고 나는 생각했습니다. 하지만 한 바퀴 빙 돌면서 모두 한마디씩 합니다. 그러면서 서로 엇갈리는 의견을 내놓는 거예요. 마지막으로 의장인 톨먼이 말합니다.

"여러분의 의견을 잘 들었습니다. 내가 보기엔, 콤프턴의 주장이 최고올시다. 이제 다른 얘기를 해봅시다."

나는 이런 모습을 보고 크게 감명을 받았습니다. 위원들이 모두 다 한 가지씩 생각을 제시하는데, 저마다 새로운 면을 가지고 있고, 그러면서도 다른 사람의 의견을 기억하고 있다가, 마지막에 어떤 견해가 최고인지 모든 것을 단숨에 정리해서 결정하는데, 같은 말을 두 번 하지 않는다는 겁니다. 알겠습니까? 거기에서 나는 엄청난 감명을 받았습니다. 그들은 진정 위대한 사람들이었어요.

결국 이 프로젝트에서는 처음 시도했던 우라늄 분리 방법을 쓸 수 없다고 판단했습니다. 그래서 우리는 하던 일을 중단하라는 지시를 받았지요. 뉴멕시코의 로스앨러모스에서 다시 시작한다고 하더군요. 거기가 실제로 원자폭탄을 만들 곳이었고, 우리 모두 거기로 갈 예정이었죠. 거기에서 해야 할 실험도 하고, 이론적 연구도 할 예정이었어요. 나는 이론 쪽이었고, 다른 사람들은 모두 실험 쪽 일을 했지요. 이번에는, 당장 무엇을 할 것인지가 문제가 되었어요. 우리는 일을 중단하라는 지시를 받았는데, 로스앨러모스는 아직 준비가 되지 않아서 시간에 공백이 생겼기 때문이죠. 밥 윌슨은 남는 시간을 활용할 수 있도록 나를 시카고에 보내려고 했어요. 거기에 가서 원자폭탄에 관련된 문제에 대해 가능한 한 모든 것을 알아내면, 로스앨러모스에 가자마자 실험 장비들과 여러 가지 계수기 따위를 바로 만들 수 있기 때문에 시간 낭비가 없을 거라면서요.

그래서 나는 시카고로 갔습니다. 모든 팀이 나와 같이 일하고, 문제가 있으면 나에게 충분한 설명을 해주어 내가 곧바로 연구를 시작할 수 있게 하라는 지시서를 지니고 갔지요. 그건 아주 좋은 생각이었어요. 나는 가자마자 여러 사람에게 묻고 다니면서 모든 것을 상세하게 이해할 수 있었지요. 사실상 하는 일이 없어서 양심에 좀 걸리기는 했지만요. 그런데 우연히(참 운 좋게도) 어떤 친구가 자기 문제를 설명할 때 내가 이렇게 해보라고 말해줬더니 그걸 30분 만에 풀어버린 거예요. 석 달 동안이나 못 풀고 쩔쩔매던 것이었는데 말입니다. 그래서 나도 뭔가 하긴 했어요!

시카고에서 돌아온 나는 보고를 했습니다. 에너지가 얼마나 방출되며, 폭탄은 어떤 모습이 될 것인가 따위를 사람들에게 설명했지요. 같이 일한 친구 폴 올럼이 생각나는데, 수학자였습니다. 설명이 끝난 다음 내게 와서 이렇게 말했어요.

"이걸 영화로 만들 때, 시카고에서 돌아와 원자폭탄의 모든 것을 프린스턴 사람들에게 보고하는 친구가 나올 거야. 영화에선 멋지게 양복을 입고 서류 가방을 들고 나오겠지. 하지만 자네는 지저분한 셔츠를 입은 채 우리에게 아무렇게나 말하고 있어."

그는 실제 세계와 영화 속 세계의 차이를 말한 거죠. 어쨌든 우리는 아주 진지한 일을 했습니다.

그런데 일이 계속 지연되는 것 같았어요. 무엇이 잘못되었고 일이 어떻게 돼가는지 알아보려고 윌슨이 로스앨러모스에 찾아갔지요. 가서 보니 건설 회사가 아주 열심히 일해서 강당을 비롯한 건물 몇 동을 다 지어 놓았어요. 그런 건물은 그들이 알고 있던 방법으로 쉽게 지을 수 있었지요. 하지만 실험실을 어떻게 지어야 하는지, 가스관을 얼마나 설치하고 수도는 어떻게 설치할지, 명확한 지시를 받지 못해 손을 대지 못하고 있었어요. 그래서 윌슨이 가르쳐 주었지요. 물은 얼마나 필요하고, 가스는 얼마나 필요한지 즉석에서 판단해준 겁니다. 그러자 마침내 실험실 공사가 시작되었어요.

윌슨이 돌아온 후, 아시다시피 우리는 이미 떠날 준비가 다 되어 있었는데, 오펜하이머와 그로브즈 장군*Leslie Groves*(맨해튼 계획의 총책임자—옮긴이주) 사이에 어떤 의견 조정이 안 된 탓에 떠날 수가 없었어요. 우리는 점점 조바심이 났지요. 나는 직위가 낮아서 아는 게 많지 않았지만, 내가 알기로는 그때 윌슨이 시카고의 맨리를 불러왔습니다. 그래서 함께 모여 의논한 끝에, 준비가 안 됐어도 어쨌든 떠나기로 결정을 내렸지요. 우리는 로스앨러모스로 떠났어요. 오펜하이머와 몇몇 사람이 우리를 보살펴 주었는데, 그는 사람들을 참을성 있게 대했고, 다른 사람들의 문제에 자상하게 관심을 기울여 주었어요. 결핵에 걸린 내 아내가 입원할 수 있는 근처의 병원을 찾아주는 등 세밀한 것까지 신경을 써주었지요. 그렇게 개인적인 일로 그를 만난 것은 그때가 처음이었어요. 그는 참 놀라운 사람이었습니다.

우리는 여러 가지 지시를 받았는데, 예를 들어 주의 깊게 행동하라는 게 그거죠. 프린스턴에서 기차표를 사지 말라는 지시를 받기도 했어요. 프린스턴은 아주 작은 역이어서, 모두가 뉴멕시코의 앨버커키로 가는 기차표를 산다면, 당장에 수상한 일이 벌어지고 있다는 의심을 산다는 거죠. 그래서 모두들 다른 곳에서 기차표를 샀지만, 나는 그렇게 하지 않았어요. 모두가 다른 곳에서 기차표를 산다면…? 하고 머리를 굴린 거죠. 내가 역에 가서 앨버커키행 표를 달라고 하니까, 역무원이 이러더군요.

"아, 이제 보니 그 많은 물건이 모두 당신 것이었군요!"

우리는 몇 주 동안 계수기들이 가득한 상자들을 실어 보내면서, 그 행선지가 앨버커키라는 것에 역무원들이 주의를 기울이지 않을 거라고 생각했어요. 아무튼 기차로 그 많은 짐을 부친 이유를 내가 해명해 준 셈이 되었죠. 마침내 앨버커키로 가는 사람이 한 명 나타났으니까.

우리가 도착한 것은 예정보다 일러서 기숙사 건물도 완공되지 않았어요. 실험실은 훨씬 덜 지어졌는데, 우리가 미리 간 탓에 일을 재촉한 셈이 되었죠. 그래서 그들은 미친 듯이 서둘렀고, 온 동네를 뒤져 셋집을 구했어요. 처음에 우리는 목장 주택에 묵으면서 아침에 자동차로 출근했어요. 첫날 아침 차를 타고 출근할 때, 나는 굉장한 감동을 받았습니다. 너무나 아름다웠어요. 여행을 별로 하지 않은 동부 사람에게는 그곳 경치가 충격적이었죠. 거대한 협곡이 있었는데, 여러분도 분명 사진에서 봤을 테니 자세한 얘기는 하지 않겠습니다. 캠프는 높은 고원에 있었어요. 밑에서 올라가다가 거대한 협곡을 보게 되면 압도당하고 말지요. 가장 인상적인 일은 인디언 동굴을 본 것이었어요. 올라가는 도중에 인디언이 아직도 근처에 사는 것 같다고 내가 말하자, 운전하던 친구가 바로 차를 멈췄어요. 모퉁이까지 걸어가 봤더니 거기에 정말 인디언이 살던 동굴들이 있더군요. 그건 정말 짜릿한 경험이었어요.

처음 현장에 도착하니 기술 구역이라는 곳이 보였습니다. 그곳은 나중에 울타리를 치기로 되어 있었지만 아직 공사 중이라 개방되어 있었습니다. 주거 지역이 될 곳도 있었고, 그곳을 멀리에서 둘러싼 큰 울타리가 있었어요. 친구이자 내 조수였던 폴 올럼이 메모판을 들고 서서, 드나드는 트럭을 검사하고 짐을 부릴 곳을 지시하고 있었어요.

내가 실험실에 들어가면, 〈피지컬 리뷰〉 등의 학술지에서나 보던 사람을 만나게 될 참이었죠. 전에는 그런 분들을 한번도 본 적이 없었어요. 저 사람이 존 윌리엄스입니다하고 그들이 말했어요. 한 사람이 청사진으로 뒤덮인 책상에서 일어서더니, 소매를 걷어붙인 채 창문 옆에 서서 트럭 기사들에게 지시를 하더군요. 뭔가를 만들겠다는 사람이 엉뚱한 일을 하고 있었던 거지요. 다시 말해서, 우리는 건설 회사를 떠맡아서 일을 마무리했던 겁니다. 물리학자들, 특히 실험 물리학자들은, 건물이 완공되고 장치가 준비되기 전까지는 아무것도 할 수 없었어요. 그래서 그들도 건물을 짓는 일에 뛰어든 거지요.

하지만 이론 물리학자들은 곧바로 일을 시작할 수 있었어요. 그래서 목장 주택에서 살지 말고 현장에 머물러야 한다는 결정이 났지요. 우리는 당장 일을 시작했어요. 일을 한다는 건 우리가 이동 칠판을 하나씩 갖는다는 뜻입니다. 그러니까 밑에 바퀴가 달려서 굴릴 수 있는 칠판 말이죠. 우리는 그걸 굴리고 다녔습니다. 로버트 서버가 버클리에서 연구한 원자폭탄과 핵물리 등에 대해 우리에게 설명해주곤 했는데, 나는 다른 연구를 하고 있어서 그것에 대해 잘 몰랐습니다. 그래서 엄청나게 열심히 공부해야 했어요. 우리는 매일 공부하고 읽고, 공부하고 읽었는데, 마치 열병에 걸린 듯했어요.

그러다 내게 행운이 찾아왔습니다. 우연히 모든 거물들이, 한스 베테만 빼고 모두 동시에 떠난 거예요. 위스코프는 MIT에서 뭔가 고칠 것이 있다며 떠났고, 텔러도 어쩌다 같은 시기에 어디론가 떠났습니다. 베테는 자기 생각을 비판해줄 사람이 필요했는데, 붙들고 얘기할 사람이 없었어요. 그는 하는 수 없이 이 건방진 애송이를 붙들고 자기 생각을 설명했어요. 내가 말했죠.

"아니오, 아닙니다. 당신은 미쳤어요. 그건 그렇지 않고 이럴 겁니다."

그러면 그가 "잠깐만," 하고는, 왜 그가 미치지 않고 내가 미쳤는지 설명했습니다. 그런 식으로 우리는 계속했어요. 아시다시피 나는 물리에 대한 얘기를 들을 때는 물리만 생각하지, 누구와 말하고 있는지는 까맣게 잊어버립니다. 그래서 나는, 아니오, 아니오, 당신이 틀렸어요, 혹은 당신 미쳤어요, 하는 식으로 말을 마구 하는데, 알고 보니 베테가 바란 게 바로 그것이었어요. 나는 이렇게 해서 밑바닥에서 한 단계 올라섰고, 마침내 네 사람이나 거느린 팀장이 되었지요. 내 위에는 베테가 있었구요.

베테와는 재미있는 일이 많았습니다. 그가 처음 왔을 때 우리에겐 덧셈을 할 수 있는 계산기가 있었어요. 손에 들고 쓰는 머천트 계산기 말이죠. 그가 이렇게 말했어요. "어디 보자, 압력은…." 그가 계산하려던 공식에는 압력의 제곱이 들어 있었어요. "압력은 48이고, 48의 제곱은…." 내가 계산기를 손에 드는 순간 그가 약 2,300이라고 말해요. 내가 정확한 값을 알려고 계산기를 두드리는데, 그가 말하죠.

"정확한 걸 알고 싶나? 2,304야."

계산기로 정말 2,304라는 값이 나옵니다. 그래서 내가 물었어요.

"어떻게 하셨어요?"

"50에 가까운 수를 제곱하는 법을 모르나? 50에 가까운 수에서, 예를 들어 3만큼 작다고 하자구. 그러면 이 값은 2,500보다 300 정도 작아. 47의 제곱은 2,200에 가깝지. 이제 남은 것은 나머지를 제곱하는 거야. 예를 들어 3이면 9가 되지. 그래서 47의 제곱은 2,209야, 알겠나?"($(x-y)^2 = x^2 - 2xy + y^2$이므로, $(50-3)^2 = 50^2 - 2 \cdot 50 \cdot 3 + 3^2 = 2,500 - 300 + 9 = 2,209$. 베테는 이 식에서 가장 큰 첫째 항과 둘째 항을 고려해서 우선 근사값을 얻고, 가장 작은 마지막 항을 나중에 고려하여 정확한 값을 얻었다—옮긴이주)

베테는 계산을 매우 잘했어요. 그러다 잠시 후에는 2.5의 세제곱근을 구해야 했습니다. 계산기로 세제곱근을 구하려면 머천트 회사에서 나온 작은 표가 필요했어요. 그래서, 이번에는 베테도 시간이 좀 걸렸는데, 내가 서랍을 열고 표를 꺼내는데, 그가 말하는 것이었어요.

"1.35야."

그래서 나는 2.5에 가까운 수의 세제곱근을 구하는 무슨 비결이 있나 생각해 봤는데, 알 수가 없었어요. 내가 물었지요.

"어떻게 하셨어요?"

"log2.5의 값을 3으로 나눈 값은 log1.3과 log1.4 사이에 있지. 그 사이의 값을 보간법으로 구한 거야."

나는 어떤 수를 3으로 나눌 생각을 못했고, 다른 계산은 더더욱 할 수가 없었어요. 그런데 베테는 이 모든 과정을 알고 있었고, 이런 계산에 아주 능해서 나에게 큰 자극을 주었어요. 나는 꾸준히 연습했습니다. 그래서 우리는 작은 시합을 벌이곤 했지요. 뭔가 계산해야 할 일이 생기면 서로 먼저 답을 내려고 경쟁했어요. 내가 이길 때도 있었죠. 물론 몇 년이 지난 뒤였지만, 네 번에 한 번쯤은 내가 이겼어요. 여러분도 수에 대해 재미난 걸 알 수 있습니다. 예를 들어 174와 140을 곱한다고 합시다. 173 곱하기 141은 3의 제곱근과 2의 제곱근을 곱하는 것과 비슷하고, 이것은 6의 제곱근과 같으므로 245라는 숫자가 나옵니다. 그래서 두 수를 곱한 값은 약 24,500이 되지요. 하지만 먼저 숫자를 잘 다룰 줄 알아야 해요. 사람마다 숫자를 다루는 방식이 다를 겁니다. 아무튼 우리는 재미난 경험을 많이 했어요.

내가 처음에 도착했을 때는, 이미 말했듯이 기숙사가 없었습니다. 하지만 이론물리학자들이 머물 곳이 필요해서, 전에 남학교였던 낡은 학교 건물을 숙소로 썼지요. 그곳은 기계공 숙소라고 불린 곳이에요. 우리는 모두 2단 침대에 엉켜서 잤는데, 방 배정도 잘못되어 밥 크리스티 부부는 아침마다 욕실에 갈 때 우리 침실을 지나가야 했어요. 정말 불편했지요. 다음에 우리가 옮겨간 곳은 빅 하우스라고 불렸는데, 2층 바깥쪽으로 사방을 빙 둘러 테라스가 있고, 벽을 따라 침대가 다닥다닥 붙어 있었어요. 1층에는 큰 도표가 한 장 붙어 있었는데, 거기에 사람들의 침대 번호와 옷을 갈아입을 욕실 번호가 적혀 있었어요. 내 이름 밑에는 '욕실 C'라고 적혀 있었지만 침대 번호는 없는 거예요! 이것 때문에 나는 성가신 일을 겪었죠.

마침내 기숙사가 완공되었습니다. 방 배정을 받으러 기숙사에 갔더니, 담당자가 마음대로 방을 골라도 된다고 하더군요. 나는 방을 고르기 전에 먼저 여자 기숙사가 어디인지 알아봤어요. 그리고 여자 기숙사가 마주보이는 방을 골랐지요. 나중에 알고 보니 큰 나무에 창이 가려 아무것도 보이지 않더군요. 어쨌든 나는 그 방을 골랐어요. 두 사람이 한 방을 써야 한다는데, 그건 임시 조치라더군요. 방 둘에 욕실이 하나씩 딸렸고, 방에는 2단 침대가 있었는데, 나는 다른 사람과 방을 같이 쓰는 게 싫었어요.

처음 기숙사에 들어간 날에는 그 방에 나 혼자만 있었어요. 그때 아내는 결핵으로 앨버커키에 입원해 있었고, 나는 아내의 짐을 몇 상자 가지고 있었습니다. 나는 상자를 열어 아내의 잠옷을 꺼냈습니다. 그걸 윗침대에 아무렇게나 던져 놓았지요. 슬리퍼도 꺼내 놓고, 욕실 바닥에 분가루도 조금 흘려 놓았어요. 그 방을 두 명이 쓰고 있는 것처럼 보이려고 한 거죠. 빈 침대가 없으니 그 방에 들어오려는 사람이 없을 수밖에요.

그런데 무슨 일이 생긴지 아세요? 그곳은 남자 기숙사인데, 그날 밤에 돌아와 보니, 누가 내 잠옷을 단정히 개서 베개로 곱게 눌러놓았고, 슬리퍼도 침대 밑에 단정히 놓여 있었어요. 여자용 잠옷과 슬리퍼도 마찬가지였고, 침대는 잘 정리되어 있었어요. 욕실을 보니 분가루가 닦여 있더군요. 아무튼 윗침대에서 자려는 사람은 없었어요. 그래서 그날 밤에도 방을 독차지하고 잤어요. 이튿날 아침에도 전날처럼 해놓았습니다. 일어나자마자 윗침대를 어질러놓고, 잠옷을 던져놓고, 욕실에 분가루를 뿌려 두었지요. 나흘 동안 계속 그랬어요. 나흘 후에는 모든 사람이 방을 정했기 때문에 더 이상 다른 사람이 내 방에 들어올 염려가 없었어요. 하지만 매일 밤마다 모든 것이 정돈되어 있었고, 모든 것이 깨끗한 거예요. 거기가 남자 기숙사인데도 말이죠. 참 별일이었어요.

나는 정치적인 일에 조금 휘말리기도 했어요. 자치위원회라는 게 있었기 때문이죠. 군인들이 최고 운영위원회의 도움을 받아 캠프 운영 방침을 결정했는데, 여느 정치적 사건처럼 꽤나 말이 많았어요.

특히 거기서 일하는 사람들은 온갖 단체를 결성해서, 청소부 단체, 기계공 단체, 전문가 단체 등이 있었죠. 기숙사에 사는 독신남녀들도 단체를 구성해야 한다고 생각했어요. 왜냐하면 남자 기숙사에 여자가 들어가서는 안 된다는 새로운 규칙이 발표되었기 때문이죠. 그건 말도 안 되는 소리였죠. 모두들 다 큰 사람들이었는데 말입니다. 하하. 정말 웃겼죠. 그래서 우리는 정치적인 행동을 해야 했어요. 우리는 마음을 굳게 먹고 토론을 한 끝에 그런 결론을 내린 거죠. 그래서 어떻게 되었느냐 하면, 바로 내가 자치위원회의 기숙사 대표로 뽑힌 겁니다.

내가 자치위원회에 들어간 지 1년이나 1년 반쯤 지난 후, 한스 베테와 얘기를 나누고 있을 때였어요. 그는 처음부터 최고 운영위원회에 소속되어 있었지요. 내가 아내 잠옷을 윗침대에 던져 놓았던 얘기를 하자 그가 막 웃더군요. 그리고 이렇게 말하는 것이었어요.

"하, 바로 그래서 자네가 기숙사 대표가 된 거야."

알고 보니 이렇게 된 거예요. 아주 심각한 보고가 들어왔다는 거죠. 청소부가 기숙사 방문을 열어본 순간 문제가 있음을 알게 됐어요. 누군가 남자와 잤다! 가슴이 철렁한 청소부는 그 사실을 여반장에게 보고했고, 여반장은 여부장에게, 여부장은 중위에게, 중위는 소령에게 보고했어요. 이렇게 계속 위로 올라가서 결국 장군을 통해 최고 운영위원회까지 전달되었어요. 운영위원회가 어떻게 했냐구요? 당연히 고민을 했지요. 그래서 얼마 후 모종의 지시가 내려가고 또 내려가서, 대장을 거쳐, 소령을 거쳐, 중위를 거쳐, 여부장과 반장을 거쳐, 그 청소부에게까지 전달되었어요.

"그냥 깨끗하게 청소하고 없던 일로 하라."

그리고 무슨 일이 일어나는지 지켜보라. 알겠어요? 그런데 다음날에도 똑같은 보고가 올라갔어요. 으윽, 으으으윽, 으으으으윽. 나흘 동안 그들은 어째야 좋을지 몰라 안절부절 못했어요. 그래서 결국 위원회는 규칙을 정했지요.

'남자 기숙사에 여성 출입금지!'

그러자 여기저기에서 아우성이 터져 나왔고, 결국 기숙사 사람들도 정치판에 뛰어들지 않을 수 없었고, 기숙사 대표를 뽑게 된 거죠….

이제 우리가 당한 검열에 대해 얘기하겠습니다. 당국에서는 불법적인 일을 하기로 단호한 결정을 내렸어요. 미대륙 전역에 사는 사람들의 우편물을 검열하겠다는 것이었어요. 그럴 권한도 없으면서 말이죠. 그래서 아주 교묘하게 일을 꾸며서, 자발적인 검열인 것처럼 해야 했지요. 우리는 자발적으로 봉투를 개봉한 채 편지를 부치기로 했어요. 외부에서 오는 편지를 그들이 뜯어 봐도 괜찮다고 자발적으로 동의했던 겁니다. 개봉한 채 편지를 보내면, 그들이 보고 문제가 없을 경우 봉투를 붙여서 발송하죠. 우리가 쓰지 말아야 할 것을 썼다고 판단되면, 어떤 구절이 우리의 '합의'에 어긋나는지를 적은 쪽지와 함께 편지를 되돌려 받죠.

그래서 아주 교묘하게, 자유로운 정신을 지닌 모든 과학자들이 이러한 규칙에 합의해서, 마침내 검열 제도가 만들어졌어요. 여러 가지 규칙이 있었는데, 필요할 경우에는 행정 처리에 대한 불만을 제기하는 것이 허용되어 당국에 불만 사항을 서면으로 알릴 수 있었지요. 이렇게 모든 준비가 끝났고, 당국은 문제가 있으면 우리에게 알리겠다고 했어요.

그래서 그 날이 왔습니다. 검열이 시작되는 첫날. 따르르르르르릉! 전화가 왔어요. 받았지요.

"뭡니까?"

"잠시 내려오시겠습니까?" 내려갔지요.

"이게 뭐죠?" 아버지께서 보낸 편지였어요.

"그런데 이건 또 뭐죠?" 줄이 쳐진 종이였는데, 줄에는 점이 찍혀 있었습니다. 아래에 점 넷, 위에 점 하나, 아래에 점 둘, 위에 점 하나, 점 아래에 점. 내가 말했어요.

"그게 뭐냐구요? 그건 암호죠."

"그래요, 암호입니다. 무슨 뜻입니까?"

"그건 나도 몰라요."

"그럼 해독법은 어디에 있습니까? 어떻게 해독하는 거죠?"

"글쎄요, 모르겠습니다."

"그럼 이건 뭐죠?"

"아내가 보낸 편지로군요."

"TJXYWZ TW1X3. 이런 글자가 써있는데, 이건 뭐죠?"

"그것도 암호로군요."

"해독법은?"

"몰라요."

"암호를 받았는데, 해독법을 모른다구요?"

"그래요. 이건 게임이죠. 그들에게 내가 해독하지 못할 암호를 보내보라고 했죠. 그래서 저쪽에서 암호를 만들어서 해독법 없이 내게 보낸 겁니다."

　검열 규칙에는, 일상적인 일이라면 편지로 어떤 짓을 하든 방해받지 않는다는 조항이 있었어요. 그래서 그들이 말했죠.

"그럼, 암호 해독법을 보내달라고 편지를 쓸 겁니까?"

"나는 해독법을 보고 싶지 않아요!"

"그럼, 좋아요. 해독법이 오면 반송하겠습니다."

우리는 그렇게 하기로 했습니다. 이튿날 아내의 편지가 왔는데, 이렇게 씌어 있었어요.

'편지 쓰기가 너무 어려워. ○○○가 내 어깨 너머로 엿보고 있는 것만 같거든.'

물론, ○○○ 자리는 잉크 지우개로 깨끗하게 지워져 있었어요. 그래서 나는 사무실로 내려가서 따졌습니다.

"편지가 마음에 들지 않는다고 해서 당신들 멋대로 지우면 어떡해요? 내게 말은 할 수 있지만, 편지에 손을 댈 수는 없다구요. 눈으로 보기만 하세요. 당신들은 편지에 이런 짓을 하지 않기로 되어 있어요."

그들이 말했습니다.

"말도 안 되는 소리 하지 마십시오. 검열관이 잉크 지우개를 쓴다고 생각하십니까? 검열관은 가위를 쓴다구요."

나는 알았다고 말했어요. 그래서 아내에게 답장을 했죠.

'편지에 잉크 지우개를 썼어?'

아내의 답장에는 이렇게 씌어 있었습니다.

'아니, 잉크 지우개를 쓴 적이 없어. 그건 분명 ○○○ 짓일 거야.'

편지에는 잘라낸 구멍이 있었어요. 그래서 나는 다시 책임자인 소령을 찾아가서 항의했지요. 이 일은 며칠이 걸렸어요. 나는 이 일을 바로잡아야 한다는 사명감을 느꼈어요. 소령의 설명으로는, 검열관들이 어떻게 해야 하는지 교육을 받긴 했지만 새로운 방식이 너무 미묘해서 이해하지 못했다는 겁니다. 나는 검열당한 경험이 가장 많은 사람으로서 최전선을 사수하기로 마음먹고, 날마다 아내와 편지를 주고받았어요. 그러니까 소령이 말하더군요.

"무엇이 문제입니까? 제가 호의적이지 않다고 생각하십니까?"

내가 말했어요.

"아닙니다. 소령님은 분명 호의적이지만, 힘은 없는 것 같습니다."

벌써 사나흘이 지나도록 달라진 게 없으니까요. 소령이 말했어요.

"그럼 한번 알아봅시다!"

소령이 전화통을 붙잡았고…, 이내 모든 것이 바로잡혔어요. 그래서 다시는 편지에 구멍이 나는 일은 없었습니다.

하지만 다른 문제도 여러 가지 있었어요. 예를 들어 하루는 아내 편지를 받았는데, 검열관이 쓴 쪽지가 같이 들어 있었어요. 편지에 해독법이 없는 암호가 들어 있어서 삭제했다고 씌어 있더군요. 그날 앨버커키에 아내를 만나러 갔는데 아내가 말하는 거예요.

"내가 부탁한 건 어딨지?"

"뭐 말이야?"

"산화납, 글리세린, 핫도그, 세탁물."

어리둥절해서 내가 말했어요.

"아니, 그런 걸 적어 보냈어?"

"그래."

"그게 암호인 줄 알았군."

검열관은 산화납, 글리세린 등등이 암호라고 생각한 겁니다. 이런 일은 모두 처음 몇 주 동안 계속되었고, 그것을 바로잡는 데 또 몇 주가 걸렸어요.

그러던 어느 날 나는 가산기를 만지작거리다가 알아낸 게 있어서 그런 걸 매일 편지에 써 보냈는데, 쓸 말이 참 많았어요. 그건 아주 특별한 것이었어요. 그게 뭐냐 하면, 1을 243으로 나누면 0.**00**411522**633744855**96707818930**0411522**…이라는 수가 나옵니다. 이건 참 멋지죠. 4, 5, 6…사이에 11, 22, 33…으로 반복되는 게 아주 묘해요. 나는 이런 걸 아주 좋아합니다. 나는 이 내용을 편지에 썼는데, 편지가 발송되지 않고 작은 쪽지와 함께 되돌아왔어요.

'제 17조를 보시오.'

17조를 보니, '편지는 영어, 스페인어, 포르투갈어, 라틴어, 독어로 써야 한다. 다른 언어로 편지를 쓰려면 서면 허가를 얻어야 한다'고 되어 있었고, '암호 사용 불가'라고 되어 있었어요.

그래서 나 역시 편지에 작은 쪽지를 덧붙여 검열관에게 되돌려 보냈어요. 내가 쓴 쪽지의 내용은 이렇습니다. 내 편지에 쓴 것은 결코 암호가 아니다. 1을 243으로 나누면 실제로 0.004115226337…이 나오기 때문이다. 정보가 들어 있다면 243이라는 숫자에 있지만, 거기에도 1111000 따위의 숫자가 지닌 정보 이상은 들어 있지 않다. 등등. 그래서 나는 편지에 아라비아 숫자를 쓰게 해달라고 요청했어요. 나는 편지에 아라비아 숫자를 잘 쓰거든요. 그래서 모든 것이 해결되었지요.

편지가 오가는 데는 항상 조금씩 문제가 있었어요. 한때 아내는 검열관이 어깨 너머로 엿보는 것만 같아서 편지 쓰기가 너무 힘들다고 계속 써 보냈어요. 규정상 우리는 검열에 관한 얘기를 쓰면 안 됩니다. 우리는 안 되죠. 그러나 검열관들은 어쩌죠? 그들은 계속해서 나에게 쪽지를 보냈어요.

'당신의 아내가 검열에 대해 언급했습니다.'

물론이죠, 아내는 분명 검열을 언급했습니다. 그래서 어쩌란 말입니까? 그랬더니 그들이 나에게 이런 쪽지를 보냈어요.

'편지에 검열 이야기를 쓰지 말라고 아내에게 얘기해 주십시오.'

그래서 나는 바로 편지를 썼어요. 첫머리를 이렇게 시작했죠.

'편지에 검열 이야기를 쓰지 말라고 아내에게 얘기하라는 지시를 받았어.'

짜잔, 짜자자잔, 편지는 곧장 되돌아왔어요! 그래서 쪽지에 썼지요.

'나는 편지에 검열 이야기를 쓰지 말라고 아내에게 얘기하라는 지시를 받았습니다. 그런데 어떻게 그것을 아내에게 전하란 말입니까? 게다가, 왜 내가 아내에게 검열에 대해 말하지 말라고 말해야 합니까? 당신들 나한테 뭔가 숨기고 있는 거 아니요?'

아내가 나에게 검열에 대해 말하지 말 것을 나더러 아내에게 말하라고 검열관 자신이 나에게 말한다는 건 여간 재미있는 게 아니었어요. 하지만 그들도 할 말이 있었어요. 그래요, 그들은 이렇게 말했어요. 앨버커키로 가는 편지를 도중에 누군가 가로챈다면, 그래서 편지를 뜯어본다면, 검열을 한다는 것이 폭로될 거라구요. 그들은 아내가 좀더 보통 사람들처럼 행동하기를 바랐어요. 그래서 다음에 앨버커키에 갔을 때 아내에게 말했어요.

"이제부터는 편지에 검열 얘기는 쓰지 마."

하지만 그동안 검열로 말썽이 많았기 때문에 결국 암호를 쓰기로 했어요. 규칙에는 어긋나지만요. 우리는 암호를 만들었는데, 내가 서명 뒤에 점을 하나 찍으면 다시 말썽이 생겼다는 뜻입니다. 그러면 아내는 좋은 수를 생각해 냅니다. 아내는 아파서 하루 종일 가만히 앉아 있기만 했으니까 생각하는 것밖에는 달리 할 것도 없었지요. 아내가 마지막으로 생각해낸 것은 광고지를 내게 보내는 것인데, 그건 결코 규칙에 어긋나는 게 아니었어요. 그 광고에는 이렇게 씌어 있었지요.

"남자 친구에게 조각 맞추기 편지를 써 보내세요. 여기 아무것도 안 써진 조각 맞추기 편지지가 있습니다. 여기에 편지를 써서, 뒤섞은 다음 친구에게 보내세요."

그래서 이 편지를 받았는데, 쪽지가 같이 왔어요.

'우리는 게임을 즐길 시간이 없습니다. 제발 보통 편지만 보내라고 해주십시오!'

그러니까 우리는 또 점을 하나 찍을 일이 생긴 거지요. 그리고 우리는 다음과 같은 편지를 구상했습니다.

'이 편지를 조심해서 개봉하라는 말을 잊지 않았길 바래. 전에 얘기한 당신의 위장약 가루를 같이 넣었으니까.'

편지에는 가루를 잔뜩 넣을 작정이었죠. 검열 사무실에서는 보나마나 재빨리 개봉할 테니 온 바닥에 가루가 쏟아질 겁니다. 그들은 아무것도 건드려서는 안 되니까 가루를 다시 쓸어 담아야 할 겁니다. 골치 꽤나 아플 거예요. 하지만 이런 방법까지는 쓸 필요가 없었습니다. 조각 맞추기 편지를 허용해 주었으니까요.

검열관들과 수없이 옥신각신한 경험 덕분에, 나는 어떤 일이 되고 어떤 일이 안 되는지 잘 알게 되었습니다. 누구도 나보다 더 잘 아는 사람이 없었죠. 그래서 나는 이런 일에 내기를 걸어서 돈을 조금씩 따기도 했어요.

　하루는 바깥에 사는 노무자들이 멀리 있는 정문으로 돌아서 다니기가 귀찮아서 울타리에 구멍을 낸 것을 보았어요. 그래서 나는 정문으로 나갔다가 구멍으로 들어오는 일을 계속했어요. 위병소장이 이상하다고 느낄 때까지 말이죠. 어째서 이 친구는 늘 나가기만 하고 들어오는 건 볼 수가 없지? 위병소장은 중위에게 보고해서 나를 감옥에 넣으려고 했어요. 나는 울타리에 구멍이 있다는 것을 알린 건데, 나는 항상 그런 식으로 다른 사람들이 알아서 문제를 해결하도록 했어요. 구멍이 있다는 걸 넌지시 알려주기만 한 거죠. 그리고 나는 밖으로 보내는 편지에 구멍 이야기를 쓸 수 있다고 다른 사람과 내기를 했어요. 말할 것도 없이 내가 이겼죠. 편지에는 이렇게 썼습니다.

　'이곳이 어떻게 관리되고 있는지 알면 기가 찰 거야.'

　이 정도는 누구나 언급할 수 있었습니다.

　'어디어디에서 21미터 떨어진 곳에는 울타리에 구멍이 있는데, 크기는 얼마쯤 되니까, 사람이 걸어서 드나들 수도 있어.'

　자, 그들이 어떻게 했을까요? 그들은 나에게 그런 구멍이 없다고 우길 수는 없습니다. 그들은 어떻게 해야 했을까요? 구멍이 있다는 것은 그들에게 안 된 일이었고, 그 구멍을 막을 수밖에 없었습니다. 그래서 나는 그 문제를 해결했죠.

　한번은 과학자 한 명이 한밤중에 불려나가 바보 같은 군인들 앞에서 심문을 당한 일이 있었는데, 나는 그것도 편지에 썼어요. 군인들은 그 친구 아버지에 대해 뭔가를 알아낸 모양이었는데, 아마도 아버지가 공산주의자라는 의심을 받았던가 봐요. 그 친구 이름은 캐메니였는데, 이제는 그 친구도 유명한 인물이죠.

나는 항상 잘못된 일을 바로잡으려고 노력했어요. 울타리에 난 구멍을 지적한 일처럼, 항상 우회적으로 문제를 지적해 주었지요. 내가 지적해 주려고 한 문제 가운데 이런 것도 있었습니다. 그곳 캠프에는 처음부터 엄청난 비밀이 많아서 문제도 많았죠. 우리는 우라늄과 그 원리에 대해 많은 연구를 했고, 모든 연구 내용을 문서화해서 목재 서류함에 넣고 일반 자물쇠를 채워 놓았어요. 물론 공작실에서 서류함을 여러 가지 형태로 만들기는 했지요. 막대를 지르고 그것을 자물쇠로 채우는 형태도 있었는데, 그래봐야 자물쇠만 열면 되는 것이었어요. 게다가 자물쇠를 열지 않고 서류를 꺼낼 수 있는 것도 있었어요. 서류함을 쳐들면 바닥 서랍이 작은 막대로 받쳐져 있는데, 밑바닥에 구멍이 나 있는 거예요. 그러니 밑바닥 구멍으로 서류를 빼낼 수가 있지요. 나는 심심하면 자물쇠를 따보여서, 서류를 훔쳐가는 게 식은 죽 먹기라는 걸 지적하곤 했어요. 그리고 모두 모이는 전체 회의가 열릴 때마다 일어나서 발언을 했지요. 우리는 중요한 비밀을 지니고 있는데, 그런 서류함에 문서를 보관해서는 안 된다, 그건 정말 어설픈 자물쇠라서 더 좋은 자물쇠가 필요하다구요. 그랬더니 하루는 텔러 *Edward Teller* (1908~. 헝가리 태생의 미국 물리학자. 핵물리학을 연구했고 수소폭탄 개발로 유명하다―옮긴이주)가 일어나서 내게 말하더군요.

"나는 중요한 문서를 서류함에 두지 않아요. 중요한 건 책상 서랍에 두죠. 그게 더 좋지 않습니까?"

내가 대답했습니다.

"모르겠는데요. 그 서랍은 본 적이 없어서요."

그는 회의장 앞쪽에 앉아 있었고, 나는 훨씬 뒤에 앉아 있었어요. 그래서 나는 회의 도중 몰래 빠져나가 아래층에 있는 그의 책상 서랍을 보러 갔어요. 그 책상 서랍은 자물쇠를 열 필요도 없었습니다. 뒤에서 밑으로 손을 집어넣으면 마치 화장지를 뽑는 것처럼 서류를 빼낼 수 있었어요. 한 장을 뽑으면 다음 장이 딸려 나오고, 그걸 뽑으면 또 다음 장이 딸려 나오더군요. 나는 서랍을 완전히 비워 놓았습니다. 그리고 서류를 감춰둔 뒤 다시 위층 회의장으로 돌아갔어요. 회의가 막 끝나서 사람들이 나오고 있었는데, 나도 사람들 틈에 끼어서 걷다가, 텔러에게 뛰어가서 말했습니다.

"아, 그런데, 그 서랍 좀 보여 주시겠어요?"

"그러지."

우리는 그의 사무실로 갔습니다. 그가 책상을 보여주자 나는 아주 튼튼해 보인다고 너스레를 떨었지요. 그리고 내가 말했습니다.

"속에 뭐가 들었는지 좀 볼 수 있을까요?"

"물론이지."

그는 열쇠를 꽂고 서랍을 열어 보더니, 곧바로 이렇게 말하는 거예요.

"자네가 이미 들여다보지만 않았다면 말일세."

텔러처럼 영리한 사람에게 장난을 치는 건 별로 재미가 없어요. 뭔가 잘못되었다는 걸 아는 순간 아주 순식간에 상황을 정확히 파악해 버리니까!

금고 문제로 나는 여러 가지 재미난 경험을 했지만, 로스앨러모스와는 별 관계없으니까 더는 얘기하지 않겠습니다. 얘기하고 싶은 다른 특별한 문제가 몇 가지 있는데, 그건 꽤 흥미로울 겁니다. 특히 오크 리지 공장의 안전 문제가 그렇습니다. 로스앨러모스에서는 원자폭탄을 만들고 있었고, 오크 리지에서는 우라늄 238과 우라늄 236,

235 동위원소를 분리하고 있었어요. 그런데 후자는 폭발성이 있는 것입니다. 그들은 이제 막 실험으로 우라늄 235를 미량으로 얻기 시작했고, 그러면서 한편으로는 실습도 하고 있었어요.

거기에는 큰 공장이 있었지요. 그들은 그 물질을 대량으로 얻어서, 그것을 정제하고 재정제해서 다음 단계 작업을 준비할 계획이었어요. 그 물질은 여러 단계에 걸쳐 정제해야 합니다. 그래서 그들은 화학 연구를 하는 동시에 다른 한편으로는 장비를 가동시켜 실험적으로 물질을 조금씩 만들었어요. 그리고 그걸 어떻게 분석하는지, 우라늄 235가 얼마나 들어있는지 알아내는 방법을 배우려고 했지요. 우리가 지시를 내려 보냈지만, 그들은 한번도 제대로 해낸 적이 없었어요. 그래서 마침내 세그레*Emilio Segrè*(1905~1989.반양성자 발견으로 오언 체임벌린과 함께 1959년 노벨 물리학상을 받은 물리학자)가 나섰지요. 일을 바로잡는 유일한 길은 자기가 가서 그들이 무슨 짓을 하고 있는지 직접 보고, 왜 함유량 측정이 잘못되는지 알아보는 것뿐이라고 생각했던 겁니다.

군인들은 반대했어요. 로스앨러모스의 모든 정보는 밖으로 유출되면 안 된다는 것이 자기들 방침이고, 오크 리지 사람들은 그것이 어디에 쓰이는지 알아서는 안 된다는 겁니다. 오크 리지 사람들은 그저 자기들이 해야 할 코앞의 일만 알고 있었어요. 높은 사람들은 우라늄을 분리하고 있다는 사실을 알고 있었지만, 폭탄의 위력이 어느 정도인지는 몰랐고, 어떤 원리로 작동하는지에 대해서도 전혀 몰랐어요. 밑에서 일하는 사람들은 자기가 뭘 하는지도 몰랐지요. 군 당국은 일이 이런 식으로 진행되기를 바랐어요. 정보 교환은 없었지요. 그런데 세그레가 그걸 주장한 겁니다. 그들이 함유량을 제대로 알지 못하면 모든 것이 수포로 돌아갈 테니, 정보 교환이 중요하다고 주장한 거예요. 그래서 결국 세그레가 상황을 알아보러 갔습니다. 공장을 둘러보다가 사람들이 녹색 물이 든 큰 통을 굴리고 있는 것을 보았어요. 녹색 물은 질화우라늄 용액이었습니다.

"이걸 정제한 뒤에도 이렇게 다룹니까?" 그가 물었어요.

"그럼요. 왜 안 됩니까?" 그들이 반문했지요.

"폭발하지 않을까요?"

"네에?! 폭발한다구요!??" 그때 군 당국자가 나서서 말했습니다.

"아시겠지만, 당신은 이들에게 어떤 정보도 알려주면 안 됩니다!"

군 당국은 폭탄 제조에 얼마나 많은 양이 필요한지 알고 있었어요. 그건 20킬로그램 정도인데, 그 정도의 양은 정제된 채 절대 한 공장에 보관되지 않을 테니까 안전하다고 생각했어요. 하지만 그들은 중성자가 물속에서 감속되면 보통 때보다 훨씬 더 위험하다는 것을 몰랐어요. 물속에서 중성자는 보통의 10분의 1, 아니 100분의 1이 안 되는 양으로도 방사능 반응을 일으킵니다. 그렇다고 큰 폭발을 일으키는 건 아니지만, 방사능이 생기기 때문에 주위 사람들이 죽는 사고가 일어날 수 있습니다. 그렇게 위험한데도 안전에 주의를 기울이는 사람이 없었어요.

그래서 오펜하이머가 세그레에게 전보를 쳤습니다.

'공장 전체를 둘러보고, 그들이 설계한 공정에서 어느 정도의 농도가 나오는지 알아볼 것. 그동안 우리는 얼마만큼의 물질이 혼합되면 폭발 위험이 있는지 계산하겠음.'

그래서 두 팀이 일을 시작했어요. 크리스티의 팀은 수용액에 대해 계산했고, 내가 이끄는 팀은 건조한 분말 상태로 상자에 들어 있을 때를 계산했어요. 이렇게 해서 우리는 물질의 양이 얼마인지 계산했습니다. 그리고 크리스티가 오크 리지에 가서 상황을 설명해 주기로 했어요. 그래서 나는 즐겁게 모든 숫자를 크리스티에게 말해주고, 이제 알았으면 빨리 가보라고 했어요. 그런데 크리스티가 폐렴에 걸리는 바람에 내가 가야 했습니다. 나는 그때까지 한번도 비행기를 타본 적이 없었어요. 그때 처음으로 비행기를 탔지요. 그들은 비밀 서류를 작은 벨트로 만들어서 내 허리에 차게 했어요! 당시의 비행기는 꼭 버스 같았습니다. 정거장마다 섰다 가는데, 정거장 간격이 멀다는 것만 달랐죠. 정거장마다 내려서 기다려야 했던 거예요. 정거장에서 곁에 서 있던 어떤 친구가 열쇠 꾸러미를 빙빙 돌리면서 말하더군요.

"요즘은 우선권이 없으면 비행기 타기가 엄청 어려운데."

나는 입이 간지러워 참을 수가 없었어요. 내가 말했죠.

"잘은 모르겠지만, 나도 우선권이 있습니다."

조금 뒤에 장군 몇 사람이 와서 3등급인 사람 몇 명을 밀어냈는데, 나는 밀려나지 않았어요. 나는 2등급이었으니까. 그 친구는 어쩌면 자기 지역 국회의원에게 민원 편지를 띄웠을지도 모릅니다. 자기가 국회의원이 아니었다면 말이죠. 전시에 이런 애송이에게 2등급을 주다니 대체 어쩌자는 거냐고 썼겠지요.

아무튼 나는 오크 리지에 도착해서 우선 공장부터 보여달라고 했어요. 그리고 말없이 둘러보기만 했지요. 나는 세그레가 보고한 것보다 상황이 훨씬 더 심각하다는 것을 알게 되었어요. 그가 제대로 둘러보지 못한 거지요. 그는 상자가 많이 쌓여 있는 것을 보긴 했지만, 다른 방에도 상자가 잔뜩 쌓여 있는 건 보지 못했어요. 바로 곁에 똑같은 방이 있었는데 말입니다. 그것들은 한 곳에 너무 많이 쌓아두면 폭발

합니다.

나는 공장 전체를 샅샅이 둘러보았어요. 나는 기억력이 아주 나쁘지만, 집중해서 일할 때 단기 기억력은 좋은 편입니다. 그래서 건물 번호 90-207, 통 번호 몇 번 등등 문제가 되는 것들을 모조리 기억해 두었습니다. 그날 밤 방으로 돌아가서, 어떤 위험이 있고 어떻게 바로잡아야 하는지 설명할 준비를 했지요. 바로잡기는 어렵지 않았습니다. 용액에 카드뮴을 넣어서 물속의 중성자를 흡수하고, 상자들을 분리해서 밀도가 너무 높지 않게 하고, 너무 많은 우라늄이 한곳에 쌓여 있지 않도록 하는 등, 몇 가지 규칙을 따르기만 하면 되는 것이었어요. 그래서 나는 모든 사례를 나열하고, 사례별 해결책을 마련하고, 어떻게 해야 폭발이 일어나지 않는지에 대해서도 설명할 준비를 했습니다. 그걸 모르면 공장이 안전할 수가 없지요. 이튿날에는 큰 회의가 열릴 예정이었습니다.

아, 잊어버린 게 있네요. 내가 떠나기 전에 오펜하이머가 한 말이 있었습니다.

"자네가 거기 오크 리지에 갔을 때 알아둬야 할 사람이 있네. 줄리앙 웹 씨, 아무개 씨 등등인데, 그들이 전문가니까 꼭 회의에 참석시키도록 하게. 안전 조치는 꼭 그들에게 설명해줘야 해. 그들이라면 이해할 걸세. 그리고 그들에게 책임을 지라고 말하게."

"그들이 회의에 나타나지 않으면 어떡하죠?"

"그러면 이렇게 말하게. 로스앨러모스는 오크 리지 공장의 안전을 책임질 수 없다고!!!"

"아니 제가, 이 애송이 리처드가, 거기서 그런 말을 하라구요…?"

"그래, 애송이 리처드, 가서 그렇게 말하게."

나는 정말 빨리 컸습니다! 정말로 가서 말했지요. 그리고 이튿날 회의가 열렸습니다. 회사의 모든 관계자, 회사의 거물급 인사, 꼭 참석해야 한다고 했던 전문가, 장군 등 많은 사람들이 와 있었죠. 그들은 모두 이 문제에 관심이 많고, 주도적인 위치에 있는 사람들이었어요. 안전에 관한 심각한 문제라 회의 규모도 컸지요. 아무도 관심을 기울이지 않았다면, 정말이지 맹세코, 공장은 폭발해 버렸을 겁니다.

그곳에서는 줌왈트 중위라는 사람이 내 시중을 들어주었는데, 대령의 지시를 내게 전해 주더군요. 비밀을 지키기 위해 중성자의 작용 같은 세부적인 얘기는 하지 말라는 것이었어요. 어떻게 해야 안전한지만 말하라는 거죠. 원리를 이해하지 못하면 사람들이 그 많은 규칙을 지킬 수가 없을 거라고 나는 말했지요. 모든 것을 말해야만 안전이 보장될 수 있다면서 나는 이렇게 덧붙였습니다.

"사람들에게 원리를 완전히 이해시키지 못하면, 로스앨러모스는 오크 리지 공장의 안전을 책임질 수 없습니다!!"

그건 큰일이었습니다. 그래서 중위는 대령에게 나를 데려갔어요. 내 말을 들은 대령은 5분만 기다려 달라더니 창가로 가서 생각에 잠기더군요. 결정을 내리는 것, 그건 그들이 가장 잘하는 일이지요. 원자폭탄의 원리를 오크 리지 공장 사람들에게 알리느냐 마느냐 하는 결정을 5분 만에 내린다는 것은 참 놀라운 일이라고 나는 생각했어요. 나는 정말 군인들을 아주 존경합니다. 나 같으면 아주 중요한 일을 절대로 5분 만에 결정하지 못하니까요. 5분 만에 그가 말했습니다.

"좋습니다, 파인만 씨. 그렇게 하십시오."

그래서 나는 회의석에 앉아 중성자에 관한 모든 것을 설명해 주었습니다. 중성자는 어떻게 작용하고, 어쩌구저쩌구, 중성자가 한군데 너무 많이 쌓여 있는데 그걸 서로 떨어뜨려 놓아야 하고, 카드뮴으로 흡수해야 하고, 느린 중성자가 빠른 중성자보다 훨씬 더 위험하고, 이러쿵저러쿵 재잘재잘. 그런 게 로스앨러모스에서는 상식이었지만, 이 사람들은 전혀 몰랐습니다. 그래서 나는 그들에게 엄청난 천재로 보였어요. 하늘에서 내려온 신이었죠! 전에 들어본 적도 없는 현상들을 내가 죄다 알고 있었고, 여러 사실과 숫자 들을 척척 제시했으니까요. 로스앨러모스에서는 다소 원시인이었던 내가 거기서는 수퍼 천재였어요.

그 결과, 그들은 작은 모임들을 만들어서 앞으로 어떻게 할 것인지 각자 고민을 하기로 결정했습니다. 그들은 공장을 다시 설계하기 시작했지요. 공장 설계자, 건설 기술자, 엔지니어가 참여했고, 새로운 공장에서 분리된 물질을 직접 다룰 화공 기술자들도 참여했지요. 그밖에도 많은 사람들이 참여했습니다. 나는 다시 돌아갔지요. 몇 달 뒤에 다시 오라더군요. 그동안 그들이 분리 공장을 다시 설계할 거라면서요.

그래서 나는 몇 달 뒤에 다시 갔습니다. 한 달쯤 지난 후였을 거예요. 스톤 앤드 웹스터 회사와 기술자들이 공장 설계를 끝냈고, 이제는 내가 그 공장을 살펴볼 차례였습니다. 그런데 아직 만들어지지도 않은 공장을 어떻게 봅니까? 나는 볼 줄 몰라요. 나는 그들과 함께 어떤 방에 들어갔습니다. 줌왈트 중위는 항상 옆에 있었어요. 내 시중을 들어주려구요. 어디를 가든 나는 경호를 받아야 했어요. 그는 어떤 방에 나를 데려갔고, 거기에는 기술자 두 사람과 아주 기이이이이다란 탁자가 있었습니다. 엄청 크고 긴 탁자였죠. 그 굉장한 탁자에는, 탁자만큼이나 커다란 청사진이 얹혀 있었습니다. 한 장이 아니라 한 무더기였어요. 나는 학교 다닐 때 기계 제도를 해본 적이 있지만, 청사진을 보는 데는 서툴렀습니다. 그들이 설명하기 시작했는데, 여전히 나를 천재라고 생각하고 있었어요.

"파인만 씨, 공장은 이렇게 설계되었습니다. 우리가 얼마나 애썼는지 알아 주셨으면 좋겠군요. 보면 아시겠지만, 우리는 물질이 축적되는 걸 막아야 했습니다."

문제는 이런 것이었어요. 증발기가 있는데, 이것이 작동하면 물질이 축적됩니다. 밸브가 막히면 물질이 너무 많이 축적되어 폭발합니다. 그런데 밸브 하나가 막히는 것만으로는 그런 일이 결코 일어나지 않는다고 설명하더군요. 밸브가 적어도 두 개는 막혀야 한다는 겁니다. 다음으로 그들은 공장 작동 방법을 설명했어요. 사염화탄소가 여기에서 나오고, 질화우라늄은 여기서 여기로 나오고, 그것은 오르락내리락하는데, 바닥을 지나가고, 관을 타고 2층으로 올라가고, 어쩌고저쩌고, 청사진을 펄럭펄럭 넘기면서, 손가락이 오르락내리락, 오르락내리락하면서, 아주 아주 복잡한 화학공장을 아주 빠르게 설명해 나가는 것이었어요.

나는 완전히 넋이 나갔죠. 나는 청사진에 나오는 기호가 무슨 뜻인지도 몰랐어요. 기호 가운데 내가 처음에 창문이라고 생각한 것이 있었습니다. 사각형 안에 작은 십자 표시를 한 것이 곳곳에 그려져 있었거든요. 그게 창문인 줄 알았는데, 가만 보니 창문일 수가 없었어요. 건물 벽에만 있는 게 아니었거든요. 나는 그게 뭐냐고 물어보고 싶었어요.

여러분도 그런 경험을 한 적이 있을 겁니다. 바로 물어보지 않았을 때의 문제 말이죠. 바로 물어보면 아무 문제가 없습니다. 하지만 그들은 이미 너무 많이 떠들었고, 나는 너무 오래 망설였어요. 뒤늦게 물으면 이렇게 말할 겁니다. 왜 여태 헛고생 시켰냐구요. 나는 어째야 좋을지 알 수가 없었습니다. 나는 평생 참 운이 좋은 편이었다고 스스로 생각합니다. 지금 하려는 얘기가 여러분에게는 믿기지 않을지도 모르지만, 맹세코 이건 사실인데, 아주 기가 막힌 행운이었죠. 어쩌면 좋을까, 나는 궁리했습니다. 어쩌면 좋을까????? 문득 좋은 생각이 떠올랐습니다. 창문이 아니라면 혹시 밸브가 아닐까? 그래서 그것이 밸브인지 아닌지 알아보기 위해, 청사진 3쪽의 한가운데를 손가락으로 가리키면서 말했습니다.

"이 밸브가 막히면 어떻게 됩니까?"

속으로는 그들이 이렇게 대답하기를 기대했어요.

"선생님, 그건 밸브가 아니라 창문인데요."

그런데 한 사람이 다른 사람을 쳐다보며 말하는 것이었습니다.

"음, 그 밸브가 막히면?"

그러고는 청사진 위에서 손가락을 오르락내리락 오르락내리락, 다른 사람도 오르락내리락, 우왕좌왕, 우왕좌왕하더니, 서로 얼굴을 쳐다보고는 내게 돌아서서 말하는 것이었어요.

"선생님, 정확하게 지적하셨습니다."

그러더니 그들은 청사진을 말아들고 훌쩍 떠나는 거예요. 우리도 방에서 나왔지요. 계속 나를 따라다니던 줌왈트 중위가 말하더군요.

"당신은 정말 천재예요. 내 진작에 그걸 알아봤죠. 공장을 딱 한 번 둘러보고는 다음날 아침에 건물 90-207의 증발기 C-21을 지적했을 때 말이에요. 하지만 방금 한 일은 정말 환상적이에요. 어떻게 그렇게 할 수 있죠?"

나는 솔직히 말해 주었습니다. 그게 밸브인지 아닌지 알아보려고
한 것뿐이라고.

우리가 겪었던 문제 가운데 이런 것도 있었습니다. 우리는 계산을
아주 많이 해야 했는데, 이 계산을 머천트 계산기로 했습니다. 당시
로스앨러모스가 어땠는지 알려주기 위해 말하는 건데, 우리는 머천
트 계산기를 썼어요. 그게 어떻게 생겼는지 여러분이 아실지 모르겠
군요. 그건 숫자판이 있어서 그걸 눌러서 계산하는 휴대용 계산기였
어요. 그걸로 곱셈, 나눗셈, 덧셈 등을 했지요. 요즘처럼 편리한 건
아니었습니다. 부품은 기계식이었고, 수리하려면 공장으로 보내야
했어요. 그걸 수리할 수 있는 전문가가 없었거든요. 사실 다른 일도
다 그랬습니다. 그래서 계산기를 항상 공장에 보냈어요.

그러다 보면 금방 계산기가 모자라게 됩니다. 그래서 나와 몇몇 사
람이 계산기를 뜯어보기 시작했습니다. 그때는 기계를 분해하다 잘
못되면 회사에서 책임지지 않는다는 경고문 같은 건 없었어요. 그래
서 우리는 기계를 분해했고, 아주 재미있는 공부를 할 수 있었습니
다. 예를 들어 뚜껑을 들어내면 먼저 구멍 뚫린 축이 하나 있는데 용
수철이 매달려 있어요. 그러면 분명 용수철은 그 구멍에 들어가는 거
지요. 그러니까 알고 보면 쉽습니다. 어쨌든 우리는 그런 식으로 공
부를 해서 수리법을 배운 겁니다.

수리 기술은 날로 좋아졌고 점점 더 정교해졌어요. 너무 복잡한 고
장일 때는 공장으로 보냈지만, 쉬운 것은 우리가 직접 고쳐서 썼지
요. 나는 타자기도 고쳤고, 결국 모든 기계를 다루게 되었지요. 친구
들이 부탁해서 고쳐준 타자기만 해도 여러 대 됩니다. 하지만 공작실

에는 나보다 뛰어난 친구가 있어서 그가 타자기를 고치게 됐지요. 그래서 나는 계산기를 고쳤습니다.

물론 계산기 고장 같은 건 사소한 문제였어요. 폭탄이 폭발을 일으킬 때 정확히 어떤 일이 생길지를 예측하는 것이 진짜 문제였지요. 무슨 일이 일어날지, 그러니까 에너지가 얼마나 나오는가 등을 정확하게 계산하려면 우리가 할 수 있는 것보다 훨씬 더 많은 계산을 해야 했습니다. 그런데 스탠리 프랭클이라는 똑똑한 친구가 IBM 계산기로 이것을 할 수 있을 거라고 생각했어요. IBM에서는 상업용 계산기를 만들었는데, 태뷸레이터라고도 부르는 가산기, 커다란 상자 같은 곱셈기 따위가 있었어요. 곱셈기는 카드를 집어넣으면 한 카드에서 숫자 둘을 취해서 곱한 다음, 답을 카드에 찍어줍니다. 그리고 병합기와 분류기라는 것도 있었어요. 그래서 프랭클은 이런 기계를 한군데 여러 대 모아놓고, 골고루 돌아가면서 계산을 하게 하자는 멋진 생각을 해낸 겁니다. 요즘 수치 계산을 하는 사람이라면 다 알고 있는 거지만, 그때는 이게 새로운 발견이었습니다. 기계를 사용한 대량생산이었죠.

우리는 이런 일을 혼자 해왔습니다. 혼자 한 단계씩 계산해서 모든 것을 다 했지요. 처음에 가산기로 처리하고, 다음에는 곱셈기로 가서 처리하고, 다음에 또 가산기로 가서 처리하는 식이었어요. 하지만 이젠 달랐습니다. 프랭클이 그걸 고안했고 IBM에 기계들을 주문했습니다. 그게 문제를 푸는 좋은 방법이라는 것을 우리가 알았기 때문이죠. 우리는 IBM에서 훈련받은 사람을 군대 안에서 찾았습니다. 모든 것이 잘 돌아가려면 기계를 수리할 사람이 필요했으니까요. 그들은 이런 친구를 보내주긴 했는데 뒤늦게 보냈어요. 항상 뒤늦죠. 우리는 항상 서둘렀는데 말이죠. 그걸 알아주시기 바랍니다. 우리는 모든 일을 최대한 빨리 하려고 노력했어요. 이번에는 특별한 경우라서, 우리는 먼저 우리가 해야 할 모든 계산 단계를 정했습니다. 이걸 곱하고, 다음에는 이걸 더하고, 다음에는 저것을 뺀다는 식으로 기계가 일할 순서를 정한 거지요. 그런 다음 프로그램을 짰습니다.

하지만 우리에게는 이 프로그램을 시험할 기계가 아직 없었어요. 그래서 어떻게 했냐 하면, 내가 생각해낸 건데, 한 방에 여직원들을 모아놓고 머천트 계산기를 나누어 주었습니다. 이 사람에게는 곱셈기, 저 사람에게는 가산기, 또 이 사람에게는 세제곱기, 이런 식으로 나누어 주고 우리는 카드를 돌렸습니다. 한 사람은 카드에 적힌 숫자를 세제곱해서 다음 사람에게 넘기는 세제곱기 흉내를 내고, 한 사람은 곱셈기 흉내를 내고, 다음 사람은 가산기 흉내를 내고, 이런 식으로 순환을 시켜 프로그램의 모든 버그를 잡았습니다. 정말 원시시대 이야기지요.

아무튼 이렇게 해서 우리는 IBM 기계로 얻을 수 있는 속도를 알아냈습니다. 우리는 예전에 대량생산 방식으로 계산을 해본 적이 없었어요. 이전까지는 누구나 혼자서 모든 단계의 계산을 다 해냈지요. 하지만 프랭클이 낸 의견을 따르니까 이전보다 계산 속도가 훨씬 빨랐어요. 우리는 IBM 기계를 쓰지 않고 여직원을 써서 이 시스템으로 일했습니다. 기계 예상 속도나 사람이 하는 거나 속도가 똑같았어요. 다른 점이 있다면 IBM 기계는 쉬지 않고 일한다는 것뿐이었죠. 여직원은 조금 지나면 피곤해지니까 3교대로 일을 해야 합니다.

그래서 아무튼 우리는 모든 버그를 잡았고, 마침내 기계가 도착했는데, 기계공은 오지 않았습니다. 그래서 우리가 그걸 직접 조립하러

내려갔어요. 기계는 당시 최고 수준의 복잡한 기술로 만들어진 것이었습니다. 그 기계들은 덩치도 컸는데, 반쯤 조립된 채 전선 여러 가닥과 설명서가 같이 왔어요. 스탠리 프랭클과 나와 다른 몇 사람이 그걸 조립했지요. 여간 문제가 많지 않았는데, 문제의 대부분은 높은 사람들 때문이었어요. 자꾸 찾아와서, 당신들이 기계를 망치고 있군, 망치고 있어! 하는 것이었어요. 우리가 조립한 기계는 대부분 잘 돌아갔는데, 잘못 조립되어서 작동이 안 되는 것도 있었습니다. 우리는 고심해서 기어이 작동하게 만들었어요. 하지만 전부 다 작동시키지는 못했습니다. 내가 마지막으로 곱셈기 하나를 조립했는데, 부품 하나가 굽어 있어서 부러질까봐 아주 조심해서 바르게 폈습니다. 윗사람들은 우리가 기계를 다시는 고칠 수 없게 망가뜨린다고 잔소리를 해댔어요.

그러다 마침내 IBM에서 사람이 와서 우리가 성공하지 못한 나머지 기계들을 조립했습니다. 우리는 프로그램을 돌렸지요. 그런데 내가 마지막으로 만진 기계가 계속 말썽을 부렸습니다. IBM에서 나온 사람도 사흘이 지나도록 이걸 고치지 못하는 것이었어요. 그래서 내가 말했지요.

"굽어 있는 부품 하나를 편 적이 있는데."

"아이고 이런, 바로 그것 때문이었군!"

(윽!) 이윽고 모든 것이 제대로 되었습니다. 바로 그게 말썽을 부렸던 겁니다.

프랭클 씨가 이 프로그램을 시작했는데, 그는 병에 걸리고 말았어요. 컴퓨터 병 말입니다. 요즘 컴퓨터 작업을 하는 사람은 누구나 아는 병이지요. 이건 아주 심각한 병이어서, 일을 하는 데 굉장한 방해가 되었습니다. 심각한 문제였어요. 컴퓨터 병이란, 컴퓨터를 가지고 논다는 데 있습니다. 컴퓨터는 놀라운 물건이죠. 미지수를 두어 컴퓨터에게 판단을 하게 합니다. 미지수가 짝수면 이렇게 하고, 홀수면 저렇게 하라고 명령을 할 수 있어요. 조금만 똑똑하다면 이 기계를 가지고 점점 더 정교한 일을 할 수 있지요. 그래서 한동안 시스템 전체가 엉망이 되었던 겁니다. 프랭클은 다른 일은 안중에도 두지 않고 계산기를 가지고 놀기만 했어요. 시스템은 아주 아주 천천히 돌아갔습니다. 프랭클은 가산기를 써서 자동으로 아크 탄젠트 x(arctan x 또는 $\tan^{-1}x$)를 구하는 방법을 궁리했지요. 한 번의 조작으로 모든 적분이 자동으로 계산되어 아크 탄젠트표가 찌익 찌익 찍혀 나왔습니다.

그런데 그건 전혀 도움이 안 되는 일이었어요. 우리에게는 이미 아크 탄젠트표가 있었으니까요. 컴퓨터를 다뤄본 사람이라면 누구나 이 병을 잘 알고 있을 겁니다. 자기가 얼마나 많은 일을 할 수 있는지 확인하는 기쁨! 딱하게도 그가 바로 그 병에 걸린 거예요. 대량생산 방식을 발명한 바로 그 친구가 말입니다.

　그래서 나는 내 일을 그만두고 IBM 팀을 맡으라는 요청을 받았습니다. 나는 이 병을 미리 알고 있어서 병에 걸리지 않으려고 애를 썼지요. IBM 팀은 아주 뛰어난 사람들이었는데, 아홉 달에 고작 세 문제를 풀었어요. 문제가 있었던 거지요. 첫 번째 문제는, 아무도 그들에게 설명을 해주지 않았다는 것이었어요. 군당국은 전국에서 특수 공병이라는 걸 모집해서 로스앨러모스로 보냈지요. 고등학교를 졸업했고 똑똑할 뿐만 아니라 기술적 능력도 있었어요. 로스앨러모스에서는 그들을 막사에 집어넣고 일을 시키면서도 아무 말도 해주지 않앉어요. 그들은 이해도 안 되는 숫자를 카드에 천공해서 IBM 기계를 돌리는 일을 했는데, 그게 무슨 숫자인지 아무도 가르쳐주지 않은 탓에 일은 아주 느리게 진행되었습니다(초기 컴퓨터는 키보드가 아닌 카드 리더기로 입력했다. 구멍 뚫은 카드를 넣으면 카드 리더기가 빛을 비춰서 데이터를 읽어 들이는 방식이었다—옮긴이주). 그래서 내가 말했지요. 무엇보다 먼저 기술 인력에게 우리가 무엇을 하고 있는지 말해주어야 한다고 말입니다. 결국 오펜하이머가 보안부서에 가서 특별 승낙을 받았습니다. 그래서 나는 멋진 강의를 열어서 우리가 하는 일이 무엇인지 그들에게 말해주었지요. 그들은 모두 열광했습니다.

"이제 이게 뭔지 알겠어. 우리는 전쟁을 하고 있는 거야."

그들은 숫자가 무엇을 의미하는지 알게 되었습니다. 압력이 높으면 에너지가 많이 방출된다는 뜻이다, 등등. 그들은 뭘 하는지 알고 일을 하게 된 거예요. 그러자 완전히 달라졌습니다! 그들은 일을 더 잘할 수 있는 방법을 스스로 고안해내기 시작했습니다. 기존 방법을 개선하고, 밤에도 일을 자청했어요. 밤중에 그들 곁에서 업무 지시를 할 필요도 없었어요. 그들에게 아무것도 해줄 필요가 없었어요. 그들은 모든 것을 이해했지요. 그들은 우리에게 필요한 프로그램을 여러 개 개발하기까지 했어요.

어찌나 일에 몰두하는지, 내가 할 일은 그들에게 설명을 해주는 것뿐이었어요. 그게 전부였습니다. 그들에게 아무것도 가르쳐주지 않았다면 카드에 천공하는 단순한 일만 했을 거예요. 이렇게 달라진 결과, 전에는 아홉 달 걸려 겨우 세 문제를 풀었지만, 이제 석 달에 아홉 문제를 풀게 되었어요. 거의 열 배나 빨라진 거죠. 이렇게 빨라진 데에는 다 비결이 있었어요. 그 중 하나는 이렇습니다.

계산할 문제는 한 묶음의 천공 카드로 작성되어 사이클을 돕니다. 처음에는 더하고, 다음에는 곱하는 식으로 방을 한 바퀴 도는데 아주 천천히 돌아갑니다. 그래서 우리가 고안한 방법은, 색깔이 다른 카드 묶음을 약간 시차를 두고 같이 돌리는 것이었어요. 그런 식으로 두어 문제를 동시에 푼 겁니다. 계산할 다른 문제가 있다고 합시다. 한 문제가 덧셈을 하는 동안, 다른 문제는 곱셈을 합니다. 그런 관리 방법으로 우리는 좀더 많은 문제를 풀었던 거예요.

마지막으로 재미있는 일화가 있습니다. 전쟁이 끝날 무렵이었는데, 앨러모고도에서 폭발 실험을 해보기 전에 풀어야 할 문제가 있었어요. 에너지가 얼마나 방출되는가? 우리는 여러 가지 설계를 했고, 각 설계에 따른 방출 에너지를 계산했지만, 마지막으로 우리가 채택한 설계에 대해서는 미처 계산을 못해봤어요. 그래서 밥 크리스티가 내려와서 말했어요.

"한 달 안에, 아니 더 빨리, 아니 잘은 모르겠지만 3주 안에, 계산을 끝내줘야겠소."

"그건 불가능합니다." 내가 말했어요.

"이것 봐요, 당신들은 매주 많은 문제를 다루고 있잖소. 한 달에 세 문제나 풀고 있으니, 이삼 주일이면 거뜬히 한 문제를 풀 수 있잖소."

"그건 그렇지만 한 문제를 푸는 데는 그보다 시간이 훨씬 더 걸려요. 여러 문제를 병행해서 푸니까 빨리 푸는 것처럼 보이는 것뿐이죠. 한 문제를 푸는 데는 오래 걸리고, 더 빨리 푸는 방법은 없어요."

그가 돌아간 후 나는 궁리했어요. 더 빨리 문제를 푸는 방법은 없을까? 기계에 다른 일을 시키지 않는다면? 방해받지 않고 한 문제만 풀게 한다면? 나는 팀원들의 도전 과제를 칠판에 적었어요.

"우리가 할 수 있을까?"

팀원들은 일제히 이렇게 대답했습니다.

"네, 할 수 있습니다. 3교대를 2교대로 바꾸고, 초과 근무를 하고, 모든 방법을 다 써서 해내겠습니다. 우리가 해내겠어요!!"

그래서 다른 문제는 모조리 접어두기로 했습니다. 오로지 한 문제에만 집중하기로 한 거죠. 그래서 일이 시작되었어요.

그때 앨버커키에 있던 아내가 위독했습니다. 나는 거기 가봐야 했어요. 푹스의 차를 빌렸는데, 그는 기숙사 친구였죠. 그에게는 자기 차가 있었는데, 그 차로 기밀서류를 빼돌려서 산타페로 가져가곤 했어요. 그는 간첩이었죠. 하지만 당시에는 아무도 그걸 몰랐어요. 나는 그의 자동차를 빌려서 앨버커키로 갔습니다. 그런데 그 고물차 타이어가 도중에 세 번이나 펑크가 났어요. 어쨌든 나는 앨버커키에 가서 아내의 임종을 지켜보고 곧바로 돌아왔습니다. 내가 모든 것을 감독해야 하는 책임자니까요. 나는 사흘 동안 일을 하지 못했어요. 돌아와 보니 아주 뒤죽박죽이더군요. 사막에서 실험할 문제의 답을 얻으려고 엄청 서두르고 있었어요. 내가 들어가서 보니까 색깔이 다른 세 가지 카드가 있었어요. 흰색, 파란색, 노란색 카드였지요.

"아니, 이번에는 한 문제만 풀기로 했잖아. 한 문제만!"

내가 말했어요. 그런데 그들은 이렇게 말하는 것이었어요.

"비켜요, 비켜, 비키라구요. 좀 기다려봐요. 다 설명할 테니."

그래서 나는 기다렸습니다. 알고 보니 이랬어요. 카드를 돌릴 때, 기계가 실수를 하거나 카드 숫자를 잘못 천공할 수도 있어요. 그건 언제나 있는 실수입니다. 이제까지는 그런 일이 생기면 처음부터 계산을 다시 했어요. 바로 그런 문제점을 그들이 알아낸 거예요. 카드는 한 묶음 단위로 기계상의 계산 위치와 폭 따위를 나타냅니다. 한 과정의 한 지점에서 오류가 생기면 바로 옆의 숫자에만 영향을 미칩니다. 다음 과정에서도 또 옆의 숫자에 영향을 미칩니다. 그런 식으로 카드 묶음 전체에 오류가 번지죠. 만약 50장의 카드가 있는데 38번 카드에 오류가 있으면, 이것은 37, 39번에 영향을 미치고, 다음에는 36, 40번이 영향을 받아서 오류를 일으킵니다. 마치 전염병처럼 번지죠.

그들은 오류의 원인을 추적하다가 착상을 얻었던 겁니다. 오류가 생긴 50장 카드 묶음을 처음부터 다시 계산하는 게 아니라, 오류 주변의 열 장만 새로 계산하는 겁니다. 50장 묶음이 계산되는 동안 열 장 묶음을 아주 빠르게 계산해낼 수 있습니다. 그래서 빠르게 계산을 마쳐서 새로 계산한 카드로 바꿔치기하면 오류가 바로잡히게 됩니다. 무슨 말인지 아시겠습니까? 아주 현명한 방법이었어요. 그 친구들이 속도를 높이기 위해 그런 방법을 알아냈던 겁니다. 그건 작업하기가 아주 힘들었지만 아주 현명한 방법이었어요. 오류를 바로잡기 위해 처음부터 다시 계산하는 방법을 썼다면 우리는 늦었을 겁니다. 계산을 해내지 못했을 거라구요. 그런데 그들이 해냈습니다.

일하는 모습이 어땠는지 아시겠습니까? 예를 들어 파란색 묶음에서 오류를 발견합니다. 그러면 훨씬 장수가 적은 노란색 카드를 만들어 오류를 바로잡습니다. 장수가 적으니까 파란색 묶음보다 더 빨리 계산됩니다. 그들은 미친 듯이 일을 했어요. 그렇게 파란색 묶음을 바로잡으면 이제 당초의 하얀색 묶음을 바로잡아야 합니다. 잘못된 카드를 꺼내고 올바른 카드로 교체하면서 정확한 계산을 계속해 나가야 합니다. 이건 여간 까다로운 작업이 아니었습니다. 여차하면 뒤죽박죽이 되고 마니까요. 그런데 그들이 노란색 묶음까지 처리하고 모든 것을 막 바로잡으려고 하는 순간 그들의 보스가 들어왔던 겁니다.

"비켜요, 우리한테 맡기라구요."

나는 그들에게 맡겼고, 모든 결과가 나왔습니다. 우리는 시간에 맞추어 그 문제를 풀었던 겁니다.

이번에는 내가 만난 사람들 애기를 들려드리고 싶습니다. 처음에 나는 말단이었어요. 나중에는 팀장이 되었지만, 아무튼 나는 위대한 사람들을 만날 수가 있었어요. 로스앨러모스에서 만난 평가위원회 사람들 외에도 말이죠. 이 놀라운 물리학자들을 만난 것은 내 평생 엄청난 경험이었어요. 명성이 높고 낮은 것을 떠나 정말 위대한 사람들을 만난 거죠. 페르미*Enrico Fermi*(1901~1954. 중성자를 쬐여서 생기는 새로운 방사성 물질이 존재함을 밝힌 업적으로 1938년 노벨상을 수상했으며, 1942년 12월에 시카고 대학에서 가동된 최초의 통제된 원자로도 만들었다)도 물론 그 중 한 명입니다.

한번은 그가 우리를 찾아왔어요. 그가 시카고에서 처음 온 이유는 우리에게 조금이라도 조언을 해주고, 문제가 있으면 도와주기 위해서였지요. 우리는 페르미와 회의를 했는데, 당시 나는 어떤 계산을 하나 하고 있었고 결과도 조금 얻었어요. 계산은 너무 정교해서 상당히 어려웠습니다. 그 무렵 나는 그런 일에 전문가가 된 덕분에, 답이 대강 어떻게 나올 것인지, 왜 그러한지를 설명할 수 있었어요. 그러나 새로 맡은 문제는 너무 복잡해서 왜 그러한지 설명할 수가 없었습니다. 그래서 페르미에게 말했지요. 내가 어떤 문제를 풀고 있는데, 이제 막 계산을 시작했다고 말예요. 그러자 그가 말했어요.

"잠깐만, 내게 결과를 말하기 전에 생각을 좀 해봅시다. 아마 이런 답이 나올 텐데(맞는 말이었어요), 이건 이러이러하기 때문에 이렇게 나올 겁니다. 따라서 이것은 완전하게 설명할 수 있어요."

그는 나보다 열 배는 더 잘 했어요. 그건 내게 큰 교훈이 되었습니다.

또 한 사람은 존 폰 노이만인데, 위대한 수학자였지요. 이 자리에서 구체적인 얘기는 하지 않겠지만, 그는 전문가답게 아주 뛰어난 견해를 제시했습니다. 숫자를 계산할 때 몇 가지 아주 흥미로운 현상이 일어났어요. 문제는 그것이 매우 불안정해 보인다는 것이었는데, 그는 이유를 명쾌하게 설명했어요. 그것은 매우 훌륭한 전문적 조언이었습니다. 우리는 같이 산책을 하며 쉬기도 했어요. 일요일 같은 때 말이죠. 우리는 근처 협곡을 같이 거닐었습니다. 베테, 폰 노이만, 배처도 자주 동행했지요. 아주 즐거운 일이었어요. 이때 폰 노이만이 내게 해준 얘기가 있습니다. 내가 몸담고 있는 세계에 대해 내가 책임을 질 필요는 없다는 것이었어요. 나는 폰 노이만의 충고 덕분에 아주 강했던 사회적 책임감에서 벗어날 수 있었어요. 그래서 전보다 훨씬 행복해졌지요. 오늘날 내가 적극적으로 무책임해지게끔 씨를 뿌린 사람이 바로 폰 노이만입니다!

닐스 보어*Niels Bohr* (1885~1962. 원자의 구조와 빛의 방출에 관한 연구로 1922년 노벨 물리학상 수상)도 만났습니다. 당시 그의 이름은 니콜라스 베이커(맨해튼 프로젝트에서 거물급 과학자들은 보안상의 이유로 가명을 썼다—옮긴이주)였는데, 아들인 짐 베이커와 함께 왔어요. 짐 베이커의 진짜 이름은 아게 보어*Aage N. Bohr* (1922~. 원자핵 이론에 관한 연구로 1975년에 벤 R. 모텔손, 제임스 레인워터와 공동으로 노벨 물리학상 수상)였어요. 그들은 덴마크에서 왔는데, 여러분도 알다시피 아주 유명한 물리학자죠. 수많은 거물이 있었지만, 거물들에게도 보어는 신 같은 존재였어요. 그들은 보어가 무슨 말을 하든 경청을 했습니다.

우리는 회의를 갖기로 했는데, 모두가 위대한 보어를 만나고 싶어 했지요. 그래서 사람들이 잔뜩 몰려들었습니다. 우리는 원자폭탄에 관한 문제를 토론했어요. 나는 뒤쪽 구석에 끼어 있어서 사람들 틈으로 겨우 그를 바라볼 수 있었지요. 그를 본 건 그때가 처음이었어요. 그는 그렇게 왔다가 훌쩍 떠났습니다. 다음에 그가 왔을 때, 그가 머물던 첫날 아침에 전화가 왔어요.

"여보세요, 파인만 씨인가요?"

"네."

"저는 짐 베이커입니다." 보어의 아들이었어요.

"아버지와 제가 할 말이 좀 있는데요."

"저에게요? 저는 파인만인데요. 저는 그저….."

"알고 있어요."

그래서 아침 여덟 시에, 사람들이 아직 집안에서 꾸물거리고 있는 시간에 약속 장소로 갔지요. 우리는 기술 구역의 사무실로 들어갔습니다. 아게 보어가 말했어요.

"우리는 어떻게 하면 폭탄을 효율적인 방법으로 만들 것인가 궁리했습니다. 그래서 이런저런 것들을 생각해 냈습니다."

내가 말했어요.

"안 돼요. 그래서는 효과가 없을 겁니다. 그건 효율적이지도 않아요. 재잘재잘 재잘재잘." 그러니까 그가 말하더군요.

"여차저차하면 어떻습니까?"

"그건 조금 나은 것 같지만, 이런저런 점에서 그건 아주 멍청한 생각입니다."

이런 대화가 계속되었어요. 나는 한 가지 띵한 구석이 있는데, 내가 얘기하고 있는 사람이 누군지를 잊어버린다는 게 그겁니다. 물리학 얘기가 나오면 물리학 생각만 했지 얘기 상대가 누군지는 안중에도 두지 않는 거죠. 어떤 생각이 한심해 보이면, 한심해 보인다고 말합니다. 좋아 보이면, 좋아 보인다고 말합니다. 단순 명제죠. 나는 언제나 그렇게 살았어요. 여러분도 그렇게 할 수 있다면 아주 좋은 일입니다. 아주 즐겁죠. 나는 운이 좋았어요. 전에 청사진을 보면서도 그랬던 것처럼, 나는 평생 운이 좋았어요. 한심한 걸 한심하다고 말할 수 있는 것도 운이 좋은 겁니다. 이렇게 두 시간 동안 온갖 의견을 주고받으면서 논쟁을 거듭했어요. 거장 보어는 계속해서 파이프에 불을 붙였는데, 그걸 빨 틈이 없어서 담뱃불이 금방 꺼져 버렸어요. 그의 말은 도무지 알아들을 수가 없었어요. 웅얼웅얼, 웅얼웅얼 했거든요. 하지만 아들 말은 잘 알아들을 수 있었습니다. 마침내 보어가 파이프에 불을 붙이며 말했어요.

"음, 이제 거물들을 불러 모아도 되겠군."

그래서 그들은 다른 사람들을 모아놓고 토론을 했습니다. 그 후 보어의 아들이 나에게 자초지종을 설명해 주더군요. 지난번에 여기 왔을 때 아버지가 이렇게 말했다는 거예요.

"저 뒤에 있는 저 작은 친구 이름을 잘 기억해둬. 나를 두려워하지 않는 유일한 친구니까. 내 생각에 잘못이 있으면 바른 말을 해줄 거야. 다음에 뭘 토론할 일이 있으면, '네, 네, 다 옳습니다, 보어 박사님'이라는 말밖에 할 줄 모르는 작자들과는 토론을 하지 않을 거야. 먼저 저 친구를 불러서 토론을 하자구."

우리가 모든 계산을 끝낸 후에는 당연히 실험을 하게 되었습니다.

우리는 실험을 해야 했어요. 나는 그때 짧은 휴가를 얻어서 집에 가 있었습니다. 아내가 세상을 뜬 후에도 일만 하다가 뒤늦게 얻은 휴가였을 겁니다. 그때 로스앨러모스에서 이런 전보를 보냈어요.

"○월 ○일 아기가 태어날 예정."

그래서 나는 비행기로 날아갔고, 버스가 막 떠나려던 참에 거기에 도착했어요. 내 방에 들르지도 못했지요. 앨러모고도에 간 우리는 멀리서 대기했어요. 30여 킬로미터 떨어진 곳이었죠. 우리는 무전기를 가지고 있어서, 언제 폭발이 일어날지 미리 전달받기로 되어 있었어요. 하지만 무전기가 작동하지 않아서 경과를 알 수가 없었죠. 무전기는 폭발 예정 시간 직전에 작동했어요. 20초쯤 남았다더군요. 10킬로미터 지점에도 사람들이 많이 몰려 있었는데, 그보다 훨씬 더 멀리 있는 우리에게 폭발을 관찰하라고 검은 색안경을 지급했어요. 색안경이라니!! 30여 킬로미터나 떨어진 곳에서는 까만 색안경으로 그걸 볼 수가 없어요. 진짜로 눈을 상하게 하는 건 단 한 가지밖에 없다는 걸 나는 알고 있었어요. 밝은 빛은 절대 눈을 상하게 하지 않아요. 눈을 상하게 하는 건 자외선이죠. 그래서 나는 트럭 운전석에 올라탔어요. 그리고 생각했지요.

'자외선은 유리를 통과하지 못하니까 눈이 상할 일은 없다. 여기서는 폭발을 제대로 볼 수도 있을 것이다. 다른 사람들은 그 빌어먹을 것을 결코 보지 못할 것이다. 됐다.'

시간이 되자 엄청난 섬광이 보였습니다. 어찌나 밝았는지 트럭 바닥에 보랏빛 얼룩이 드리워지는 것이 얼핏 보였습니다. 나는 생각했어요.

'이건 아냐. 이건 잔상일 뿐이야.'

그래서 다시 고개를 들고 쳐다보니, 흰빛이 노란색으로 변했다가 다시 오렌지색으로 변했어요. 구름이 생겨났다가 사라졌고, 압축과 팽창이 형성되면서 구름을 날려 보냈어요. 그러더니 마침내 오렌지빛 거대한 공이 떠올랐습니다. 중심부가 너무 밝아서 오렌지빛 공이 된 건데, 그 공이 떠오르기 시작해서 약간 굽이치다가 가장자리가 약간 검게 변했습니다. 곧이어 연기로 감싸인 거대한 불공의 안쪽에서 섬광과 함께 열기가 뿜어져 나왔어요.

나는 그 모든 걸 보았습니다. 지금 말한 그 모든 일은 순식간에 전개되었어요. 한 1분쯤 걸렸을 겁니다. 한 차례 주위가 환해졌다가 어두워졌고, 나는 그걸 다 보았어요. 그 빌어먹을 것, 그 최초의 트리니티 테스트(핵폭발 실험의 암호명)를 직접 본 사람은 나밖에 없을 겁니다. 다른 사람들은 모두 검은 색안경을 끼고 있었으니까요. 10킬로미터 지점에 있던 사람들은 눈을 가리고 바닥에 엎드리라는 지시를 받았기 때문에 그걸 볼 수 없었어요. 내가 있던 곳에서는 모두 검은 색안경을 꼈으니, 인간의 맨눈으로 그걸 바라본 사람은 나밖에 없었지요. 1분 30초쯤 지나자 마침내, 갑자기 꽝하는 엄청난 굉음이 들리고, 우르릉하는 천둥소리가 들렸습니다. 그동안 아무도 입을 열지 않았어요. 우리는 그냥 숨을 죽이고 조용히 지켜보기만 했죠. 하지만 이 굉음을 듣고 모두 마음을 놓았습니다. 그렇게 먼 거리에서 그 정도 굉음이라면 폭탄이 제대로 작동했다는 것을 의미했으니까요. 소리가 사라진 후 옆에 있던 사람이 내게 묻더군요.

"저게 대체 뭐였죠?" 내가 말했어요.

"폭탄이죠."

그 사람은 〈뉴욕 타임스〉의 윌리엄 로렌스 기자였는데, 모든 상황을 기사로 쓴다고 해서 내가 안내를 맡았던 사람이었어요. 그런데 그에게는 너무 전문적이어서 이해하지 못하더군요.

나중에 프린스턴에서 스미스 씨가 와서 로스앨러모스를 구경시켜 주었습니다. 예를 들어, 우리가 어떤 방에 들어가면, 받침대에 작은 공이 올려져 있었어요. 이 공에는 은도금이 되어 있고, 손을 대면 따뜻해요. 그건 방사능 물질인 플루토늄이었어요. 우리는 방문 앞에 서서 얘기했습니다.

"이건 인간이 만든 새로운 원소입니다. 지구상에 존재한 적이 없던 거지요. 태초에 아주 순간적으로 존재했을 수는 있겠지만 말입니다. 지금 그것은 완전 격리되어 있고, 방사능과 함께 이런저런 성질을 지니고 있습니다. 이것을 우리가 만들었어요. 이것은 아주 엄청난 가치가 있습니다. 그 어떤 것도 이보다 더 가치 있는 것은 없습니다."

그런데 사람들은 대개 이야기할 때 가만히 있지 않고, 몸을 이리저리 움직이게 되죠. 그는 열린 문에 괴어 놓은 멈춤쇠를 발로 툭툭 찼어요. 그걸 보고 내가 말했어요.

"그래요! 이 멈춤쇠는 이 문짝에 아주 안성맞춤입니다."

그 멈춤쇠는 반구형의 노란 금속, 아니 사실은 황금이었어요. 어떻게 된 사연인가 하면, 우리는 중성자가 여러 금속에 얼마나 잘 반사되는가를 실험해야 했어요. 중성자를 절약해서 플루토늄을 너무 많이 쓰지 않기 위해서였지요. 그래서 우리는 수많은 재료를 시험했습니다. 백금, 아연, 황동, 황금도 시험했어요. 황금을 시험하는 과정에서 그 반구형 황금을 만들었고, 어떤 친구가 이 커다란 반구형 황금을 플루토늄 보관실의 문 멈춤쇠로 쓴다는 의견을 낸 건데, 아주 안성맞춤이었죠.

폭발 실험이 끝난 후 로스앨러모스는 흥분의 도가니였습니다. 모두들 파티를 했고, 모두 흥분해서 날뛰었어요. 나는 지프 보닛에 걸터앉아 드럼을 쳤어요. 내 기억으로는 한 명만 예외였습니다. 그는 밥 윌슨이었는데, 처음에 나를 끌어들인 사람입니다. 그는 침울하게 앉아 있기만 했어요. 내가 말했습니다.

"왜 그렇게 울적한 겁니까?"

"우리가 만든 건 소름이 끼치는 거야." 그가 말했어요.

"하지만 선배가 시작했잖아요. 나를 끌어들인 것도 선배였어요."

그러니까 내게 일어난 일, 아니 우리 모두에게 일어난 일은, 충분한 이유가 있어서 시작한 일이었습니다. 우리는 뭔가를 하기 위해, 그 뭔가를 성취하기 위해 아주 열심히 일했습니다. 그것은 즐겁고 짜릿한 일이었어요. 그래서 우리는 생각하기를 멈춰버린 것이었습니다. 그냥 멈춰버린 거예요. 처음에 한번 생각한 다음에는 그냥 아무 생각도 하지 않은 겁니다. 그런데 밥 윌슨만은 계속 생각한 유일한 사람이었어요. 바로 그 특별한 순간에까지 말이죠.

그 직후 나는 문명세계로 돌아와서 코넬 대학의 교수가 되었는데, 그때 내가 받은 첫 인상은 너무나 이상한 것이었습니다. 지금은 더 이상 그런 느낌이 들지 않지만, 당시에는 그 느낌이 아주 강렬했어요. 예를 들어, 나는 뉴욕의 레스토랑에 앉아 창 밖의 건물들을 바라보며 생각합니다. 저것들은 여기서 얼마나 떨어져 있을까? 히로시마에 떨어진 폭탄의 파괴 반경은 얼마였지? 여기서 34번 스트리트까지는 얼마나 멀지? 거기서 폭탄이 투하되면 저 건물도 모두 박살나고 말겠지…. 그런 생각과 함께 아주 이상한 느낌이 들었어요. 길을 가다가 다리를 놓는 사람들을 봅니다. 또는 새 도로를 닦고 있는 사람들을 보며 생각합니다.

'저 사람들은 제정신이 아니야! 아무것도 모르고 있어. 도무지 이해하지 못하고 있다구. 왜 새 것을 자꾸 만들지? 아무짝에도 쓸모가 없는데….'

그러나 다행히 지금까지 약 30년 동안 쓸모가 없었던 건 바로 내 생각이었습니다. 그동안 30년쯤 흘렀어요. 그러니 다리를 놓는 게 쓸모 없다는 내 생각은 30년 동안 틀렸던 겁니다. 나는 다른 사람들이 계속 일을 해나갈 수 있다는 것이 여간 기쁘지 않습니다. 그러나 그 일을 끝냈을 때, 나는 새로운 것을 만든다는 게 쓸데없는 짓이라고 생각했던 것입니다. 대단히 감사합니다.

질문 : 금고에 대한 이야기를 좀더 해주시겠습니까?

대답 : 음, 금고에 대해서는 할 말이 많지요. 10분만 얘기할 시간을 준다면, 금고 이야기 세 가지를 해드리죠. 좋습니까? 내가 자물쇠를 따고 서류함을 열게 된 동기는 안전에 대한 관심 때문이었습니다. 예전에 자물쇠 따는 방법을 배운 적이 있기도 했구요.

그런데 그 후 로스앨러모스에서는 번호 조합식의 다이얼 자물쇠가 달린 서류함을 쓰게 되었습니다. 비밀이라면 뭐든지 풀어보고 싶다는 게 내 병이라면 병이죠. 새 서류함은 모슬러 금고 회사가 만든 건데, 모든 사람이 그걸 쓰게 되었어요. 그래서 그게 내 도전의 표적이 되었습니다. 어떻게 해야 열 수 있을까?! 나는 궁리하고 또 궁리했어요. 자물쇠 번호를 촉각과 청각으로 어떻게 알아내는가에 대해서는 이론도 많은데, 그 이론은 다 맞습니다. 나는 그걸 다 꿰고 있었어요.

구형 금고에 대해서는 말이죠. 하지만 그 서류함은 새롭게 설계된 거라서 다이얼 번호를 맞추지 않으면 결코 열 수가 없었어요. 지금 기술적인 얘기를 하지는 않겠습니다. 아무튼 이전 방법은 모두 소용이 없었어요.

열쇠 수리공들이 쓴 책을 보면 항상 이렇게 시작합니다. 여자가 금고에 갇혔는데, 금고가 물속에 잠겼다. 여자가 익사할 절대절명의 순간, 짜잔 금고를 열었다. 그런 건 죄다 정신 나간 얘기죠. 그 다음 어떻게 금고를 열었는지 얘기하는데, 말이 되는 게 하나도 없습니다. 실제 그런 방법으로 금고를 열었을 것 같지 않아요. 금고 주인의 심리를 헤아려서 다이얼 번호를 추측하는 것 따위 말입니다. 그래서 나는 항상 그들이 뭔가를 감추고 있다고 생각했어요. 어쨌든 나는 계속 궁리했습니다. 거의 병적으로 매달려서 결국 몇 가지를 알아냈지요.

첫째, 열리는 번호의 오차 범위가 얼마나 되는지 알아냈어요. 번호가 얼마나 정확해야 열리는지를 알아낸 거죠. 그리고 시도해야 할 조합의 가짓수를 모두 시도하는 방법을 알아냈어요. 그건 모두 8천 가지였습니다. 매 숫자마다 위아래로 두 숫자씩은 틀려도 열렸으니까요. 예를 들어, 5가 맞는 번호라면, 3, 4, 5, 6, 7에 다이얼을 놓아도 모두 열립니다. 그렇다면 100까지의 숫자들을 5의 간격으로 시도해보면 되니까, 번호를 하나만 모를 때는 20번만 돌려보면 됩니다. 세 번호를 모두 모를 때는 8천 번을 돌려보면 됩니다.

그 다음에 나는 다이얼을 정확하게 돌려서, 정해둔 번호가 바뀌지 않도록 고정시켜두고 나머지 번호를 돌릴 수 있는 방법을 알아냈어요. 그래서 연습을 거듭한 끝에 8천 가지 조합을 여덟 시간 안에 모두 시도해볼 수 있게 되었습니다.

그리고 또 알아낸 것이 있는데, 이건 2년이나 연구한 거예요. 마지막 두 번호를 쉽게 알아내는 방법을 마침내 발견했던 겁니다. 금고가 열려 있을 때 조합의 마지막 두 번호를 알아내는 거죠. 금고가 열려 있을 때는 걸쇠가 내려가 있습니다. 그건 번호가 맞춰져 있다는 뜻이죠. 이때 다이얼을 돌려보면서 걸쇠가 올라가는 순간을 포착합니다. 올라가기 직전의 번호가 바로 맞는 번호지요. 나는 야바위꾼이 카드를 연습하듯 이것을 연습했어요. 언제나, 줄기차게 말입니다. 점점 더 빠르게, 점점 더 자연스럽게, 다른 방 친구와 얘기하면서 그의 서류함에 기대어, 심심해서 손장난한다는 듯이 다이얼을 만지작거리면 내가 뭘 하는지 아무도 눈치 채지 못하죠. 나는 사실 뭘 하는 게 아닙니다. 그저 다이얼을 만지작거리며 놀 뿐이죠. 하지만 그런 식으로 두 번호를 알아냅니다! 그리고 내 사무실에 돌아가서 두 숫자를 적어두죠. 세 번호 가운데 마지막 두 번호 말입니다. 첫 번째 번호는 알아내기가 매우 어려운데, 사실 알아낼 필요도 없습니다. 마지막 두 번호를 알면, 첫 번째 번호는 1분이면 알아낼 수 있습니다. 스무 가지 가능성 밖에 없으니까요.

그래서 나는 금고털이로 명성을 날리게 되었습니다. 그들은 내게 이렇게 말했어요.

"슈물츠 씨가 외출했는데, 그 사람 금고에서 문서를 꺼내야 합니다. 열어줄 수 있겠소?" 내가 말합니다.

"물론이죠. 공구를 가지고 오겠습니다."

나는 공구가 전혀 필요 없었습니다. 그저 내 사무실로 가서 그의 금고 번호 두 개를 확인합니다. 모든 사람의 금고 번호를 적어 두었거든요. 나는 뒷주머니에 드라이버를 꽂고 나갑니다. 공구가 필요하다고 했으니까 구색을 갖추는 거죠. 나는 슈물츠 씨 사무실로 들어가 문을 닫습니다. 금고 여는 방법을 아무나 알아서야 안 되죠. 모든 사람이 금고 여는 방법을 알게 되면 큰일이 날 겁니다. 그래서 나는 문을 닫고 앉아서 잡지를 읽거나, 다른 짓을 합니다. 한 20분쯤 빈둥거리다가 금고를 엽니다. 그러니까, 사실은 얼른 열어보고 잘 열린다는 것을 확인한 다음 20분쯤 빈둥거리는 거죠. 그건 결코 쉬운 일이 아니라는 인식을 심어줘서 명성을 유지하기 위한 겁니다. 속임수를 써서 간단히 열었다는 게 탄로 나면 곤란하지 않겠어요? 20분 후 나는 살짝 땀을 흘리면서 말합니다.

"열렸습니다. 확인해 보세요."

한번은 순전히 우연으로 금고를 연 적도 있어요. 이 일도 내 명성을 높여주었죠. 그건 청사진 때처럼 완전히 운이었어요. 그러나 그건 전쟁이 끝난 뒤의 일이었습니다. 전쟁이 끝난 후, 나는 로스앨러모스로 돌아가서 못 다한 보고서를 끝내려고 했어요. 그러다가 금고를 열게 된 거죠. 이 일로 나는 어떤 금고털이 책보다 더 좋은 책을 쓸 수 있게 되었어요. 이 책의 첫머리에는, 번호를 전혀 모르면서도 금고를 열었던 얘기를 쓸 겁니다. 이 금고에는 이제까지 열어본 어떤 금고보다 더 큰 비밀이 들어 있었습니다. 원자폭탄의 비밀이 들어 있었으니까요. 모든 비밀들, 공식들, 우라늄에서 중성자가 방출되는 비율과 폭탄을 만들기 위해 필요한 우라늄의 양, 모든 이론, 모든 계산, 그 모든 잡것들이 죄다 들어 있었어요!

어떻게 된 일이냐 하면, 나는 꼭 필요한 보고서를 쓰고 있었는데, 마침 토요일이었어요. 나는 모두들 일하고 있는 줄 알았어요. 예전의 로스앨러모스와 다름이 없을 줄 안 거죠. 그래서 자료를 찾으러 도서관에 갔어요. 로스앨러모스 도서관에는 모든 자료가 다 있었으니까요. 거기에는 커다란 손잡이가 달린 거대한 금고가 있었는데, 그 손잡이는 내가 돌려서 열 수 있는 게 아니었어요. 서류함에 대해서는 잘 알지만, 나는 단지 서류함 전문가일 뿐이었죠. 게다가 거대한 금고 앞에는 총을 든 보초들이 왔다갔다하더군요. 그건 열 수가 없어요. 그렇죠? 하지만 나는 생각했어요.

'잠깐! 비밀 해제 부서에는 프레드릭 드 호프만이 있잖아.'

그는 비밀 재분류 임무를 맡고 있었죠. 이제는 어떤 문서를 비밀에서 제외할 수 있는가? 그걸 검토하며 그는 도서관에 수없이 왔다갔다 해야 했고, 그건 여간 피곤한 게 아니었어요. 그래서 기발한 생각을 해냈지요. 로스앨러모스 도서관에 있는 모든 문서를 복사한 거죠. 그걸 자기 서류함에 보관해 두었는데, 서류함은 모두 아홉 개였어요. 붙어 있는 두 개의 방에 서류함을 두었는데, 로스앨러모스의 온갖 문서로 가득했어요. 나는 그가 그걸 갖고 있다는 걸 알고 있었으니까, 그에게 찾아가 문서 사본을 빌릴 작정이었어요.

그래서 그의 사무실로 올라갔어요. 사무실 문이 열려 있더군요. 그가 곧 돌아올 줄 알았죠. 불도 켜 있으니까 금방이라도 돌아올 것 같았어요. 그래서 나는 기다렸지요. 기다릴 때 늘 그랬듯이 다이얼을 만지작거렸죠. 10-20-30. 아니었어요. 20-40-60. 역시 아니었어요. 모든 걸 해봤죠. 기다리는 것밖에는 딱히 할 일이 없었으니까요. 그러다가 불현듯 자물쇠공들에 대해 생각해보기 시작했어요. 그들이 대체 어떤 방법으로 자물쇠를 여는지 그때까지도 알아내지 못했거든요. 어쩌면 그들도 아무 방법이 없거나, 그들이 심리에 대해 한 말이 맞을지도 모른다는 생각이 들었습니다. 나도 심리를 이용해 보기로 했어요. 우선, 책에는 이렇게 나와 있어요.

'여비서는 번호를 잊어버릴까봐 아주 불안해한다.'

상사는 여비서에게 번호를 가르쳐 주는데, 여비서도 잊을 수 있고, 상사도 잊을 수 있습니다. 하지만 그녀는 알고 있어야 해요. 그래서 그녀는 어디엔가 적어놓죠. 어디에? 비서가 적어둘 만한 곳에 대한 리스트가 있었어요. 그건 이렇습니다. 가장 똑똑한 방법은, 서랍을 열고, 서랍 바깥쪽 가장자리 나무에, 송장 번호 같은 숫자가 아무렇게나 적혀 있으면 그게 금고 번호입니다. 나는 그걸 생각해 냈어요. 책에 씌어 있었죠. 책상 서랍은 잠겨 있었어요. 그 정도는 거뜬히 열 수 있었습니다. 금방 자물쇠를 따고, 서랍을 열고, 가장자리 나무를 죽 훑어보았어요. 아무것도 적힌 게 없었어요. 좋아, 할 수 없지. 서랍에는 서류가 많이 있었어요. 나는 그걸 뒤적거리다가 마침내 찾아 냈어요. 작고 예쁜 종이에 그리스 알파벳이 적혀 있었죠. 알파, 베타, 감마, 델타 등등이 꼼꼼하게 적혀 있었어요. 당시 비서들은 그런 글자를 어떻게 쓰는지 알아야 했고, 어떻게 읽는지도 알아야 했어요. 그렇죠? 그래서 비서들은 모두 이런 걸 하나씩 가지고 있어요. 그런데 맨 위에 아무렇게나 쓴 것이 있었어요.

'$\pi = 3.14159$'

음, 그녀는 왜 π값을 알아야 했을까? 그녀는 아무것도 계산하지 않는데? 그래서 나는 금고로 갔어요. 그 숫자는 믿음직하죠, 안 그렇습니까? 그건 책에 적힌 그대로였어요. 지금 나는 단지 어떻게 해냈는지를 말하는 것뿐입니다. 나는 금고로 걸어갔어요. 31-41-59. 안 열려요. 13-14-95. 안 열려요. 95-14-13. 역시 안 열려요. 20분 동안 나는 π값을 이리저리 뒤섞어서 해보았는데 전혀 안 열려요. 돌아서서 사무실을 걸어 나오며 심리에 대해 쓴 책을 생각하다가 문득 떠오른 생각이 있었어요.

"그래, 그거야. 심리적으로, 바로 그거야. 드호프만이야말로 금고 번호로 수학 상수를 쓸 사람이야."

다른 중요한 수학 상수로는 $e(2.71828)$가 있죠. 그래서 나는 금고로 되돌아가서 27-18-28을 돌렸더니 철크렁 열렸어요. 다른 금고도 확인해 봤는데, 모두 똑같은 번호를 썼더군요. 재미있는 다른 얘기가 많지만, 시간도 늦었고 이걸로 충분한 것 같으니, 이쯤에서 끝냅시다.

4
현대 사회에서
과학문화란 무엇이며,
어떤 역할을 해야 하는가

이 글은 1964년 이탈리아에서 열린 갈릴레오 심포지움에서 파인만이 과학자를 대상으로 한 강연이다. 갈릴레오의 위대한 업적과 강렬한 고뇌를 자주 언급하면서, 종교, 사회, 철학에 대한 과학의 영향을 이야기하고 있으며, 문명의 미래를 결정하는 것은 우리의 의심하는 능력이라고 말하고 있다.

너무 말쑥하게 차려입어서 몰라볼 사람이 있을지 모르겠는데, 나는 파인만 교수입니다. 나는 늘 셔츠 차림으로 강의를 했습니다. 그런데 아침에 호텔을 나설 때 아내가 말하더군요.

"당신은 정장을 입어야 해요."

나는 강의할 때 대개 셔츠만 입었다고 말했지요.

"그렇지만 이번에는 무슨 주제를 다룰지 당신도 모르니까, 좋은 인상을 주는 게 좋아요…."

그래서 이렇게 정장을 하게 되었습니다. 나는 베르나르디니(이 회의의 의장) 교수님이 정해 주신 과학문화라는 주제를 강연하려고 합니다. 먼저 말하고 싶은 것은, 과학문화의 적절한 위상을 찾는다고 해서 현대사회의 문제를 해결할 수 있는 것은 아니라는 것입니다. 많은 문제가 과학의 사회적 위상과는 별 관계가 없으니까요. 과학과 사회를 어떻게 이상적으로 짝 지울지를 결정하는 것만으로 그 모든 문제를 해결할 수 있다고 생각하는 것은 꿈에 지나지 않습니다. 따라서 이걸 이해해 주시기 바랍니다. 내가 그 관계를 다소 바꾸자고 제안하겠지만, 그렇게 바꾼다고 해서 사회적 문제가 해결될 거라고는 기대하지 않는다는 것입니다.

현대사회는 여러 가지 심각한 위협을 받고 있습니다. 그 중에서도 나는 하나에만 초점을 맞추려고 하는데, 그것은 사실상 중심 테마라고 할 수 있습니다. 물론 주변적인 작은 문제도 많겠지만, 내가 논의할 중심 테마는 사상 통제라는 것입니다. 현대사회의 가장 큰 위험은 사상 통제의 부활과 확대라고 나는 생각합니다. 중세에 카톨릭이, 근세에 히틀러와 스탈린이, 혹은 오늘날 중공이 그러하듯 말입니다. 이것이 온 세계에 번지는 것보다 더 큰 위험은 없다고 봅니다.

사회적 과학문화와 과학의 관계를 얘기하는 이 자리에서 먼저 머리에 떠오르는 것은 과학의 응용에 관한 것입니다. 이 응용도 물론 문화입니다. 그러나 나는 응용에 대해서는 말하지 않겠어요. 그러는 데는 충분한 이유가 있습니다. 과학과 사회의 관계에 대한 대중적인 논의는 거의 모두가 응용과 관련되어 있습니다. 나아가서 과학자들이 자기 일에 대해 자문하는 도덕적인 질문도 대개 응용과 관련되어 있어요. 그런데도 내가 응용에 대해 말하지 않으려는 이유는, 많은 사람들이 많은 말을 하면서도 결코 다루지 않는 다른 주제들이 아주 많기 때문입니다. 그래서 나는 재미삼아 살짝 방향을 틀어서 얘기를 해보고 싶습니다.

그러나 응용에 대해서 먼저 짚고 넘어갈 것이 있습니다. 다들 잘 아시다시피, 과학은 지식을 통해 어떤 힘을 창조합니다. 그 힘으로 무엇인가를 할 수 있습니다. 여러분도 과학 지식을 가지면 무엇인가를 할 수 있지요. 그러나 과학은 이 힘을 악용하지 말고 어떠어떠한 방식으로 선용하라는 지시를 하지 않습니다. 아주 단순하게 생각해 봅시다. 그 힘을 어떻게 써야 한다는 지시가 없습니다. 이 경우 과학을 어딘가에 응용할 것인가 말 것인가의 문제는 이렇게 바꿔 말할 수 있습니다. 즉, 어떻게 하면 그다지 해를 끼치지 않으면서 최대한 좋은 일에 쓰일 수 있을 것인가? 그걸 본질적으로 따져보아야 하지요. 그러나 물론 과학자들은 그것이 과학자의 책임은 아니라고 말하기도 합니다. 응용 가능성이란 막연한 힘일 뿐이고, 그 힘으로 정작 무엇을 하는가는 별개의 문제라는 것이죠. 어떤 의미에서 인류가 힘을 창조해서 뭔가를 통제할 수 있다는 것은 좋은 일입니다. 이 힘이 나쁜 일보다 좋은 일에 쓰이도록 통제하는 방법을 알아낸다는 것이 어렵기는 합니다만.

여기 계신 분들은 상당수가 물리학자들입니다. 우리 물리학자들 대부분은 물리학 때문에 일어나는 심각한 사회 문제를 걱정합니다. 그런데 물리학 다음으로 생물학이 응용의 도덕적 문제에 부딪치게 될 거라고 나는 거의 확신합니다. 물리학의 문제가 어려워 보였다면, 생물학적 지식의 발달 문제는 더더욱 난해해보일 것입니다. 그 가능성은 예를 들어 헉슬리의 〈멋진 신세계〉에도 이미 암시되어 있지만, 여러분도 나름대로 많은 문제를 떠올릴 수 있을 것입니다. 예를 들어,

먼 미래에 물리학의 힘으로 에너지를 얼마든지 간단히 만들어낼 수 있다고 해봅시다. 그러면 식량을 생산하는 것도 단지 원자를 결합하는 화학적 문제가 될 것입니다. 원자에 보존된 에너지를 얼마든지 식량으로 바꿀 수 있을 테니까요. 그럴 경우 물질의 양은 보존되기 때문에 식량 문제는 걱정할 게 없습니다. 우리가 유전자를 제어하는 방법을 알면 심각한 사회 문제가 생길 것입니다. 어떤 것을 제어할 할 것인가? 그것은 선용인가 악용인가? 등의 문제 말입니다. 또 행복이나 욕망과 같은 감정의 생리학적 토대를 발견했다고 해봅시다. 그래서 누군가가 욕망을 갖거나 버리도록 통제할 수 있다면 어떻게 될까요.

그리고 마지막으로, 죽음에 대해 생각해 봅시다. 모든 생물학 분야에서 가장 주목할 만한 사실은, 죽음이 필연이라는 어떤 단서도 없다는 것입니다. 여러분은 우리가 영원히 살기를 원한다고 말할지 모르겠습니다. 우리는 원자로 이루어져 있고 원자는 죽지 않고 영원히 운동합니다. 이 원자가설이 옳다면 물리학 차원에서는 죽음이 절대적으로 불가능하다고 말할 수 있을 만큼 충분한 법칙을 이미 발견한 셈입니다. 생물학 차원에서도 죽음이 불가피하다는 것을 보여주는 증거는 발견되지 않았습니다. 이것은 무슨 뜻일까요? 내가 보기에 죽음은 불가피한 것이 아닙니다. 우리가 죽는 원인을 생물학자들이 발견해서, 그 끔찍한 우주적 질병 곧 인체의 일시성이 치유되는 것은 시간문제일 뿐이라고 봅니다. 어쨌든, 생물학적 지식이 가져올 문제는 이루 헤아리기 어렵다는 것을 우리는 알 수 있습니다.

이제 살짝 방향을 틀어서 말해 보겠습니다.

응용 차원의 문제 말고 아이디어 차원의 문제를 생각해 볼까요? 아이디어에는 두 종류가 있습니다.

그 중 하나는 과학의 산물 그 자체, 즉 과학이 만드는 세계관입니다. 이것은 어떤 의미에서 무엇보다도 가장 아름다운 부분입니다. "천만에! 과학의 방법, 그것이 최고다"라고 말할 사람도 있겠지요. 글쎄요, 그건 여러분이 목적을 중시하는가 수단을 중시하는가에 따라 다를 텐데, 수단은 놀라운 목적을 만들어 내기도 합니다. 이 문제를 시시콜콜 얘기해서 여러분을 따분하게 하지는 않겠어요. 여러분은 이미 과학의 경이로움에 대해 알고 있습니다. 더구나 여기 계신 분들은 일반 대중도 아니니까요. 그러니 세계관에 대한 구태의연한 얘기로 여러분을 열광시키려고 들지 않겠습니다. 우리가 원자로 구성되어 있으며, 시간과 공간의 영역은 이루 헤아릴 수가 없고, 그 시공간 속에 있는 인간의 역사적 위상은 주목할 만한 일련의 진화의 결과라는 따위의 얘기 말입니다.

진화의 연쇄 속에서 우리의 위상, 나아가 우리의 과학적 세계관에서 가장 주목할 만한 것은 다름 아닌 보편성입니다. 우리 인간들은 스스로 특별한 존재인 것처럼 말하지만 실제로는 그렇지가 않다는 뜻에서 우리는 보편성을 지닙니다. 생물학에서 가장 유망한 가설은 동물의 모든 행동, 또는 생물의 모든 행동은 곧 원자의 행동으로 이해할 수 있다는 것입니다. 궁극적으로는 물리 법칙으로 이해할 수가 있지요. 이 가능성에 대해서는 아직 어떤 예외도 나타나지 않았습니다. 이 가능성에 대한 끝임없는 관심으로 인해 실제로 메카니즘이 어떻게 작용하는가의 이론도 거듭 제시되어 왔지요. 우리의 지식이 실제로 보편적이라는 사실은 제대로 이해되고 있지 않은 것 같습니다.

앞에서 말한 가설은 워낙 완전해서, 적어도 물리학에서는 예외를 찾으려 해도 도무지 찾을 수가 없습니다. 이미 알려진 것에 대한 예외를 찾기 위해 온갖 노력을 다하고 있는데도 그렇습니다. 그리고 한편으로, 사람이나 소, 바위 따위처럼 별들도 원자로 이루어져 있다는 것은 매우 놀라운 일입니다.

때때로 우리는 이 세계관을 과학자가 아닌 친구들에게 말해주려 합니다. 그런데 이때 가장 어려운 것은 최종적인 질문을 그들에게 설명하기가 곤혹스럽다는 것입니다. 예를 들어 CP 보존(전하*charge*와 우기성*parity*(홀짝성) 보존 법칙. 물리학의 근본적인 보존 법칙의 하나로서, 전체 전하와 우기성(아원자 입자의 본질적 대칭성)이 상호작용 후에도 변하지 않는다는 것)과 같은 초보적인 것도 모르는 사람들에게 설명할 때 그러합니다. 갈릴레오 이후 4백 년 동안 우리는 일반인들이 모르는 세계에 대한 정보들을 축적해 왔습니다. 지금 우리는 과학 지식의 한계선상에서, 또는 그 바깥에서 일하고 있습니다. 그 정보들은 신문에도 나고 사람들의 상상력을 자극하는 듯이 보이지만, 일반인들은 그것을 제대로 이해하지 못합니다. 이제까지 수많은 흥미로운 발견이 이루어졌지만, 일반인들은 그것을 배운 적이 없기 때문입니다. 다행히 어린이들의 경우에는 다르다고 봅니다. 적어도 어른이 되기 전까지는 말입니다.

여러분도 경험해봐서 잘 알 것입니다. 일반인들, 대다수를 차지하는 평균적인 사람들은 놀랍고 불쌍하게도, 그들이 사는 세계의 과학에 대해 절대적으로 무지합니다. 그들은 그렇게 무지한 채로도 살아갈 수 있습니다. 이건 그들을 빈정대는 말이 아닙니다. 그들은 과학적인 문제들을 전혀 걱정하지 않고도 얼마든지 살아갈 수 있으며, 신문에 CP 보존에 관한 기사라도 나오면 그게 뭔가 싶을 뿐이겠지요. 과학과 현대사회의 관계에서 흥미로운 문제는 이렇습니다. 사람들은 그토록 무지하면서도 여전히 현대사회에서 행복하게 사는 것이 가능한 이유가 무엇일까? 그토록 많은 지식을 이용하지 못하는데도 왜 행복할까?

우연찮게도 베르나르디니 교수님은 지식과 경이에 대해 이렇게 말했습니다. 우리가 가르쳐야 할 것은 경이가 아니라 지식이라고요.

교수님은 그 낱말들을 나와는 다른 뜻으로 사용한 것인지도 모르겠습니다. 나는 그들에게 경이를 가르쳐야 한다고 봅니다. 지식의 목적은 경이를 더욱 잘 음미하는 것입니다. 지식이란 자연의 경이를 올바른 얼개*framework*에 짜넣는 것에 지나지 않는 거라고 봅니다. 그러나 내가 말을 조금 바꾸었을 뿐 의미가 전혀 달라지는 것은 아니라는 것을 교수님도 동의할 것입니다. 어쨌든, 나는 왜 사람들이 그토록 무지하면서도 현대사회에서 별 어려움 없이 살아갈 수 있는지에 대한 대답을 제시하고자 합니다. 과학은 사회와 무관하다, 이것이 바로 그 답입니다. 사실은 당연히 무관한 게 아니라, 우리가 무관하게 만든 것입니다만, 이것은 나중에 다시 말씀드리겠습니다.

응용과 발견된 실제 사실에 대한 말씀을 드렸지만, 그밖에도 중요한 문제가 있습니다. 과학이 사회와 갖는 관계에서 문제가 될 만한 다른 측면은, 과학 탐구의 테크닉과 아이디어에 관한 것입니다. 그것은 수단이라고 말해도 좋습니다. 그렇게도 자명하고 명백한 수단이 왜 좀더 일찍 발견되지 않았을까? 그건 잘 이해가 되지 않는 일입니다. 그저 시도해 보기만 하면 어떤 일이 일어나는지 등을 알 수 있는 간단한 아이디어도 많은데 그게 왜 좀더 일찍 발견되지 않았을까요? 인간의 정신은 동물의 정신에서 진화했을 것입니다. 즉, 인간의 정신은 새로운 도구가 진화한 것처럼 진화했는데, 그 정신에는 병이나 난관

혹은 문제점이라고 할 수 있는 것이 있습니다.

그 문제점 가운데 하나는 미신에 오염되어 혼란에 빠져드는 것입니다. 그러다 마침내 과학자들이 제자리를 맴돌지 않고 약간의 진보를 이룰 수 있는 방향으로 발견이 이루어졌습니다. 나는 지금이 그 점에 대해 논의할 적절한 때라고 생각하는데, 새로운 발견이 갈릴레오 시대에 시작되었기 때문입니다. 물론, 이 아이디어와 테크닉은 여러분들도 모두 잘 알고 있습니다. 그러니 나는 단지 이것을 개관하기만 하겠습니다. 이것을 다시 여러분이 일반인에게 말하려고 한다면 아주 상세하게 다루어야 할 것입니다. 나는 다만 여러분이 구체적으로 이해할 수 있도록 개관하기만 하겠습니다.

첫 번째로 중요한 것은 증거를 판단하는 문제입니다. 사실은 그보다 앞서서, 판단하기 전에 여러분이 답을 알아서는 안 된다는 것이 중요합니다. 여러분은 답이 무엇인지 모르는 상태에서 시작해야 합니다. 이것은 아주 아주 중요합니다. 너무나 중요하기 때문에 몇 마디로 끝내지 않고 앞으로도 계속해서 언급할 것입니다. 시작할 때 반드시 필요한 것이 의심과 불확실성입니다. 이미 답을 안다면 더 이상 증거를 수집할 이유가 사라집니다. 불확실성을 지니고 있다면 다음에 해야 할 일은 증거를 찾는 일입니다. 과학적 테크닉은 시도함으로써 시작됩니다.

그러나 아주 중요한 또 다른 테크닉이 있는데, 아이디어들을 결합하는 것이 바로 그것입니다. 이것은 결코 소홀해서는 안 되는 필수불가결한 것입니다. 아이디어를 결합함으로써 여러분은 이미 알고 있는 여러 사실들의 논리적 모순을 제거하고 정합성을 강화할 수 있습니다. 여러분이 알고 있는 이것과 저것을 연결하여 서로 정합적인지 살펴보는 것은 매우 가치 있는 일입니다. 결합하려는 아이디어의 방향이 다르면 다를수록 더 좋습니다.

증거를 찾은 다음에 우리는 그것을 판단해야 합니다. 증거를 판단하는 데는 통상적인 규칙이 있습니다. 여러분이 좋아하는 것들만 고르는 것은 옳지 않으며, 모든 증거를 취해야 하고, 항상 객관성을 유지해야 하며, 궁극적으로 권위에 의존하지 말아야 합니다. 권위는 진실이 무엇인가에 대한 암시가 될 수 있지만, 정보의 원천은 아닙니다. 관찰이 권위와 일치하지 않는다면 가능한 한 권위를 무시해야 합니다. 그리고 마지막으로, 결과의 기록은 이해관계와 무관하게 이루어져야 합니다. 이것은 항상 나를 괴롭히는 아주 묘한 말입니다. 이것은 그 모든 일을 해놓고도 결과에 대해 무관심해야 한다는 것을 뜻하기 때문입니다. 여기서 무관심해야 한다는 것은, 증거가 가리키는 아이디어 이외의 생각을 독자가 떠올리도록 영향력을 행사해서는 안 된다는 것입니다.

여러분은 모두 이런 여러 측면을 잘 알고 있습니다.

이 모든 것, 이 모든 아이디어, 이 모든 테크닉이 갈릴레오의 정신 속에 고스란히 담겨 있습니다. 우리가 탄생일을 기념하고 있는 이 사람은, 그 정신의 위력을 보여주었고, 그것을 발전시키고 보급하는 데 크게 공헌했습니다. 여느 400주년 혹은 100주년 기념식에서든 우리는 이런 생각을 할 겁니다. 갈릴레오가 지금 여기에 있어서 우리가 그에게 오늘날의 세계를 보여준다면, 그는 무슨 말을 할까? 이런 강연에서 하는 말치고는 너무 진부하다고 생각하실지 모르겠지만, 내가 말하고 싶은 것이 바로 그것입니다. 갈릴레오가 지금 이 자리에 있어서, 우리가 그에게 오늘날의 세상을 보여주고 그를 기쁘게 해주어야 한다고 합시다. 그럼 우리는 무슨 얘기를 하게 될까요? 그는 무엇을 알게 될까요? 우리는 증거의 문제를 그에게 얘기할 것입니다. 그가 개발한 판단 방법들 말입니다. 우리는 오늘날에도 예전과 아주 똑같은 전통을 따르고 있다는 것을 지적할 것입니다. 세부적인 수치 계산까지도 그 전통을 정확히 따르고 있으며, 적어도 물리학에서는 그것을 더욱 훌륭한 도구로 발달시켜 사용하고 있다고 설명할 것입니다. 그리고 과학이 그의 독창적인 생각에 직접적이고 끊임없는 영향을 받아 아주 잘 발전해 왔으며, 그가 발전시킨 정신을 그대로 따르고 있다고 말할 것입니다. 그리고 그 결과, 마녀와 유령은 더 이상 없다고 말할 것입니다.

과학에서는 정량적인 방법이 대단히 유효했는데, 사실 그건 오늘날 과학의 원리나 다름이 없습니다. 갈릴레오가 관여했던 과학인 물리학, 역학 등도 물론 발전했지만, 똑같은 테크닉이 생물학, 역사학, 지질학, 인류학 등에도 유효했습니다. 우리가 인간의 과거 역사, 동물의 과거 역사, 지구의 과거 역사에 대해 많은 것을 알게 된 것도 다 그러한 테크닉을 통해서였습니다. 이 테크닉은 경제학에서도 유효합니다. 경제학도 얼마간 비슷한 성공을 거두었지만, 어려움이 있어서 완벽한 성공을 거두지는 못했지요.

갈릴레오에게 말하기 부끄러운 일이지만, 이 테크닉이 유효하지 못한 분야도 있습니다. 예를 들어 사회과학에서 그렇습니다. 여러분도 아시겠지만, 교육 방법에 관한 연구가 아주 많은데, 특히 수학 교육에 관한 연구가 많습니다. 그건 나 자신도 개인적으로 경험한 적이 있지요. 수학을 가르치는 어떤 방법이 다른 방법보다 우수한 점이 진정 무엇인가를 알려고 든다면, 여러분은 엄청나게 많은 연구와 통계가 있음을 알게 될 것입니다. 하지만 그것들은 다른 것들과 전혀 연계되어 있지 않습니다. 에피소드와 전혀 통제되지 않은 실험, 거의 제대로 통제되지 않은 실험 따위가 뒤섞인 것에 지나지 않아서, 결국 거기에는 정보랄 것이 거의 없습니다.

마지막으로, 내가 갈릴레오에게 우리 세상을 보여줄 때, 너무나 부끄러울 수밖에 없는 것이 있습니다. 과학에서 눈을 떼고 주위 세상을 둘러보면, 무척이나 안쓰러운 일이 눈에 들어옵니다. 우리가 사는 환경이 그저 비과학적인 게 아니라, 심하게 적극적으로 비과학적이라는 것입니다. 갈릴레오는 이렇게 말할지도 모릅니다.

"나는 목성이 위성을 가진 행성이지 신이 아니라는 것을 알고 있었습니다. 그런데 점성술사들은 어떻게 되었소?"

적어도 미국에서는, 모든 일간지에 날마다 빠짐없이, 오늘의 운세 같은 것이 실립니다. 왜 아직도 점성술사가 있는 걸까요? 왜 아직도 점성술 책이 나오는 걸까요? 〈충돌하는 세계들〉이라는 점성술 책을 쓴 사람이 '비…' 누구였죠? 러시아인이던가요? 아, 비닌코프스키던가요? (파인만이 언급하는 책은 임마누엘 벨리코프스키의 〈Worlds in Collision〉(Doubleday, New York, 1950)이다.)

아무튼 그런 책이 어떻게 베스트셀러가 될 수 있는 걸까요? 메리 브로디라던가 뭐라던가 하는 사람에 대한 말은 또 얼마나 터무니없습니까? 잘은 모르겠지만, 그런 것들은 다 미친 짓입니다. 미친 짓이야 항상 있지요. 무한히 많습니다. 그게 바로 심하게 적극적인 비과학적 환경이지요. 아직도 텔레파시에 대한 논란이 있습니다. 물론 줄어들고 있기는 합니다. 신앙 치료라는 것도 횡횡하고 있습니다. 신앙 치료를 한다는 신앙촌도 있습니다. 프랑스 루르드라는 곳에서는 기적이 일어난다고 합니다. 점성술이 맞을지도 모르지요. 화성과 금성이 직각을 이룰 때 치과에 가면 다른 날 가는 것보다 나을 지도 모릅니다. 루르드에서 기적으로 여러분이 병을 고칠지도 모르지요.

그러나 그것이 옳다면 그건 마땅히 조사해봐야 합니다. 왜냐구요? 그것을 더 잘하기 위해서입니다. 그것이 옳다면, 별들이 인생에 영향을 주는지 우리가 알아낼 수도 있을 것입니다. 증거를 과학적, 객관적, 통계적으로 좀더 치밀하게 조사해서 그 체계를 더 강력하게 만들 수도 있을 것입니다. 루르드에서 일어나는 치료가 실제로 유효하다면, 기적의 장소에서 얼마나 멀리 떨어진 환자에게까지 기적이 일어나는가? 뒷줄에 앉은 사람이 치료되지 않은 것은 실수였는가 효력이 떨어져서인가? 기적의 자리 가까이에 더욱 많은 자리를 확보해서 환자를 좀더 많이 배치해도 치료가 유효한가? 미국에서 최근 발굴된 성인들의 유골에 접촉했던 천조각이 환자의 이불에 닿기만 해도 백혈병이 치유됐다는데, 그게 정말 가능한가? 그 천조각이 정말 효력이 있다면 그 효력은 점차 약화될까요? 여러분은 웃을지 모릅니다. 하지만 치료가 진실이라고 믿는다면, 여러분은 그것을 조사할 필요가 있습니다. 속이는 것이 아니라 그 효력을 높이고 만족할 만한 것으로 만들기 위해서 말입니다. 예를 들어, 100번 접촉한 후 완전히 효력을 잃는다는 게 밝혀질 수 있습니다. 전혀 효력이 없다고 밝혀질 수도 있습니다.

나를 괴롭히는 것이 또 있습니다. 내가 언급하고 싶은 것은, 현대 신학자들이 부끄러움을 느끼지 않고 논의할 수 있는 것들에 대해서입니다. 그런 주제는 많지만, 종교 학술회의에서 논하는 것들, 결정해야 할 것들 가운데 현대에는 전혀 터무니없는 것들도 꽤 있습니다. 그런 일이 계속되는 이유는 무지 때문입니다. 그들이 논하는 것 가운데 하나라도 실제로 유효하다면, 우리 세계관이 얼마나 달라질지 그들은 모르는 것입니다. 점성술 전체가 아니라 아주 작은 한 가지 항목만이라도 진실이라는 것이 밝혀지면, 전체 세계관이 완전히 달라져버릴 수 있습니다. 우리가 얼마간 그들을 비웃는 이유는, 우리가 우리의 세계관에 자신이 있기 때문입니다. 그들의 세계관이 아무런 공헌도 하지 못한다는 것을 우리가 자신하기 때문입니다. 그런데도 왜 우리는 그런 것들을 없애지 않을까요? 그것은 앞에서 말했듯이, 과학이 '점성술'과도 무관하기 때문입니다.

이번에는 좀더 의심스러운 것에 대해 말하겠습니다. 그렇지만 증거를 판단하고 보고할 때, 도덕성이라고 할 수 있는 일종의 책임이 있다고 나는 생각합니다. 과학자들은 서로에 대해 책임을 느끼지요. 결과를 보고할 때 무엇이 바른 길이고 무엇이 그릇된 길일까요? 이해관계를 떠난다는 것, 이것이 유용한 기준이 됩니다. 자기가 무슨 말을 하는지 남들이 스스로 정확하게 이해할 수 있도록, 가능한 한 자기 욕망을 배제해야 합니다. 그럼으로써 서로가 서로를 이해할 수 있습니다. 그럼으로써 사실상 우리의 개인적 이해관계에서 벗어나 아이디어의 총체적 발전을 꾀할 수 있습니다. 이것은 매우 가치 있는 일입니다.

그러므로 여러분이 의지만 있다면, 일종의 과학적 도덕성이라는 것이 있습니다. 나는 이런 도덕성이 훨씬 더 널리 확산되어야 한다고 믿지만 큰 기대는 하지 않습니다. 이런 아이디어, 이런 과학적 도덕성에 따르면, 정치 선전 같은 것은 추한 것일 수밖에 없습니다. 어떤 나라에 대해 다른 나라 사람이 말할 경우 이해관계에 사로잡히면 곤란합니다. 그것은 루르드의 기적보다 더 나쁜 기적입니다! 예를 들어, 제품에 대해 과학적으로 부도덕하게 서술하는 사례로 광고를 들수 있습니다. 이 부도덕한 행위는 일상생활에 익숙해질 정도로 광범위하게 자행되고 있어서 이것이 나쁜 것이라는 생각조차 들지 않습니다. 내가 보기에 과학자가 사회와 접촉을 늘려야 하는 중요한 이유 가운데 하나도 바로 그것 때문입니다. 정보를 갖지 못하거나, 혹은 이해관계가 얽힌 정보를 갖게 됨으로써 정신적 총기가 소모되는 일이 없도록 사람들을 일깨우기 위해서 말입니다.

과학적 방법의 가치는 그밖에도 많이 있습니다. 그건 명명백백하지만 논의하기가 점점 더 어려워지고 있는 것인데, 의사결정과 같은 것이 그것입니다. 나는 미국의 랜드*Rand*사가 수학 계산을 하듯이 의사결정을 하라고 말하는 것은 아닙니다. 그러나 과학적 방법은 당연히 의사결정에 도움이 됩니다. 대학 2학년 때 여자에 대한 토론을 했던 일이 떠오르는데, 우리는 남녀 관계도 임피던스, 릴럭턴스, 리지스턴스 같은 전기 용어로 더 깊이 이해할 수 있다는 걸 알았습니다 (임피던스, 릴럭턴스, 리지스턴스는 각각 코일(철사 감아놓은 것), 축전기(철판두 개를 맞대어 놓은 것), 저항(전기가 잘 안 통하는 물체)이라 부르는 회로에서 나타내는 저항값을 뜻한다. 코일은 전류가 흐른 뒤에 한참 늦게 반응을 보이고, 반대로 축전기는 자신이 반응을 보인 후에야 전류를 흘린다. 또 이 셋이 서로 어떻게 연결됐느냐에 따라 서로 전류를 흘려주는 능력이 배가되기도 하고 반감되기도 한다—옮긴이주).

오늘날의 세계에서 과학자들을 섬뜩하게 하는 또 다른 것은, 지도자를 뽑는 방법입니다. 모든 나라가 마찬가지입니다. 예를 들어 오늘날 미국의 두 정당은 공보관을 두고 있습니다. 그들은 광고인이라고 할 수 있는 사람들인데, 어떤 제품을 성공시키기 위해 진실과 거짓을 섞어서 말하는 필수적인 방법을 훈련받은 사람들이지요. 원래 의도는 그것이 아니었습니다. 원래 그들의 임무는 입장을 토론하는 것이었지 그저 선전 문구를 만드는 것은 아니었습니다. 역사를 살펴보면, 미국의 정치 지도자를 뽑을 때 많은 경우에 선전 문구에 의지해 왔습니다. 현재 각 정당은 은행에 100만 달러에 이르는 계좌를 가지고 아주 그럴듯한 선전 문구들을 만들어 냅니다. 지금 이 자리에서 그 모든 것을 요약할 수 없는 게 유감입니다.

나는 계속해서 과학이 무관했다는 말을 해왔습니다. 이상한 말이라고 생각하실 테니 그것을 다시 짚어 보겠습니다. 당연히 과학은 무관하지 않습니다. 우리가 지금 이해하고 있는 방식대로 세계를 이해할 때, 점성술적인 현상은 이해할 수가 없는 것이라는 점에서 과학은 점성술과도 관계가 있습니다. 그러나 점성술을 믿는 사람들에게 과학은 무관합니다. 왜냐하면 과학자들은 절대 성가시게 그들과 논쟁하지 않기 때문입니다. 신앙 치료를 믿는 사람들은 과학을 걱정할 필요가 전혀 없습니다. 아무도 그들과 논쟁하지 않기 때문입니다. 과학이 싫으면 여러분은 과학을 배우지 않아도 됩니다. 정신적 부담이 너무 크면 이 모든 것을 잊어버려도 됩니다.

어떻게 이 모든 것을 잊어버릴 수 있을까요? 그것은 우리가 수수방관하기 때문입니다. 우리는 우리가 믿지 않는 것들을 공격해야만 합니다. 사람의 목을 자르는 방법으로 공격하자는 것이 아니라, 토론으로 공격하자는 것입니다. 우리는 사람들이 좀더 조리 있는 세계관을 갖도록 요구해야 한다고 나는 생각합니다. 사람들이 자기 두뇌를 두 부분 혹은 네 부분으로 쪼개서, 한 부분으로는 이것을 믿고 다른 부분으로는 저것을 믿으면서, 서로 다른 두 가지 관점을 절대로 비교하지 않는다는 것은 두뇌의 낭비고 사치입니다. 우리 머릿속에 있는 여러 관점들을 모아서 서로 비교함으로써, 우리가 어디에 있는지, 우리가 누구인지에 대해 좀더 잘 이해할 수 있다는 것을 배웠기 때문입니다.

그리고 우리가 기다리기만 하는 한 과학은 무관할 것입니다. 누군가 우리에게 묻기만을 기다려서는 안 됩니다. 뉴턴 역학도 모르는 사람들에게 아인슈타인의 이론을 강연해 달라고 초청 받을 때까지 기다리고만 있어서는 안 됩니다. 누구도 우리에게 신앙 치료나 점성술을 공격해 달라고 요청하지 않습니다. 점성술에 대한 현대 과학의 관점이 무엇인지 강연해 달라고 초청하지도 않습니다.

우리는 주로 글을 쓰는 방법을 사용하는 것이 좋다고 봅니다. 그러면 어떤 일이 일어날까요? 점성술을 믿는 사람은 논쟁이 오갈 것을 대비해 천문학을 조금이라도 배울 것입니다. 신앙 치료를 믿는 사람은 의학을 조금은 배워야 할 것이고, 생물학도 배워야 할 것입니다. 바꿔 말해서, 과학과 관계를 가져야할 것입니다.

어디선가 읽은 적이 있는데, 과학은 종교를 공격하지 않는 한 만사형통이라는 말이 있었습니다. 과학이 종교를 공격하지 않는 한, 아무도 과학에 관심을 가질 필요가 없고, 아무것도 배울 필요가 없습니다. 따라서 응용을 제외하면 과학은 현대사회에서 배제시켜도 무방해지고, 결국 소외되고 맙니다. 그래서 우리는 알기를 원하지 않는 사람들에게도 이치를 설명해 주려는 혹독한 투쟁을 하는 것입니다. 그들이 자신의 관점을 방어하려면, 그들도 과학이 무엇인지 약간은 배워야 할 것입니다. 우리는 너무 공손하다고 나는 생각합니다. 물론 그건 부정확하거나 틀린 말일 수 있습니다. 과거에도 이러한 문제가 논의된 시대가 있었습니다. 교회 입장에서 갈릴레오의 관점은 교회를 공격하는 것이었습니다. 오늘날의 교회는 과학이 교회를 공격한다고 생각하지 않습니다. 염려하는 사람도 없지요. 아무도 공격하지 않습니다. 내 말은, 오늘날 신학적 견해와 과학적 견해가 서로 모순된다는 것을 글로 설명하려는 사람이 아무도 없다는 것입니다. 과학자 자신도 자신의 종교적 믿음과 과학적 믿음이 모순된다는 것을 말하지 않습니다.

이제 마지막으로 내가 말하고자 하는 주제는, 내가 가장 중요하고 가장 진지한 문제라고 생각하는 것입니다. 이것은 불확실성과 의심에 관한 것입니다. 과학자는 결코 확신하지 않습니다. 우리는 모두 이것을 알고 있습니다. 우리의 모든 진술은 확실성의 정도가 다른 근사적인 진술임을 우리는 알고 있습니다. 어떤 진술이 이루어졌을 때, 문제는 이것이 참인가 거짓인가가 아닙니다. 어느 정도 참, 혹은 거짓일 것 같은가의 문제인 것입니다.

"신은 존재하는가?"

"문제 형태로 나타낼 때, 그것은 얼마나 문제인가?"

이것은 종교적 견해에 대한 무서운 변형입니다. 그리고 이것이 바로 종교적 견해가 비과학적인 이유입니다. 우리는 허용된 불확실성 안에서 각각의 문제를 논해야 합니다. 증거가 쌓여가면 그 생각이 옳을지도 모른다는 개연성이 증가하거나 감소합니다. 그러나 절대적으로 이것이거나 저것이라고 확실시되지는 않습니다. 이제 우리는 이것이 진보를 위해 가장 중요하다는 것을 알고 있습니다. 우리는 절대적으로 의심의 여지를 남겨두어야 하고, 그러지 않으면 진보도 없고 배움도 없습니다. 질문 없이 배울 수는 없습니다. 그리고 질문은 의심을 필요로 합니다. 사람들은 확실성을 찾습니다. 그러나 확실성은 없습니다. 사람들은 깜짝 놀랍니다. 어떻게 당신은 모르는 채로 살 수 있는가? 이것은 전혀 이상하지 않습니다. 인간은 스스로 안다고 생각하는 것뿐입니다. 인간의 행동은 대부분 불완전한 지식을 근거로 한 것이어서, 실제로 인간은 모든 것을 알지는 못합니다. 세계의 목적이 무엇인지 모르고, 다른 수많은 것들 또한 모릅니다. 모르는 채로 사는 것은 얼마든지 가능한 일입니다.

의심하는 자유는 과학 발전에 절대적으로 불가결한 것입니다. 이 자유는 모든 문제에 대한 해답을 가졌던 과거의 조직적 권위 곧 교회와 투쟁을 해서 얻은 것입니다. 갈릴레오는 투쟁의 상징이었고, 가장 핵심적인 투쟁을 한 인물이었습니다. 갈릴레오는 강요를 받아 자기 주장을 철회했지만, 아무도 이 철회를 말 그대로 받아들이지 않습니다. 우리는 갈릴레오를 본받아 우리 또한 철회해야 한다고 생각하지 않습니다.

사실 우리는 철회가 어리석은 것이라고 생각합니다. 교회가 어리석음을 강요하는 것을 우리는 보고 또 보아 왔습니다. 우리는 갈릴레오를 동정하며, 철회를 강요당한 소련의 음악가와 예술가들을 똑같이 동정합니다. 최근에는 다행히 외견상 그 수가 줄어들고 있습니다. 그러나 아무리 교묘하게 꾸며도 철회는 무의미한 것입니다. 여기에 대해서는 재고의 여지가 없다는 것이 명백합니다. 갈릴레오의 철회에 대해서도 논의할 필요조차 없는데, 중요한 것은 당시 그가 늙었고 교회는 매우 강력했다는 것입니다. 갈릴레오가 옳았다는 사실은 이 논의의 핵심이 아닙니다. 핵심은 그가 억압을 당했다는 것입니다.

세상을 둘러보면 우리는 슬퍼집니다. 인간의 잠재적 가능성에 비해 우리가 성취한 것은 너무나 보잘것없기 때문입니다. 지난날의 사람들은 악몽에 시달리면서도 미래를 꿈꾸었습니다. 그 미래에 이른지금 우리는 수많은 방법으로 꿈이 억압당해 왔음을 알고 있습니다. 그러나 여전히 오늘날의 사람들은 지난날보다 더 많은 꿈을 꾸고 있습니다. 지난날에는 문제를 해결할 수 있는 방법을 찾으려는 거대한열정이 있었습니다. 교육이 일반화되어야 한다는 것이 그 방법 가운데 하나였습니다. 모두가 교육을 받으면 모두가 볼테르가 되어, 우리는 모든 것을 바로잡을 수 있을 것입니다. 교육의 일반화는 확실히 좋은 것입니다.

그러나 여러분은 선을 가르칠 수 있지만 악도 가르칠 수 있습니다. 여러분은 참을 가르칠 수도 있지만 거짓도 가르칠 수 있습니다. 과학기술이 발전함에 따라 국가 간의 의사소통이 원활해짐으로써, 국가간의 관계도 개선되어야 합니다. 이것은 무엇을 의사소통하는가에달려 있습니다. 그 내용은 진실일 수도 거짓일 수도 있습니다. 위협일 수도 우호일 수도 있습니다. 응용과학이 인간을 육체적 고통에서해방시켜 주리라는 커다란 희망이 있었습니다. 예를 들어 특히 의학이 그렇다고 할 수 있는데, 이것은 오로지 선을 위한 것입니다.

그렇습니다. 그러나 우리가 얘기하는 동안에도 어떤 과학자들은은밀한 연구실에서 아무도 치료하지 못할 질병을 만들기 위해 갖은노력을 다하고 있습니다. 오늘날 우리는 만인의 경제적 만족이 문제의 해결책이라는 꿈을 꾸고 있는 것 같기도 합니다. 누구나 충분한 재물을 가져야 한다는 꿈 말입니다. 물론 나는 우리가 이런 목적을 추구하지 말아야 한다고는 보지 않습니다. 우리가 교육을 하지 말아야 한다거나, 의사소통을 하지 말아야 한다거나, 경제적 만족을 추구하지 말아야 한다고 말할 수는 없습니다. 그러나 그것 자체가 모든 문제의 해결책이 될 수는 없습니다. 우리가 일정 수준의 경제적 만족에 이르면, 그때 또 온갖 새로운 문제가 나타나기 때문입니다. 혹은 낡은 문제들이 약간 다른 모습으로 나타난다고 할 수도 있습니다. 지난 역사를 돌아볼 때 그러합니다.

오늘날 우리는 그리 잘하고 있지 않습니다. 나는 우리가 잘하고 있다고 보지 않습니다. 모든 시대의 철학자들은 존재의 비밀, 그 모든 것의 의미를 찾으려고 노력해 왔지요. 우리가 삶의 진정한 의미를 알기만 한다면, 인간의 모든 노력, 모든 놀라운 잠재력을 올바른 방향으로 기울임으로써 우리는 커다란 성공을 거두며 앞으로 나갈 테니까요. 그래서 우리는 의미를 찾고자 노력해 왔습니다. 온 세계의 의미, 삶의 의미, 인간의 의미는 무엇인가? 이러한 질문에 대해 수많은 사람들이 수없이 대답을 해왔습니다.

그런데 불행하게도 모든 답이 다 다릅니다. 그리고 한 가지 해답을 가진 사람은 다른 해답을 가진 사람들의 행동을 혐오합니다. 공포를 느낍니다. 해답의 차이로 인해 벌어지는 처참한 일들을 알고 있기 때문입니다. 세계의 의미에 대한 경직된 관점 때문에 인간이 막다른 골목으로 떠밀리기도 합니다. 사실, 인간의 잠재력이 얼마나 대단한지를 명백히 알게 되면 그 공포의 정도는 이루 헤아릴 수 없게 될 것입니다. 우리가 올바른 방향으로 노력을 기울인다면 모든 것이 훨씬 더 좋아질 거라는 희망을 갖는 것도 바로 그래서입니다.

그렇다면 이 세계의 의미는 무엇일까요? 우리는 존재의 의미가 무엇인지 모릅니다. 그래서 우리는 이렇게 말합니다. 지난날의 모든 관점을 연구한 결과, 우리는 존재의 의미를 모른다는 것을 알았다고.

그러나 존재의 의미를 모른다고 말함으로써, 우리는 열린 길을 찾았다고 할 수 있습니다. 우리는 이 길을 열어두어야 합니다. 진보해감에 따라, 대안을 제시할 기회를 남겨두어야 합니다. 사실이나 지식, 절대적 진리라는 것에 열광하지 않고, 언제나 불확실성을 남겨두어야 합니다. '그 위험을 무릅써야 합니다.' 영국인들은 정부를 그런 방향으로 이끌어갔는데, 그것을 'muddling through(혼란, 장애, 큰 실수, 비효율성 등을 무릅쓰고 착수한 일을 끝까지 해내기)'라고 부릅니다. 이것은 아주 어리석어 보일지 모르지만, 이것이야말로 가장 과학적인 진보의 방법입니다. 답을 결정해 버리는 것은 과학적이 아닙니다. 진보를 원한다면 미지에 이르는 문을 빠끔히 열어두어야 합니다. 다만 빠끔히.

우리 인류는 다만 발전의 출발선상에 서 있습니다. 인간 정신의 발전, 지적인 삶의 발전, 이 발전을 위한 수많은 세월이 우리 앞에 놓여 있습니다. '이것이 알아야 할 모든 것', 혹은 '이것이 모든 것의 답'이라는 식의 확정적인 답을 지금 결정하지 않는 것은 우리의 책무입니다. 모두가 그러한 확정적인 방향으로 몰려가면, 우리는 자유를 잃고 상상력의 한계에 부닥칠 것입니다. 그렇게 되면 오늘날 우리가 할 수 있다고 생각하는 일만 할 수 있을 것입니다. 그와는 달리 우리가 얼마간 의심과 논의의 여지를 항상 남겨둔다면, 그리고 과학적인 방법으로 접근해 간다면, 앞서 말한 문제는 생기지 않을 것입니다.

그러므로 나는 믿습니다. 지금은 그렇지 못해도 언젠가는 그날이 오리라는 것을…. 그날이 오면, 정치적인 힘이 제한되어야 한다는 것을 충분히 인식할 것입니다. 정치적으로 과학 이론의 타당성을 결정하려고 들지 않을 테고, 그러려고 한다는 것이 우스꽝스럽게 여겨질 것입니다. 역사, 경제, 철학의 다양한 진술을 정치적으로 결정하려고 들지 않을 것입니다. 그래야만 미래에 인류의 참된 가능성이 무한히 펼쳐 나아갈 것입니다.

5
과학의 가치
온갖 가치 가운데 무엇보다도 위대한 것은
의심하는 자유다

하와이에서 파인만은 불교사원을 방문했을 때 겸허하게 다음과 같은 교훈을 배웠다.

"모든 인간에게 천국문을 열 수 있는 열쇠가 주어졌는데, 같은 열쇠로 지옥문도 열 수 있다."

이 글은 파인만의 가장 웅변적인 글 가운데 하나다. 파인만은 인간 경험과 과학의 관계를 헤아리는 한편, 동료 과학자들에게 문명의 미래에 대한 책임감을 가지라고 역설하고 있다.

때로 사람들은 나에게 과학자들이 사회 문제에 좀더 관심을 기울여야 한다고 말합니다. 특히 과학이 사회에 미치는 영향에 좀더 책임을 져야 한다고 말합니다. 과학자들이 아주 어려운 사회적인 문제들을 돌아보고, 그리 중요하지 않은 과학적 문제에 많은 시간을 허비하지만 않으면 커다란 성공을 거둘 수 있을 거라고 일반적으로 믿는 것 같습니다. 다른 많은 과학자들도 이와 같은 충고에 귀를 기울여야 한다고 봅니다.

내가 보기에 우리 과학자는 때로 이런 문제에 대해 생각은 하지만, 사회 문제 해결에 전력을 다하지는 않습니다. 그 이유는 우리가 그런 문제를 푸는 마법과 같은 처방을 알지 못하며, 사회적 문제는 과학적 문제보다 훨씬 더 어려울 뿐만 아니라, 우리가 그걸 생각한다고 해서 뾰족한 해결책이 나오지도 않기 때문입니다.

과학이 아닌 문제를 보는 데는 과학자들도 여느 사람들과 다를 바가 없을 것입니다. 과학자가 비과학적인 문제에 대해서 말할 때는, 그런 문제에 낯선 여느 사람의 말처럼 유치하게 들릴 수 있습니다. 내가 이제 말하려는 것도 그렇게 들릴지 모르겠습니다. 과학의 가치에 관한 문제는 과학적 주제가 아니니까요.

과학의 가치 중 첫 번째는 누구나 잘 아는 것입니다. 과학 지식이 우리에게 온갖 일을 할 수 있게 하고 온갖 것을 만들 수 있게 한다는 것이 바로 그것입니다. 물론 우리가 좋은 것을 만든다 해도 그것은 온전히 과학 덕분만은 아닙니다. 우리를 좋은 일로 이끄는 도덕적 선택 덕분이라고 할 수 있지요. 과학 지식은 좋은 일이든 나쁜 일이든 할 수 있는 힘을 줍니다. 하지만 과학 지식에는 이 힘을 어떻게 사용해야 하는지에 대한 지시가 담겨 있지 않습니다. 이 힘은 분명 가치가 있습니다. 이 힘이 어떤 일에 쓰이느냐에 따라 부정적으로 작용할 수 있기는 하지만 말입니다.

나는 호놀룰루를 여행하며 인간 공통의 이 문제를 표현하는 한 가지 방법을 배웠습니다. 그곳의 불교 사원에서 안내인이 관광객들에게 불교에 대해 조금 언급했는데, 그는 한번 들으면 결코 잊지 못할 말을 한마디 하겠다며 격언 하나를 들려주었습니다. 그 사람 말대로 나는 이 불교 격언을 결코 잊지 못했습니다.

"모든 인간에게 천국문을 열 수 있는 열쇠가 주어졌는데, 같은 열쇠로 지옥문도 열 수 있다."

그렇다면 천국의 열쇠는 어떤 가치를 가질까요? 어떤 것이 천국문이고 어떤 것이 지옥문인가를 결정할 수 있는 명쾌한 지시가 없다면, 이 열쇠는 아주 위험한 물건인 것이 사실입니다. 하지만 이 열쇠는 분명히 가치가 있습니다. 어쨌든 이 열쇠 없이는 천국에 들어갈 수 없을 테니까요.

어떤 지시가 있다고 해도 열쇠가 없다면 아무 소용이 없을 것입니다. 따라서 과학이 엄청난 공포를 일으킬 수 있다는 사실에도 불구하고 과학이 가치가 있다는 것만큼은 분명합니다. 진정 뭔가를 만들어 낼 수 있으니까요.

과학의 또 다른 가치는 지적 유희라고 불리는 것입니다. 사람들이 과학에 대해 읽고 배우고 생각하면서 얻는 재미, 소수의 사람들이 과학 연구를 하면서 얻는 재미가 바로 그것입니다. 지적 유희는 실제로 매우 중요하며, 과학자들이 사회에 미치는 영향에 대해 반성할 사회적 책임이 있다고 말하는 사람들은 이를 간과하는 것입니다.

전체 사회의 관점에서, 지적 유희는 사사로운 개인적 즐거움에 지나지 않는 것일까요? 천만에요! 사회 자체의 성립을 위한 가치를 고려하는 것도 하나의 사회적 책임이라고 할 수 있습니다. 결국 사회는 사람들에게 즐길 거리를 마련해 주어야 하는 것이 아닐까요? 만일 그렇다면, 과학의 즐거움은 여느 즐거움 못지않게 중요한 것입니다.

나는 과학적 노력의 결과로 얻는 세계관의 가치를 저평가하고 싶지 않습니다. 우리는 과거에 시인이나 몽상가들이 상상한 것보다 더 무한히 신비로운 온갖 것들을 상상할 수 있게 되었습니다. 자연의 상상력은 인간의 상상력보다 훨씬 더 위대하다는 것을 과학은 보여줍니다. 예를 들어, 수십억 년 동안 팽이처럼 회전하며 우주 공간을 맴도는 공 위에 우리가 신비한 인력에 끌려 달라붙어 있는데, 우리 가운데 반쯤은 거꾸로 매달려 있다는 것은 얼마나 놀라운 일입니까? 이것은 바닥 없는 바다를 헤엄치는 거북이 등에 올라 탄 코끼리 위에 우리가 실려 있다는 것보다 더 놀라운 일입니다.

나는 이런 것들을 혼자서 수없이 생각해보곤 했습니다. 그러니 여러분도 다 아실 게 분명한 얘기를 들먹인다고 너무 나무라지 마시기 바랍니다. 그러나 이런 생각 혹은 이런 유형의 생각을 지난날에는 아무도 할 수가 없었습니다. 오늘날만큼 세계에 대한 정보를 갖지 못했으니까요.

예를 들어 나는 바닷가에 홀로 서서, 생각하기 시작합니다. 파도가 밀려옵니다… 분자들의 산더미가… 저마다 골똘히 자기 일에만 몰두하며… 몇 조 개나 되는 분자들이 따로… 그러나 함께, 하얀 파도를 일으키며.

세월이 흐르고 또 흐르고… 보아줄 어떤 눈도 열리기 전에… 해가 가고 또 가고… 지금처럼 파도는 벽력같이 해변을 때립니다. 반겨주는 생명 하나 없는, 죽음의 행성에서… 누구를 위해, 왜…? 우주 공간에 헛되이… 경이롭도록 쏟아지는 태양빛… 그 에너지에 신음하며… 파도는 쉼 없이 용틀임합니다. 지극히 작은 것 하나가 바다를 포효하게 합니다.

바다 깊숙이, 모든 분자가 서로 닮은꼴로 나타나고 또 나타나며 이

육고 복잡한 새로운 분자가 모습을 갖춥니다. 새로운 것들은 자기와 닮은 다른 것들을 만들어내고… 새로운 춤이 시작됩니다.

점점 더 커지고 더 복잡해지며… 살아 있는 것들이, 원자 덩어리가, DNA가, 단백질이… 더욱 복잡한 모습의 춤을 춥니다.

요람에서 벗어나 마른 땅에 올라선… 의식을 가진 원자들… 호기심으로 충만한 물질이… 이 자리에 서 있습니다.

바다에 서 있습니다… 경이를 경이로워하며… 나는… 원자들의 한 우주는… 그 우주 속의 한 원자는….

장대한 모험

어떤 문제든 깊이 들여다보기만 하면, 똑같은 전율, 똑같은 경이와 신비감이 거듭 밀려들고 또 밀려듭니다. 지식이 많아짐에 따라 더욱 깊고 더욱 놀라운 신비가 더욱 깊이 통찰해 보라고 사람을 호립니다. 해답이 실망스러울 것을 미리 염려하지 않고, 우리는 다만 기쁨과 확신으로 새로운 모퉁이를 돌 때마다 상상도 못한 새로움을 발견하며, 그때마다 우리는 더욱 놀라운 의문과 신비에 이끌립니다. 확실히 이것은 장대한 모험입니다!

과학자가 아니면서도 이런 특별한 형태의 종교적 체험을 하는 사람이 드물다는 것은 사실입니다. 우리의 시인들은 이런 것을 쓰지 않습니다. 우리의 화가들은 이 놀라운 것을 그리려고 하지 않습니다. 왜 그런지 나는 모릅니다. 현재의 우주관에 영감을 얻은 사람이 없어서일까요? 과학의 가치는 가수들도 노래하지 않았습니다. 그래서 여러분은 들을 수밖에 없습니다. 노래나 시가 아니라, 과학에 대한 저녁 강의를 말입니다. 아직은 과학의 시대가 아닙니다.

그 이유 가운데 하나는, 음악을 읽는 법을 알아야 하기 때문일 수도 있습니다. 예를 들어, 이런 과학 기사가 날 수도 있습니다. '생쥐의 대뇌 속에 있는 방사성 인의 함유량이 2주일 동안 반으로 줄었다.' 이게 무슨 뜻일까요?

이것은 생쥐의 머릿속에, 마찬가지로 내 머리나 여러분의 머릿속에 든 인은 2주일 전과 같은 인이 아니라는 뜻입니다. 머릿속에 들어 있는 모든 원자가 교체되고 있으며, 전에 있는 것들은 다른 곳으로 가 버렸다는 뜻입니다.

그렇다면 정신이란 무엇일까요? 의식을 가진 이들 원자란 무엇일까요? 바로 지난주의 감자입니다 *Last week's potatoes*!('potato' 는 구어로 무가치하고 보잘것없는 것이라는 뜻이 있다—옮긴이주) 이 감자가 작년의 내 정신, 이미 오래 전에 교체된 정신, 속에서 일어난 일을 기억합니다.

뇌 속의 원자가 다른 원자로 교체되는 데 시간이 얼마나 걸리는지 알았다는 의미는 이렇습니다. '내가 개성이라고 부르는 것은 단지 어떤 패턴 혹은 춤일 뿐이다.' 원자들은 나의 뇌 속에 들어와서, 한바탕 춤을 추고 나갑니다. 언제나 새로운 원자가 들어오지만 언제나 똑같은 춤을 춥니다. 어제의 춤을 기억하면서.

놀라운 아이디어

신문에서 이런 기사를 읽었다고 합시다. '과학자들은 이 발견이 암 치료에 중요하게 응용될 수 있다고 한다.' 신문은 아이디어의 이용에 만 관심 있지, 아이디어 자체에는 관심이 없습니다. 아이디어의 중요성을 이해할 수 있는 사람은 별로 없습니다. 이것은 주목할 만한 일입니다. 어쩌면 아이들은 이해할 수도 있습니다. 어떤 아이가 그런 아이디어를 이해한다면, 우리는 과학자를 얻은 것입니다. 이 아이디어들이 스며들면, TV가 생각을 대신하고 있기는 하지만, 많은 아이들이 활기찬 정신을 갖게 됩니다. 아이들이 활기찬 정신을 갖게 되면 우리는 과학자를 갖게 됩니다. 아이들이 대학에 들어오고 나서 활기찬 정신을 가르치면 너무 늦습니다. 그러므로 우리는 이 아이디어들을 아이들에게 이해시키려는 시도를 해야만 합니다.

이번에는 과학이 가진 세 번째 가치를 보겠습니다. 이것은 비교적 간접적인 가치지만, 아주 간접적인 것은 아닙니다. 과학자들은 무지와 의심과 불확실함에 대한 경험이 많습니다. 내가 보기에 이 경험은 매우 중요한 것입니다. 과학자가 문제에 대한 답을 모를 때 그는 무지한 겁니다. 결과가 어떻게 될지 짐작만 한다면 그는 불확실한 겁니다. 사실 결과가 어떻게 될지 꽤 확신이 서도 그는 얼마간 의심합니다. 진보하기 위해서는 무지를 인식하고 의심의 여지를 남겨두는 것이 가장 중요하다는 것을 우리는 깨달았습니다. 과학 지식이란 다양한 수준의 확실성을 지닌 진술들의 집합입니다. 어떤 것은 거의 확실치 않고, 어떤 것은 거의 확실한데, 그 어떤 것도 절대적으로 확실하지는 않습니다.

우리 과학자들은 그것에 익숙합니다. 그리고 우리는 확신하지 않는 것에 어떤 모순도 없다는 것을 당연시합니다. 다시 말해서 무지한 채 사는 것이 가능하다는 것을 당연시합니다. 그러나 누구나 이것이 옳다고 보는지는 나는 모르겠습니다. 의심하는 자유는 과학의 초기에 권위와 투쟁하면서 탄생했습니다. 우리에게 질문을, 의심을 허용하라. 확신하지 않을 자유를 달라. 우리는 이 투쟁을 잊지 말아야 하며, 우리가 얻은 것을 잃지 말아야 합니다. 바로 이것이 우리의 사회적 책임이기도 합니다.

인간이 지닌 놀라운 잠재력에 비해 성취가 너무 적은 것을 생각하면 우리는 슬퍼집니다. 사람들은 우리가 더 잘할 수 있다고 거듭 생각해 왔습니다. 과거의 인간들은 그 시대의 악몽에 시달리면서도 미래를 꿈꾸었습니다. 그들의 미래인 우리는, 그들의 꿈이 더러는 더 강렬하게, 여전히 꿈으로 남아 있음을 알고 있습니다. 오늘날 미래의 희망은 상당 부분이 과거의 희망이었습니다.

선악을 위한 교육

대부분의 사람들이 무지하기 때문에 타고난 잠재력이 발휘되지 않는다고 생각한 사람이 있었습니다. 교육이 보편화되었다면 모든 사람이 볼테르가 될 수 있었을까요? 악도 선에 못지않게 교육될 수 있습니다. 교육은 강한 힘을 지녔지만, 선과 악 모두가 교육될 수 있습니다.

국가간의 의사소통은 이해를 증진시켜야 합니다. 그러므로 또 다른 꿈이 생깁니다. 그러나 의사소통을 위한 기계들은 채널이 열릴 수도 있지만 닫혀버릴 수도 있습니다. 의사소통되는 내용이 참일 수도 있고 거짓일 수도 있습니다. 의사소통도 강력한 힘을 지녔지만, 마찬가지로 선과 악 모두에 봉사할 수 있습니다.

응용과학이 인간을 물질적인 문제에서 해방시킬 수는 있을 것입니다. 의학은 질병을 다스립니다. 그리고 의학적 기록들은 모두 선을 위한 것처럼 보입니다. 그러나 엄청난 질병과 독약을 만들려고 고심하는 사람들도 있습니다. 그것은 앞으로 있을 전쟁에 사용되겠지요.

거의 모든 사람이 전쟁을 싫어합니다. 오늘날 우리는 평화를 꿈꿉니다. 인간이 지녔다고 여겨지는 잠재력을 가장 잘 개발할 수 있는 것은 평화시입니다. 그러나 미래의 사람들은 평화를 좋게도 볼 수 있고 나쁘게 볼 수도 있습니다. 어쩌면 평화로운 사람들은 권태에 지쳐 술을 마실지도 모릅니다. 그러면 음주는 사고력을 마비시켜 사람의 능력을 잠식함으로써 커다란 문제가 될지도 모릅니다.

분명 평화는 위대한 힘을 지녔습니다. 취하지 않은 맑은 정신도 그러하며, 물질적인 힘도, 의사소통도, 교육도, 정직도, 많은 몽상가들의 꿈도 위대한 힘을 지녔습니다.

우리는 이 힘들을 과거보다 더 잘 통제할 수 있습니다. 그리고 우리는 과거보다 조금 더 잘하고 있는지도 모릅니다. 그러나 우리는 이제까지 성취된 혼란스러운 것들보다 엄청나게 더 큰 것을 성취할 수 있어야 합니다.

오늘날 우리는 왜 이럴까요?

왜 우리는 자신을 정복할 수 없을까요?

우리에게는 거대한 힘과 능력이 주어져 있지만, 이 힘과 능력을 어떻게 사용해야 하는지에 대한 지시는 주어져 있지 않기 때문입니다. 예를 들어, 물리적 세계의 움직임에 대한 이해가 엄청나게 축적되어도, 이 움직임이 아무런 의미도 없는 것처럼 여겨집니다. 과학은 직접적으로 선악을 가르치지 않습니다.

시대를 통틀어 인간은 삶의 의미를 헤아리기 위해 노력해 왔습니다. 우리의 활동에 어떤 방향이나 의미가 주어진다면, 인간의 엄청난 힘이 발휘되리라는 것을 알았던 것입니다. 그래서 모든 것의 의미에 대한 온갖 해답이 제시되었습니다. 그러나 해답이 저마다 달랐습니다. 그리고 한 가지 해답을 가진 사람은 다른 해답을 가진 사람들의 행동을 바라보며 공포에 떨었습니다. 공포. 관점의 차이로 인해 인류의 모든 거대한 잠재력이 거짓되고 유폐된 막다른 골목으로 흘러갔기 때문입니다. 인간의 거짓된 믿음은 거대한 괴물과도 같은 역사를 창조하기도 했습니다. 사실상, 인간이 정녕 무한하고 경이로운 능력을 지녔다는 것을 철학자들이 깨달았던 것도 이 괴물 같은 역사를 통해서였습니다. 열린 길을 찾는 것, 이것은 우리의 꿈입니다.

그렇다면, 이 모든 것의 의미는 무엇일까요? 존재의 미스터리를 없애기 위해 우리가 무슨 말을 할 수 있을까요?

옛날 사람들이 알았던 것뿐만 아니라, 그들이 몰랐던 오늘날의 지식을 모두 고려할 때, '우리는 모른다'는 것을 솔직히 인정해야 한다고 나는 생각합니다.

그러나 이것을 인정함으로써 우리는 열린 길을 찾았다고 할 수 있습니다.

이것은 새로운 생각이 아닙니다. 일찍이 이성의 시대에 등장한 생각이지요. 이것은 오늘날의 민주주의를 만든 사람들을 인도한 철학

사상입니다. 진정으로 정부를 운영하는 방법을 아는 사람이 없다는 생각에서 비롯한 것이지요. 그래서 우리는 새로운 아이디어를 개발할 수 있고, 시도해볼 수 있고, 버릴 수도 있고, 더 새로운 아이디어를 도입할 수도 있는 시스템, 시행착오 시스템을 만들어야 한다는 생각을 하게 되었습니다. 이 방법은 18세기 말에 과학이 성공적인 모험이었다는 것을 스스로 입증함으로써 얻은 성과였습니다. 잠재 가능성을 활짝 펼친다는 것은 하나의 기회며, 의심과 토론이 미지를 향한 진보에 필수적이라는 것은 당시에도 명백해 보였습니다. 우리가 전에 한번도 풀어본 적이 없는 문제를 풀려면, 미지의 세계로 가는 문을 조금은 열어두어야 합니다.

과학자로서 우리의 책임

우리는 비로소 인류를 위한 시간이 시작되는 곳에 이르렀습니다. 우리가 여러 문제를 해결하기 위해 노력하는 것은 당연한 일이지요. 앞으로도 수만 년의 미래가 열려 있습니다.

우리의 책임은 이렇습니다. 할 수 있는 일을 하고, 배울 수 있는 것을 배우고, 해결책을 개선하고, 그것들을 후대에 전하는 것. 미래의 인류에게 자유 재량권을 주는 것, 그것이 우리의 책임입니다. 우리는 어린 인류의 성급한 치기로, 오랫동안 인류의 성장을 저지할지도 모를 중대한 실수를 범할 수도 있습니다. 어리고 무지한 우리가 이미 해답을 가졌다고 말하면 우리는 실수를 저지르게 될 것입니다. 모든 논의와 비판을 억압하고, "바로 이거야, 이것만이 인간을 구원하는 거야!"라고 말한다면, 그리하여 인간을 오랫동안 권위의 사슬에 묶어두고, 현재의 상상력에 울타리를 쳐버리면 우리는 실수를 하는 것입니다. 지난날 그런 일이 얼마나 많았던가요.

과학자로서 우리의 책임은 이렇습니다. 무지의 철학이 얼마나 값진 것인지, 얼마나 진보적인 것인지를 깨닫고, 위대한 진보가 사상의 자유의 열매임을 깨닫고, 이 자유의 가치를 널리 알리는 것, 의심은 두려워해야 할 것이 아니라 환영하고 논의해야 할 것임을 가르치는 것, 모든 다음 세대들도 의무적으로 자유로우라고 다그치는 것, 이것이 우리의 책임입니다.

6
바닥에는 풍부한 공간이 있다

1959년 12월 29일, 미국 물리학회 주최로 캘리포니아 공과대학에서 열린 이 유명한 강연에서 파인만은 소형화의 미래를 설명했다.

이것은 파인만이 '나노테크놀로지의 아버지'로서 수십 년이나 시대를 앞선 강연이었다. 브리태니커 백과사전 전체를 하나의 핀 머리에 기록하는 방법, 생물과 무생물 모두의 크기를 획기적으로 축소하는 방법, 마침표보다 작은 크기의 기계를 윤활시키는 방법을 말하고 있다.

내기를 하는 것으로도 유명한 파인만은, 젊은 과학자들에게 각 변이 0.4mm 이하인 모터를 만들 수 있겠는지 내기를 걸기도 했다.

새로운 물리학 분야로 초대

실험물리학자들은 카메를링 오네스 *Heike Kamerlingh-Onnes* (1853~1926. 저온에서 물질의 성질에 관한 연구로 1913년 노벨상 수상. 이 연구는 액체 헬륨의 제조로 이어졌다)를 부러워하지 않을 수 없을 것입니다. 그는 저온 분야를 개척했는데, 이 분야는 바닥이 없는 것만 같아서 얼마든지 깊이 파고들 수 있습니다. 그러면 그 분야에서 선구자가 될 수 있고, 얼마 동안 독점권을 누리게 됩니다. 퍼시 브리지먼 *Percy Bridgman*(1882~1961. 극고압을 얻는 장치의 발명과 고압물리학의 연구로 1946년 노벨상 수상)은 고압을 얻는 방법을 고안해 새 분야를 창시했고, 그 분야에서 우리 모두의 리더가 되었습니다. 현재 진행되는 고진공 기술 개발도 마찬가지입니다.

나는 미개척 분야에 대해 말하고자 합니다. 엄청난 성취를 이룰 수 있는 분야지요. 이 분야는 '기묘한 입자란 무엇인가?' 따위를 묻는다는 의미에서는 근본적인 물리학과는 큰 관련이 없습니다. 그러나 복잡한 상황에서 일어나는 기묘한 현상에 대해 우리에게 많은 것을 알려준다는 점에서 고체물리학과 비슷합니다. 가장 중요한 점은, 이 분야가 기술적 응용 가능성이 대단히 높다는 것입니다.

내가 말하고자 하는 것은 아주 작은 규모의 물질을 다루고 제어하는 문제입니다.

내가 이렇게 말하면 사람들은 소형화를 떠올리고, 오늘날 소형화가 얼마나 진보했는지 잘 알고 있다고 말합니다. 그들은 내게 손톱 크기보다 작은 전기 모터에 대해 말하죠. 그리고 어떤 장치가 이미 시장에 나왔는데, 그것으로 주기도문을 핀 머리에 기록할 수 있다고 말합니다. 그러나 그 정도는 아무것도 아닙니다. 그 정도는 내가 말하고자 하는 것에 비하면 너무나 원시적이지요. 내가 말하고자 하는 것은 엄청나게 작은 세계에 대해서입니다. 서기 2000년이 되어 과거를 돌아볼 때 사람들은 왜 1960년대에야 비로소 진지하게 이 방향으로 나아가기 시작했는지를 의아해할 것입니다.

우리는 브리태니커 백과사전 24권 전체를 왜 핀 머리에 기록할 수 없을까요?

　무엇이 문제인지 살펴봅시다. 핀 머리의 지름은 약 1.6mm입니다. 이것을 25,000배 확대하면 브리태니커 백과사전을 모두 펼쳐놓은 넓이와 같아요. 따라서 백과사전에 기록된 모든 것을 25,000배 축소해서 기록하면 됩니다. 그런데 이게 가능할까요? 우리 눈의 해상력은 약 0.2mm입니다. 이것은 대략 백과사전 망판 인쇄의 작은 점 하나의 지름과 같습니다. 이것을 25,000배 축소해도 지름이 80옹스트롬(1옹스토롬 = 100억 분의 1미터)이나 되는데, 보통 금속은 이만한 직경에 원자 32개가 들어갑니다. 다시 말해서, 이런 점 하나의 넓이에는 원자가 1,000개나 들어갈 수 있죠. 따라서 각 점을 사진 조판에 필요한 크기로 맞추는 것은 간단한 일이고, 브리태니커 백과사전 전체를 핀 머리에 새길 여유가 충분하다는 것은 의문의 여지가 없습니다.

　나아가서, 이렇게 기록한 것을 읽을 수도 있습니다. 이것을 금속에 양각으로 새겼다고 합시다. 백과사전의 검은 부분을 1/25,000로 축소한 금속 양각 글자가 있다고 할 때, 우리는 이것을 어떻게 읽을 수 있을까요?

　그렇게 기록한 글자가 있다면, 오늘날 흔히 쓰이는 기술로도 이것을 읽을 수 있습니다. 실제로 기록하는 것이 가능했다면, 그것을 읽는 더 좋은 방법 또한 분명 발견했을 것입니다. 하지만 내가 말하려는 것을 확실히 하기 위해 현재 우리가 아는 기술로 얘기하겠습니다. 금속을 플라스틱 물질에 찍어서 주형을 만들고, 조심스레 플라스틱을 벗겨낸 다음, 실리카를 플라스틱에 증착하여 아주 얇은 필름을 얻습니다. 그리고 그 실리카 필름 위에 일정한 각도로 금을 증착하여 작은 글자가 분명히 드러나게 한 후, 실리카 필름에서 플라스틱을 녹여 없애고, 그것을 전자현미경으로 보면 됩니다!

핀에 1/25,000로 축소한 양각 글자가 있다면, 현재의 기술로도 그 것을 읽을 수 있다는 것은 의문의 여지가 없습니다. 나아가, 원판을 이용해 쉽게 사본을 만들 수 있다는 것도 의심의 여지가 없죠. 단지 똑같은 금속판을 다시 플라스틱에 찍기만 하면 사본을 만들 수 있습니다.

얼마나 작게 쓸 수 있나?

다음 질문은 이렇습니다. 어떻게 기록할 것인가? 지금으로서는 표준적인 기술이 없습니다. 그러나 생각만큼 어렵지 않아요. 우리는 전자현미경으로 확대해서 볼 수 있을 뿐만 아니라, 렌즈를 뒤집어 축소해서 볼 수도 있죠. 하나의 이온원*a source of ions*을, 뒤집은 렌즈에 통과시켜 초점을 맞춰서 아주 작은 점으로 만들 수 있습니다. 우리는 이 점으로 기록을 할 수 있습니다. 이 방식은 TV의 음극선 오실로스코프에서 기록하는 것과 같습니다. 즉, 이 점을 선으로 주사하면 되는데, 이때 선상에 침전될 물질의 양을 조절함으로써 기록이 가능합니다.

이 방법은 공간 전하 한계 때문에 매우 느릴지도 모릅니다. 좀더 빠른 방법이 있을 것입니다. 우선, 사진 제판 같은 방법으로서, 글자 형태의 구멍들이 나 있는 스크린을 만듭니다. 그 다음에는 구멍 뒤에서 방전을 일으켜 금속 이온을 구멍으로 밀어 넣습니다. 그리고 다시 렌즈를 사용해 이온으로 작은 상을 만들면 되는데, 이런 식으로 핀 머리에 금속을 침전시킵니다.

더 간단한 방법도 있습니다. 이 방법이 잘 될지는 확신이 가지 않지만. 빛을 사용하는 것인데, 광학 현미경을 거꾸로 작동시켜, 빛을 작은 광전 스크린에 비추어 초점을 맞춥니다. 그러면 빛이 비춰진 스크린에서 전자가 방출되죠. 이 전자들을 전자현미경 렌즈로 작게 집속하여 금속 표면에 직접 때립니다. 이것을 웬만큼 오래 하면 전자빔이 금속을 깎아내지 않을까요? 나는 모르겠습니다. 금속이 잘 깎이지 않는다면, 원래의 핀에 어떤 물질을 코팅해서 그 위에 전자를 때리면 나중에 우리가 알아볼 수 있는 변화를 일으킬 수 있을 것입니다.

이러한 장치에서 강도의 문제는 없습니다. 확대할 경우와 다릅니다. 확대하려고 한다면 전자 몇 개를 취해서 계속 더 크게 스크린 위에 펼쳐야 합니다. 이것은 정반대입니다. 한 페이지에서 나온 빛을 아주 작은 영역으로 집중시키기 때문에 빛은 아주 강렬합니다. 광전 스크린에서 나온 전자 몇 개를 아주 작은 영역으로 다시 축소시키기 때문에 전자빔도 매우 강합니다. 이런 것을 왜 아직도 해내지 못했는지 이유를 모르겠습니다!

브리태니커 백과사전을 핀 머리에 쓰는 것은 그렇게 하면 됩니다. 하지만 이번에는 세상에 있는 모든 책을 쓴다고 생각해 봅시다. 미국 국회도서관에는 약 9백만 권의 책이 있습니다. 대영박물관 도서관에는 5백만 권, 프랑스 국립 도서관에도 5백만 권이 있죠. 분명 중복된 책이 있을 테니까, 이 세상에는 관심을 가질 만한 책이 2천 4백만 권쯤 있다고 합시다.

우리가 여태까지 말해온 크기대로 이 모든 것을 인쇄하면 어떻게 될까요? 이것은 얼마나 많은 공간을 차지할까요? 물론 이것은 핀 머리 백만 개 정도의 넓이를 차지할 것입니다. 백과사전 24권이 아니라 2천 4백만 권이 있으니까요. 백만 개의 핀은 천 개의 핀을 한 변으로 하는 정사각형 안에 다 들어가고, 이 정사각형의 넓이는 약 $2.5m^2$입니다. 종이 두께의 플라스틱 뒷판을 입힌 실리카 사본에 이 모든 정보를 넣으면, 대략 백과사전 35쪽에 해당하는 넓이가 됩니다. 그건 팜플렛 한 권에 지나지 않는 분량입니다. 모든 인류가 이제까지 책에 기록한 모든 정보를 팜플렛 하나에 담아 손에 들고 다닐 수 있는 셈이죠. 그것도 부호화한 것이 아니라 원래의 그림과 판화 등 모든 것을 해상도 손실 없이 작게 축소해서 만든 것을 말입니다.

이 건물에서 저 건물로 뛰어다니는 우리 캘리포니아 공대의 사서에게 이런 말을 하면 어떻게 생각할까요? 10년 뒤에는 당신이 관리하느라 고생하는 모든 정보, 마루에서 천장까지 쌓아올린 12만 권의 책, 서랍에 가득한 색인 카드, 보관실에 가득한 모든 고서를 단 한 장의 색인 카드에 때려담을 수 있다면! 예를 들어, 브라질 대학의 도서관이 불에 타버렸을 경우, 우리는 두어 시간 안에 우리 도서관에 있는 모든 책의 사본을 만들어서, 보통의 항공 봉투보다 더 크지도 더 무겁지도 않은 봉투에 넣어 우편으로 보내줄 수 있습니다.

이 강연의 제목은 '바닥에는 풍부한 공간이 있다' 입니다. 그냥 '바닥에는 공간이 있다' 가 아닙니다. 내가 입증해보인 것은 공간이 있다는 것에서 그쳤는데, 그런 식으로 물건의 크기를 줄이는 것은 실제로 가능합니다. 이제 풍부한 공간이 있다는 걸 보여주고 싶군요. 지금 이 자리에서 실제적인 방법을 논하지는 않겠습니다. 나는 단지 이론적으로 가능한 것, 물리학 법칙에 따라 가능한 것만을 말하고자 합니다. 나는 반중력을 발명하려고 하지 않습니다. 반중력이라는 것은,

기존 법칙이 우리가 생각하는 것과 다르다는 것이 밝혀졌을 때만 가능한 일이죠. 나는 법칙이 우리가 생각하는 대로일 때 무엇을 할 수 있는가를 말하고자 합니다. 법칙에서 벗어나는 것을 하지 않는 이유는 단지 우리가 아직 거기에 근접하지 않았기 때문일 뿐입니다.

작은 크기로 기록한 정보

그림을 포함한 모든 정보를 현재 형태로 직접 재현하지 않고, 정보 내용을 점과 대시*dash* 따위로 표현한다고 해봅시다. 한 글자는 예닐곱 비트로 표현됩니다. 다시 말해, 글자 하나 당 예닐곱 개의 점과 대시만이 필요하죠. 앞에서 한 것처럼, 핀 머리 표면에 모든 것을 다 쓰는 것이 아니라, 이번에는 내부까지 전부 사용하는 얘기를 해보겠습니다.

금속의 작은 부분을 사용해 점 하나를 표현하고, 다음의 대시는 금속의 인접한 부분에 표현합니다. 대략 정보 한 비트에는 5 곱하기 5 곱하기 5개의 원자들 입방체 하나가 필요하다고 합시다. 원자는 모두 125개입니다. 아마도 100여 개의 원자만 사용하면 확산 등의 작용이 일어나지 않아 정보가 손실되는 일은 없을 것입니다.

앞에서 백과사전에 글자가 얼마나 들어 있는지 계산해본 적이 있습니다. 2천 4백만 권의 책이 모두 백과사전 크기와 같다고 가정해서 계산해보니, 정보 비트의 수는 모두 10^{15}이었습니다. 한 비트에 원자 100개가 필요하다면, 인류가 세상의 모든 책에 축적해온 정보는 한 변이 약 0.1mm인 정육면체에 모두 기록할 수 있었습니다. 이것은 인간의 눈으로 겨우 식별할 정도로 미세한 먼지와 같죠. 따라서 바닥에는 풍부한 공간이 있습니다! 나에게 마이크로필름을 운운하지 마십시오!

엄청난 양의 정보를 극단적으로 작은 공간에 담을 수 있다는 이 사실을 생물학자들은 잘 알고 있죠. 이 사실을 통해 우리는 이 모든 것을 명백히 이해하기 이전부터 존재했던 미스터리를 풀 수 있습니다. 우리 인간처럼 복잡한 생물체의 조직에 관한 정보가 어떻게 가장 작은 세포에도 저장될 수 있는가 하는 미스터리 말입니다. 이 모든 정보, 우리가 어떤 색깔의 눈을 가졌고, 어떤 생각을 하고, 태아 단계에서 작은 구멍을 가진 턱뼈가 먼저 발달하는데 그 구멍 안에서 훗날 신경 섬유가 자랄 수 있게 한다는 것에 이르기까지, 이 모든 정보가 아주 작은 세포 하나 속에 있는 사슬 형태의 DNA 분자에 담겨 있습니다. 세포에 대한 정보 한 비트가 DNA 분자에 기록되는 데에는 약 50개의 원자가 사용되죠.

더 좋은 전자현미경

5×5×5 개의 원자로 이루어진 하나의 부호를 쓸 경우 문제는 이렇습니다. 이것을 어떻게 읽을 수 있는가? 전자현미경은 그리 좋지 않습니다. 최고의 주의력과 노력을 기울일 경우, 전자현미경으로 약 10 옹스트롬을 볼 수 있죠. 지금 나는 미시적인 물질에 대해 얘기하고 있지만, 전자현미경을 100배쯤 개선하는 것이 얼마나 중요한지도 알아주시기 바랍니다. 그건 불가능하지 않으며, 전자의 회절 법칙에도 어

굿나지 않습니다. 그런 현미경에서 전자의 파장은 1/20옹스트롬에 불과해서 개별 원자를 볼 수 있습니다. 개별 원자를 분명하게 볼 수 있다면 어떤 좋은 점이 있을까요?

우리에게는 다른 분야, 예를 들어 생물학을 전공한 친구들이 있습니다. 우리 물리학자들은 그들을 만나면 흔히 이렇게 말하죠.

"생물학이 왜 그렇게 진보가 느린지 자네는 알겠지?"

사실은 오늘날의 생물학처럼 빠르게 진보하는 분야는 없다고 봅니다만.

"생물학자들은 수학을 좀더 많이 써야 해, 우리처럼."

그러면 그들도 우리에게 할 말이 있습니다. 하지만 그들은 겸손하기 때문에, 내가 대신 대답하겠습니다.

"우리가 더 빨리 진보할 수 있도록 물리학자가 100배 더 좋은 현미경을 만들어 줘야 해."

오늘날 생물학에서 가장 핵심적이고 근본적인 문제는 무엇일까요? 그것은 다음과 같은 질문입니다. DNA 속의 염기 배열이 어떻게 되는가? 돌연변이가 생겼을 때 어떤 일이 벌어지는가? 단백질 속의 아미노산 서열과 연계된 DNA 염기 서열은 어떻게 되는가? RNA 구조는 무엇인가? 이것은 단일나선인가 이중나선인가? 그 구조는 DNA 염기 배열과 어떻게 연관되는가? 마이크로솜의 조직은 어떻게 되어 있는가? 단백질은 어떻게 합성되는가? RNA는 어디로 가는가? RNA는 어떻게 자리를 잡는가? 단백질은 어디에 자리 잡는가? 아미노산은 어디로 들어가는가? 광합성을 하는 엽록소는 어디에 있는가? 그것은 어떻게 배열되어 있는가? 이러한 것들에서 카로티노이드는 어디에 연관되는가? 빛이 화학 에너지로 변환되는 시스템은 무엇인가?

이러한 수많은 생물학의 물음은 아주 쉽게 대답할 수 있습니다. 단지 그것을 들여다볼 수만 있으면 됩니다! 여러분은 DNA 사슬의 염기 배열을 볼 수 있고, 마이크로솜의 구조를 볼 수도 있습니다. 그런데 불행하게도, 현재의 현미경으로 볼 수 있는 범위는 너무 한정되어 있죠. 현미경을 더 강력하게 만들면 생물학의 수많은 문제가 아주 쉽게 풀릴 수 있습니다. 물론 내 말에는 과장이 좀 섞여 있지만, 물리학자가 개선된 현미경을 만들어주면 생물학자들은 분명 고맙다고 할 것입니다. 수학을 더 많이 사용해야 한다는 비판보다 그 현미경을 더 반가워할 것입니다.

오늘날의 화학반응 이론은 이론물리학을 근거로 하고 있습니다. 그런 의미에서 물리학은 화학의 기초를 제공합니다. 그러나 화학도 분석을 합니다. 이상한 물질이 하나 있는데 그것이 무엇인지 알고 싶다면, 길고도 복잡한 화학 분석 과정을 거쳐야 하죠. 우리는 오늘날 거의 모든 것을 분석할 수 있습니다. 따라서 내 생각은 조금 늦은 감이 있어요. 그러나 물리학자도 원하기만 하면 화학 분석의 문제에도 뛰어들어 화학자들의 발밑을 파헤칠 수 있습니다. 아무리 복잡한 화학 물질을 분석하더라도 아주 쉽게 해낼 수 있습니다. 원자가 어디에 있는지를 보기만 하면 되니까요. 오로지 문제가 되는 것은 전자현미경이 100배 나쁘다는 것입니다. 나중에, 나는 다음과 같이 질문할 것입니다. 물리학자가 화학의 세 번째 문제, 즉 합성에 대해서도 뭔가를 할 수 있는가? 화학 물질을 합성하는 '물리적' 방법이 있는가?

전자현미경이 이렇게 안 좋은 이유는 렌즈의 초점거리가 1/1,000밖에 되지 않기 때문이죠. 우리에게는 구경이 충분히 큰 렌즈가 없어요. 그런데 더 이상 크게 만들기는 불가능하다는 것을 증명한 정리가 나와 있습니다. 축 대칭 고정필드 렌즈에서는 어떤 수치 이상의 초점 거리를 얻을 수 없고, 따라서 현재의 분해 능력은 이론적 최대치에 와 있습니다. 그러나 모든 정리에는 가정이 있습니다. 왜 필드가 대칭이어야 하는가? 나는 이것을 과제로 제시합니다. 전자현미경을 더 강력하게 만드는 방법은 없는가?

신기한 생물 시스템

정보를 작은 크기로 기록하는 생물학의 예를 통해 나는 무엇이 가능한가에 대한 영감을 받습니다. 생명체는 단지 정보를 기록하기만 하는 것이 아닙니다. 정보와 관련된 뭔가를 행동하기까지 하지요. 생물학적 시스템은 극단적으로 작아질 수 있습니다. 많은 세포들은 아주 작지만, 매우 활성적이며, 다양한 물질을 만듭니다. 또한 걸어 다니고, 요동치며, 매우 작은 규모로 온갖 신기한 일들을 합니다. 정보를 저장하기도 하지요. 우리도 원하는 것을 그렇게 작은 규모로 만들 수 있는 가능성에 대해 생각해 봅시다. 그러한 규모에서 움직이는 물체를 우리가 만들 수 있다면!

물체를 아주 작게 만드는 일에는 경제적인 면도 있습니다. 컴퓨터가 갖고 있는 몇 가지 문제에 대해 생각해 봅시다. 우리는 컴퓨터에 엄청난 양의 정보를 저장해야 합니다. 내가 앞에서 말한 기록 방법은 영구적인 것입니다. 모든 것을 금속의 배열로 기록하기만 하면 되죠. 컴퓨터에서 훨씬 더 흥미로운 것은 무언가를 쓰고 지우고 다시 쓰는 방법입니다. 우리는 대개 방금 정보를 기록해둔 물질을 버리고 싶어하지 않습니다. 그러나 우리가 아주 적은 공간에 정보를 기록할 수 있다면, 그것을 읽은 다음 버려도 좋습니다. 그래도 거의 비용이 들지 않으니까요.

컴퓨터의 소형화

나는 이것을 실제로 어떻게 작은 규모로 만들 수 있는지는 모릅니다. 그러나 컴퓨터가 매우 크다는 것은 알죠. 컴퓨터는 방을 가득 채웁니다. 왜 우리는 컴퓨터를 아주 작게 만들 수 없을까요? 작은 전선, 작은 부품으로, 아주 작게 말입니다. 예를 들어, 전선은 지름이 10 내지 100옹스트롬이 되어야 하고, 회로는 폭이 수천 옹스트롬이 되어야 합니다. 컴퓨터의 논리적 이론을 분석해본 사람은 누구나 컴퓨터가 아주 흥미로운 가능성을 지녔다는 결론에 도달합니다. 컴퓨터를 지금보다 훨씬 더 복잡하게 만들 수만 있다면 말이죠. 컴퓨터가 지금보다 수백만 배 더 많은 요소를 가지게 되면 컴퓨터는 판단까지 할 수 있습니다. 수행하려는 계산을 어떤 방법으로 하는 것이 가장 좋은지 컴퓨터가 스스로 계산할 수 있죠. 컴퓨터는 기존의 경험을 바탕으로 해서, 우리가 지시하는 것보다 더 좋은 분석 방법을 선택할 수도 있습니다. 그리고 여러 면에서 새로운 특성을 가질 것입니다.

여러분 얼굴을 보면 나는 전에 본 적이 있는지 없는지 즉시 인식합니다. 내 친구들은 예를 잘못 선택했다고 말할 겁니다. 나는 도무지 사람들을 잘 알아보지 못하니까요.

하지만 적어도 나는 앞에 있는 것이 사과가 아니라 사람 얼굴이라는 것은 쉽게 알아봅니다. 하지만 인간과 같은 속도로 얼굴 그림을 포착해서 그것이 사람이라고 말할 수 있는 기계는 없습니다. 전에 본 적이 있는 사람을 알아보는 문제는 말할 나위도 없습니다. 그림이 정확히 똑같은 경우라면 알아볼 수도 있겠지요. 얼굴이 변하면, 내가 얼굴을 조금만 더 가까이 하거나 조금만 더 멀리 하면, 그리고 조명이 변하기만 해도 기계는 알아볼 수 없지만 나는 알아봅니다. 내가 머릿속에 가지고 다니는 작은 컴퓨터는 이런 일을 쉽게 할 수 있습니다. 하지만 우리가 만든 컴퓨터는 이 일을 할 수 없습니다. 내 몸 속의 뼈로 만든 상자 안에 들어 있는 부품 수는 우리의 '놀라운' 컴퓨터가 가진 부품보다 엄청나게 많습니다. 그러나 우리의 기계식 컴퓨터는 너무 큰 데 반해, 뼈 상자 속에 든 부품은 미시적인 크기죠. 나는 이보다 더 작은 컴퓨터를 만들고 싶습니다.

다른 모든 질적 능력까지 다 갖춘 놀라운 컴퓨터를 만든다면, 아마 펜타곤만한 크기가 될 것입니다. 여기에는 여러 가지 단점이 있어요. 우선, 너무 많은 재료가 들어가죠. 이 엄청난 컴퓨터에 들어갈 트랜지스터를 만드는 데 필요한 게르마늄은 온 세계를 다 뒤져도 부족할지 모릅니다. 그리고 열 발생과 전력 소모 문제도 있습니다. 이 컴퓨터를 돌리는 데는 TVA(Tennessee Valley Authority. 테네시 강 유역 개발공사. 1933년에 설립된 미국 정부기관. 여기서는 테네시 강에서 생산되는 엄청난 전력을 가리킨다—옮긴이주)가 필요할 것입니다. 그러나 더 실제적인 난점은 이 컴퓨터의 속도 한계입니다. 컴퓨터 크기 때문에, 정보를 이곳에서 저곳으로 운반하는 데 일정한 시간이 걸리죠. 정보는 빛의 속도 이상으로 이동할 수 없습니다. 따라서 궁극적으로 컴퓨터가 더욱 빨라지고 더욱 정교해지려면 더욱 작게 만들어야 합니다.

컴퓨터를 더 작게 만들 여지는 풍부합니다. 컴퓨터 부품을 지금보다 엄청나게 작게 만드는 것이 불가능하다고 말하는 물리 법칙은 없습니다. 컴퓨터의 소형화는 분명 장점이 있습니다.

증착에 의한 소형화

그러한 장치를 어떻게 만들 수 있을까요? 우리는 어떤 생산 공정을 사용해야 할까요? 원자를 일정하게 배열함으로써 정보를 기록하는 것에 대해 얘기했는데, 그런 맥락에서 우리가 고려해볼 수 있는 한 가지 가능성은 다음과 같습니다. 물질을 증착하고 그 위에 절연체를 증착한 후, 다음 층을 만들기 위해 다른 위치에 전선을 증착하고, 또 다른 절연체를 증착하고, 이렇게 계속해 나갑니다. 코일과 콘덴서, 트랜지스터 등의 요소들을 다 갖출 때까지 단지 계속 증착해 나가기만 하면 극단적으로 작은 덩어리를 얻을 수 있을 것입니다.

그저 재미삼아 다른 가능성을 얘기해 보겠습니다. 이런 작은 컴퓨터를 큰 것을 만들 때와 같은 방법으로 만들 수는 없을까요? 미세하게 구멍을 뚫고, 자르고, 납땜하고, 찍어내고, 여러 가지 형태를 주조해서 작은 컴퓨터를 만들 수는 없을까요? 여러분은 굉장히 작은 물건을 다루다가, 예를 들어 아내의 손목시계를 고치다가, 혹시 이렇게 중얼거려 보신 적은 없나요? "개미를 훈련시켜서 이걸 시킬 수만 있다면!" 나는 개미를 훈련시키고 개미가 진드기를 훈련시켜 이 일을 할 수 있도록 하는 가능성을 제시하고자 합니다. 작지만 움직일 수 있는 기계의 가능성도 생각해 봅시다. 그것은 유용할 수도 있고 무용할 수도 있죠. 그러나 그것을 만들면 확실히 재미있을 것입니다.

어떤 기계, 예를 들어 자동차를 닮은 극미세한 기계를 만드는 문제를 생각해 봅시다. 자동차 설계 시 부품들은 일정한 정밀도를 필요로 합니다. 예를 들어 정밀도가 0.01mm라고 합시다. 원통형 같은 모양의 정밀도가 그것에 미치지 못하면 제대로 작동하지 않을 것입니다. 물건을 너무 작게 만들면, 원자의 크기를 염려해야 합니다. 말하자면, 원이 너무 작을 경우 '공'을 늘어놓아 원을 그릴 수는 없죠. 그래서 내가 0.01mm 오차를 원자 10개의 오차에 해당하게 하면, 자동차를 대략 1/4000로 작게 만들 수 있습니다. 이 자동차는 길이가 1mm입니다. 이보다는 훨씬 더 큰 허용오차로도 작동할 수 있도록 자동차를 다시 설계하면, 기존 자동차보다 훨씬 더 작은 것을 만들 수 있고, 그것은 분명 불가능한 것이 아닙니다.

그렇게 만든 작은 기계의 문제점이 무엇인지 살펴보는 것도 재미있는 일입니다. 우선, 부품에 가해지는 압력이 같을 경우, 부품의 면적이 축소되어 있으므로 무게와 관성 등은 그리 문제가 되지 않죠. 다시 말해서, 물질의 강도는 축소된 비율만큼 대폭 커집니다. 예를 들어 원심력에 의해 플라이휠에 가해지는 응력과 팽창력은 크기를 줄인 만큼 회전 속도를 늘려야 전과 같아집니다. 한편 우리가 사용하는 금속은 낱알 구조고, 작은 규모에서는 물질이 균일하지 않기 때문에 그것은 아주 큰 골칫거리일 수 있습니다. 플라스틱이나 유리와 같은 비정질 물질은 훨씬 더 균일하죠. 따라서 우리는 기계를 이런 물질로 만들어야 할지도 모릅니다.

시스템의 전기 부품, 즉 구리선이나 자기적 부품과 관련된 문제도 있습니다. 아주 작은 규모에서 자기적 성질은 거시 규모에서의 자기적 성질과 같지 않죠. 여기에는 '영역*domain*' 문제가 생깁니다. 수백만의 영역으로 구성된 큰 자석은 작은 규모에서 영역 한 개로만 만들어야 합니다. 전기 장치는 단순히 크기를 축소하는 것만으로는 만들 수 없을 것입니다. 다시 설계해야 하죠. 그러나 이것을 제대로 작동할 수 있게 재설계하지 못할 이유는 없다고 봅니다.

윤활 문제

윤활에는 꽤 흥미로운 점이 있습니다. 크기를 줄이고 속도를 최대한 높이면, 그만큼 윤활유의 유효 점성이 높아집니다. 속도를 그렇게 많이 높이지 않고, 윤활유를 등유 따위로 바꾸기만 하면, 이 문제는 그리 심각하지 않죠. 그러나 실제로는 전혀 윤활유가 필요 없을지도 모릅니다! 많은 다른 방법도 가능합니다. 베어링이 건조하게 돌아가도록 할 수 있습니다. 그렇게 해도 베어링은 뜨거워지지 않는데, 작은 장치에서는 열이 아주 빨리 달아나기 때문입니다. 열손실이 너무 빨라서 휘발유가 폭발하지 않을 테니 내연 기관에서는 이 방식을 사용할 수 없죠. 이 경우 차가운 상태에서 에너지를 내는 다른 화학반응을 사용할 수 있습니다. 아마 이런 작은 기계에는 외부에서 전력을 공급하는 것이 가장 편리할 것입니다.

이런 기계는 어떤 쓸모가 있을까요? 그야 알 수 없지요. 물론, 이 자동차는 진드기들이 타고 다니는 데만 유용할지도 모르겠습니다. 인간 주제에 그런 데까지 관심을 두지는 맙시다. 그러나 완전 자동화된 공장에서 컴퓨터용의 작은 부품을 생산할 수 있는 가능성만큼은 주목할 필요가 있습니다. 이 공장에는 아주 작은 선반 같은 공작 기계들이 필요한데, 작은 선반은 큰 선반과 정확히 똑같을 필요가 없습니다. 작은 규모에서 물질의 성질이 갖는 장점을 전부 이용해서 기계 설계를 개선하는 문제는 여러분 상상력에 맡기겠습니다. 그리고 이런 방식으로 완전 자동화된 공장은 쉽게 관리할 수 있습니다.

내 친구인 힙스*Albert R. Hibbs*(파인만의 제자였고 나중에 동료로 일한 인물)는 상대적으로 작은 기계가 지닌 흥미로운 가능성을 제시했죠. 엉뚱하기는 하지만, 그는 이렇게 말합니다. 외과 의사를 꿀꺽 삼킬 수 있다면 아주 재미있는 일이 벌어질 거라고. 기계 의사를 혈관 속에 넣으면, 이것이 신장으로 가서 둘러봅니다. 물론 외부에서 정보를 받아야 합니다. 어떤 판막이 고장인지 찾아서 작은 칼로 잘라냅니다. 다른 작은 기계들을 영구적으로 몸속에 넣어서, 제대로 작동하지 않는 기관을 대신할 수도 있습니다.

이제 흥미로운 질문을 던질 때가 되었습니다. 실제로 어떻게 이런 작은 기계를 만들 수 있는가? 이 대답은 여러분에게 맡기겠습니다. 하지만 한 가지 기묘한 가능성을 제시하고 싶습니다. 아시다시피, 원자력 발전소에서는 물질과 기계를 직접 다루지 못합니다. 방사능 때문이지요. 너트를 풀고 볼트를 죄는 일을 할 때도, '주인 손'과 '노예 손'이 있어서, 여기서 레버를 당겨 저기에 있는 '손'을 이리저리 움직여서 아주 멋지게 일을 해낼 수 있습니다.

이런 장치들은 대개 단순하게 만들어져 있습니다. '손'이 꼭두각시 줄 같은 케이블에 연결되어 있지요. 그러나 물론 이 장치는 보조 전동기를 사용하도록 만들어져 있어서, 기계적이 아니라 전기적으로 연결되어 있습니다. 사람이 레버를 돌리면, 레버는 보조 전동기를 돌리고, 이것은 전선에 흐르는 전류를 변화시키고, 이것이 다른 쪽 끝에 있는 모터를 움직입니다.

이제 이것과 아주 비슷한 장치, 즉 전기적으로 작동하는 '주인 노예' 시스템을 만드는 얘기를 해보겠습니다. 이 노예를 현대의 거시 규모 기술로 특별히 주의 깊게 만들어서 보통 크기의 1/4 정도인 '손' 을 만들어 봅시다. 그러면 우리는 1/4 크기의 물건을 다룰 수 있습니다. 작은 보조 전동기가 작은 손을 움직여 작은 볼트와 너트를 조작합니다. 이것으로 구멍을 뚫으면 구멍의 크기는 1/4이 됩니다. 아하! 따라서 이것으로 1/4 크기의 선반을 만들 수 있습니다. 다른 공구도 1/4 크기로 만들 수 있습니다. 이렇게 해서 1/4 크기의 '손' 보다 1/4 작은 '손' 세트를 새로 만듭니다! 이것은 이제 1/16 크기입니다. 이 일을 끝낸 후 큰 규모의 시스템을 1/16 크기의 보조 전동기에 직접 연결합니다. 아마 변압기를 써야겠지요. 이렇게 하면 이제 1/16 크기의 손을 움직일 수 있습니다.

이제 여러분은 원리를 알았을 것입니다. 이것은 꽤 어려운 프로그램이지만 분명 가능합니다. 여러분은 한 단계에 1/4보다 더 줄일 수 있다고 말할 것입니다. 물론 이것은 아주 섬세하게 설계해야 하지만 반드시 손을 닮을 필요는 없습니다. 여러분도 이것을 곰곰 생각해보면, 훨씬 더 개선된 시스템을 생각해낼 수 있을 것입니다.

축도기를 사용하면 지금도 한 단계에 1/4 이상 줄일 수 있습니다. 그러나 더 작은 축도기를 만드는 작은 축도기를 만드는 축도기로 직접 그런 일을 해낼 수는 없습니다. 구멍이 느슨해지고 작동이 불규칙해지기 때문이죠. 축도기의 끝은 여러분 손이 움직일 때보다 훨씬 더 불규칙하게 떨릴 것입니다. 이렇게 계속 내려감에 따라, 축도기 끝에 달린 축도기 끝의 축도기 끝은 너무 심하게 떨려서 일이라고 할 만한 것을 전혀 해낼 수 없게 됩니다.

각각의 단계에서, 장치의 정밀도를 개선해야 합니다. 예를 들어, 축도기로 작은 선반을 만들었는데, 엄지나사가 불규칙하다는 것을 알았다고 합시다. 큰 규모의 것보다 더 불규칙하다고 합시다. 그러면 우리는 엄지나사에 너트를 끼워서 풀었다 조였다 하면서 연마해서, 필요한 정밀도에 이를 때까지 계속합니다.

우리는 고르지 않은 표면 세 개를 번갈아 가며 서로 맞대고 문질러서 평면을 얻을 수 있습니다. 이렇게 하면 처음에 문지르기 전보다 평면이 더 평탄해집니다. 따라서 작은 규모에서 적절한 방법으로 정밀도를 증가시키는 것이 불가능하지는 않습니다. 우리가 이런 것들을 만들 때, 각 단계에서 한동안 정밀도를 개선하는 작업을 해야 합니다. 정확한 엄지나사를 만들고, 정확한 요한슨 블럭을 만들고, 정밀 기계 작업에서 사용하는 모든 부품을 더 정확하게 만들어야 합니다. 그렇게 각 단계마다 일단 정지해서 모든 재료가 다음 수준으로 넘어갈 수 있는 정밀도를 갖추었는지 확인해야 합니다. 이것은 아주 길고 힘든 작업이 될 것입니다. 아마 여러분은 더 작은 규모로 더 빨리 내려가는 좋은 방법을 알아낼 수 있을 것입니다.

어쨌든 이 모든 일을 마친 후, 1/4,000까지 축소한 작은 아기 선반을 얻었다고 합시다. 그러나 우리가 정작 만들려고 하는 것은 엄청난 컴퓨터입니다. 우리는 이 선반으로 구멍을 뚫어서 컴퓨터에 필요한 작은 와셔(볼트의 똬리쇠)를 만들게 될 것입니다. 그런데 이 선반 하나로 얼마나 많은 와셔를 만들 수 있을까요?

백 개의 작은 손

처음 1/4 크기의 '노예 손'을 만들 때, 열 세트를 만들어 봅시다. '손' 열 개를 만드는 겁니다. 그리고 이것들을 원래의 레버에 연결해서 하나하나가 정확히 똑같은 일을 동시에 하게 만듭니다. 이제 또 다시 1/4 크기의 새로운 장치를 만들 때, 각각 또 열 개씩 만들게 합니다. 그래서 1/16 크기의 '손' 백 개를 얻습니다.

선반 백만 개를 만들면 이걸 다 어디에 둘까요? 그건 문제가 되지 않습니다. 그 부피는 실제 크기의 한 대보다 훨씬 적습니다. 예를 들어 작은 선반 10억 대를 만든다고 합시다. 각각의 크기가 보통의 1/4,000이라면, 10억 개를 만드는 데 필요한 재료는 큰 선반 한 대에 필요한 재료의 2퍼센트도 안 되죠. 이 정도 재료비는 대수롭지 않습니다. 그렇다면 작은 공장 10억 개를 만드는 것도 어렵지 않습니다. 이 공장들은 구멍을 뚫고 부품을 찍어내는 식으로, 동시에 똑같은 것들을 생산합니다.

크기를 줄여가다 보면 여러 가지 흥미로운 문제가 제기됩니다. 모든 것이 단순히 비례해서 작아지지는 않습니다. 분자들 사이의 인력(반데르발스 힘 *Van der Waals forces*. 원자 또는 분자들 사이에 작용하는 작은 힘. 발스(1837~1923)는 기체와 액체의 상태 방정식에 관한 연구로 1910년 노벨 물리학상을 받았다) 때문에 물질들이 서로 달라붙는 문제가 생깁니다. 그래서 여러분이 부품을 만들어 볼트에서 너트를 풀면, 중력이 너무 약해서 너트가 밑으로 떨어지지 않을 것입니다. 볼트에서 너트를 빼내는 것조차 힘들 것입니다. 마치 옛날 영화에서 당밀을 손에 잔뜩 묻힌 사람이 손에서 물 컵을 떼내려고 하는 것과 같죠. 그러니까 설계하기 전에 고려해야 할 여러 가지 문제가 생기는 겁니다.

원자를 재배열하기

그러나 나는 최종 문제까지 따져보는 것을 두려워하지 않습니다. 아주 먼 미래의 일이겠지만, 궁극적으로 원자를 우리 마음대로 배열하는 것이 그것입니다. 다름 아닌 원자 수준까지 내려가기! 원자 하나하나를 우리가 원하는 곳에 배열할 수 있다면 어떤 일이 일어날까요? 물론 가능한 위치에 배열해야 합니다. 예를 들어 화학적으로 불안정한 곳에 원자를 놓을 수는 없습니다.

오늘날까지 우리는 광물을 찾아 땅을 파헤치는 것으로 만족해 왔습니다. 우리는 광물을 가열하고 거시적 규모의 방법으로 처리해서, 순수한 물질을 얻고자 합니다. 그래도 많은 불순물이 섞이지만. 그러나 우리는 항상 자연이 우리에게 주는 원자 배열을 그대로 받아들일 수밖에 없습니다. 우리는 원자가 '장기판' 배열을 지닌 물질을 얻은 적이 없고, 불순물 원자끼리의 거리를 정확하게 1,000옹스트롬으로 한다거나, 또는 어떤 특별한 형태로 배열하지 못합니다.

정확하게 층을 쌓은 다층 구조를 얻는다면 우리는 어떤 일을 할 수 있을까요? 진짜 우리 마음대로 원자를 배열할 수 있다면 물질의 성질은 어떻게 될까요? 이것을 이론적으로 연구하는 것은 매우 흥미로운 일입니다. 정확하게 어떤 일이 일어날지는 나도 모르겠습니다. 하지만 작은 규모에서 물질의 배열을 조절할 수 있다면, 엄청나게 다양한 물성을 얻을 수 있고 여러 가지 일을 할 수 있으리라는 것은 의심의 여지가 없죠.

예를 들어 이런 걸 생각해 봅시다. 물질 한 조각 속에 작은 코일과 콘덴서, 또는 고체 유사물을 1,000 내지 10,000옹스트롬 크기로 만들어 한 회로 속에서 서로 인접하게 하고, 이것을 넓은 영역에 걸쳐 만든 다음, 한쪽 끝에 작은 안테나를 붙여서 모두 직렬로 연결합니다. 예를 들어, 이 모든 안테나에서 빛을 방출시키는 것이 가능하죠. 마치 유럽으로 라디오 방송을 하기 위해 조직적으로 배치된 안테나로 전파를 쏘는 것처럼 말입니다. 똑같은 방법으로 빛을 한 방향으로 매우 강하게 보낼 수도 있습니다. 아마 이런 빔은 기술적으로나 경제적으로는 그리 유용하지 않을 것입니다.

나는 작은 규모에서 전기 회로를 만드는 문제를 생각해 보았는데, 저항의 문제가 심각합니다. 만약 작은 규모로 같은 회로를 만들면, 공진 주파수가 올라갑니다. 주파수의 파장은 크기에 비례해서 줄어들기 때문입니다. 그러나 침투깊이*skin depth*는 크기의 제곱근에 비례해서 줄어들기 때문에 저항 문제는 갈수록 심각해집니다. 주파수가 너무 크지 않으면 초전도성을 이용하거나 다른 수단으로 저항을 해결할 수 있을 것입니다.

작은 세계의 원자들

우리가 아주 아주 작은 세계에 이르면, 예를 들어 원자 일곱 개로 된 회로를 만들면, 새로운 현상을 많이 만나게 되는데, 이때 전적으로 새로운 설계를 해야 할 일이 생기게 됩니다. 작은 세계의 원자들은 거시 규모와 완전히 다르게 행동하죠. 원자들이 양자역학의 법칙을 따르기 때문입니다. 그러므로 우리가 미시 세계로 내려가서 원자를 다룰 때 우리는 다른 법칙을 가지고 다른 일을 하게 될 것입니다. 우리는 다른 방법으로 물건을 만들 수 있습니다. 회로만을 사용하는 게 아니라, 양자화된 에너지 레벨 또는 양자화된 스핀의 상호작용 등과 관련된 시스템을 이용할 수도 있습니다.

주목해야 할 또 다른 것은, 우리가 충분히 미시 세계로 내려갔을 경우, 모든 장치가 완전히 똑같은 복제품을 대량 생산할 수 있다는 것입니다. 우리는 치수가 완전히 똑같은 거시 규모의 기계 두 대를 만들 수 없습니다. 그러나 기계가 원자 100개 높이에 불과할 경우, 우리가 0.5퍼센트의 정밀도를 유지하기만 하면 정확히 똑같은 기계를 만들 수 있습니다. 원자 100개 높이로!

원자 수준에서는 새로운 힘, 새로운 가능성, 새로운 결과가 우리를 기다리고 있습니다. 물질의 생산과 복제의 문제는 크게 달라질 것입니다. 앞에서 말했듯이, 나는 생물학적 현상에서 영감을 받습니다. 화학적 힘은 반복적으로 이용되어 온갖 불가사의한 결과를 만들어 냅니다. 나 자신도 그 결과 가운데 하나입니다. 내가 아는 한, 물리학의 원리들은 원자 하나하나를 다룰 수 없다고 말하지 않습니다. 그것은 어떤 법칙도 어기는 일이 아닙니다. 이론적으로 달성 가능합니다. 그러나 실제적으로 달성하지 못한 것은 우리가 너무 크기 때문입니다.

궁극적으로 우리는 화학 합성을 할 수 있습니다. 어떤 화학자가 우리에게 와서 말합니다. "이보게, 나는 원자가 여차저차하게 배열된 분자 하나가 필요해. 이 분자 좀 만들어줘." 분자를 만들고자 하는 화학자는 신비한 일을 합니다. 이 분자에 고리가 있다는 것을 알면, 그는 이것과 저것을 섞어서 흔들어대고, 이리저리 오락가락합니다. 까다로운 과정을 거친 후 결국 원하는 물질을 합성하는 데 성공하죠. 내가 생각한 장치가 제대로 작동할 무렵이 되면, 그래서 우리가 물리적으로 합성을 할 수 있을 무렵이 되면, 화학자는 아마 모든 것을 합성하는 방법을 이미 완전히 알아냈을 것입니다. 그래서 내 장치는 무용지물이 될 것입니다.

그러나 화학자가 기록한 화학식대로 물리학자가 어떤 물질이든 합성하는 것이 이론적으로, 내가 보기에, 가능하다는 것은 아주 흥미로운 일입니다. 지시만 내리면 물리학자가 척척 합성할 수 있습니다. 어떻게? 화학자가 말한 곳에 원자를 위치시키기만 하면 됩니다. 원자 수준에서 일할 수 있고 그것을 볼 능력이 있다면, 화학과 생물학은 크게 발전할 것입니다. 이런 것들은 결국 개발되고 말 것입니다. 내가 생각한 발전을 피할 수는 없습니다. 이제 여러분은 말할 것입니다. "누가 이걸 할 것이며, 왜 해야 하는가?" 글쎄요, 나는 몇 가지 경제적인 응용 가능성을 이미 말했습니다. 그러나 내가 보기에 우리가 이것을 하는 진짜 이유는 단지 재미있기 때문입니다. 재미있게 합시다! 연구팀끼리 경쟁합시다. 한 연구실에서 작은 모터를 만들어 다른 연구실로 보내면, 다른 연구실에서는 이 모터의 축에 끼울 수 있는 물건을 만들어서 돌려보냅시다.

고교 경연대회

단지 재미삼아, 그리고 아이들이 이 분야에 관심을 갖도록 고등학교 관계자들에게 일종의 경연대회를 만들라고 제안하고 싶습니다. 우리는 이 분야를 아직 시작해 보지도 않았지만, 아이들이라 해도 이제까지 기록한 어떤 것보다 작게 기록할 수 있습니다. 고등학교끼리 경연대회를 할 수 있을 것입니다. 로스앤젤레스 고등학교에서 핀 하나를 베니스 고등학교로 보내는데, 핀에 이렇게 씁니다.

"이거 어때?"

베니스 고등학교는 이 핀을 돌려보내는데, 예를 들어 위 글자의 이응 속에 이렇게 씁니다.

"아직 멀었어."

여러분에게는 이런 것이 재미없을지도 모릅니다. 경제적으로 생기는 게 없으니까요. 그렇다면 또 방법이 있습니다. 물론 내가 지금 당장 할 수는 없습니다. 아직 재원을 마련하지 못했으니까요. 내가 하고자 하는 것은 이것입니다. 어떤 책 한 쪽에 적힌 정보를 1/25,000로 축소 기록해서 전자현미경으로 읽을 수 있게 한 최초의 사람에게 상금 1,000달러를 준다!

그리고 또 다른 상도 제안하고 싶습니다. 낱말 정의에 논란의 여지가 없이 잘 말할 수 있을지 모르겠지만, 아무튼 그 내용은 이렇습니다. 연결 전선의 크기는 계산하지 않고 한 변이 0.4mm 입방체 크기의 모터로서, 외부에서 제어할 수 있는 회전 전기 모터를 최초로 만든 사람에게도 상금 1,000달러를 준다!

나는 이 상을 받을 사람이 오래지 않아 나타날 거라고 봅니다.

결국 파인만은 이 두 약속을 이행했다. 다음 글은 앤터니 헤이가 편집한 책인 〈파인만과 컴퓨터 사용*Feynman and Compu-*

tation〉(1998)에서 요약 인용한 것이다.

　파인만은 둘 다에게 상금을 지급했다. 미처 1년도 되기 전에, 캘리포니아 공대 동문인 빌 맥렐란이 요구 조건을 만족시키는 소형 모터를 만들었던 것이다. 그러나 새롭게 진보된 기술이 사용되지 않았기 때문에 파인만을 실망시켰다. 파인만은 1983년에 제트 추진 연구소에서 한 발 더 나아간 내용의 강의를 했는데, 이렇게 예측했다.

　"현재의 기술로도 우리는 어렵지 않게… 맥렐란의 모터보다… 각 변의 길이를 1/40로 줄여, 64,000배 작은 모터를 만들 수 있고, 이런 것을 한 번에 천 개라도 만들 수 있다."

　두 번째 상은 26년이나 더 기다려야 했다. 이 상의 주인공은 스탠퍼드 대학원생 톰 뉴먼이었다. 파인만이 내건 크기는 브리태니커 백과사전 24권을 핀 머리에 모두 적는 것과 같았다. 뉴먼은 한 글자의 폭이 원자 50개밖에 안 된다는 계산 결과를 얻었다. 그는 지도교수가 출장 가고 없을 때 전자선 리소그래피를 사용해서, 찰스 디킨스의 〈두 도시 이야기〉 첫 쪽을 1/25,000로 축소해서 쓸 수 있었다. 파인만의 논문은 나노테크놀로지 분야의 출발점으로 인정되고 있으며, 지금은 정기적으로 '파인만 나노테크놀로지 상' 경연대회가 열리고 있다.

7
리처드 파인만의
우주왕복선 챌린저 호 조사 보고서

    1986년 1월 28일, 우주왕복선 챌린저 호가 발사 직후 폭발했다. 이 사고로 우주비행사 여섯 명과 동승한 교사 한 명이 사망했다. 온 나라가 망연자실했고, 여러 해 동안 성공적인, 적어도 인명 사고는 없는, 우주비행을 해온 NASA는 신뢰성이 흔들렸다. 사고 원인을 규명하고 재발 방지에 필요한 조치를 권고하기 위해 위원회가 편성되었는데, 국무장관 윌리엄 로저스를 위원장으로 하여, 정치가들과 우주비행사들, 군인들, 그리고 과학자 한 명이 참여했다. 그 유일한 과학자가 바로 리처드 파인만이었다.

    파인만은 챌린저 호의 참사가 왜 일어났고 왜 영원한 미스터리가 되었는지에 대해 색다른 답을 내놓았다. 파인만은 누구보다 용감해서, 우주왕복선 계획이 안전과 주의보다 선전에 치중했음을 알고 있는 기술자들과 가진 대화를 서슴없이 전국에 밝혔다. 그의 보고서는, 위원회가 NASA를 당황시킬까봐 거의 채택하지 않을 뻔했으나, 파인만이 싸워서 부록으로 넣을 수 있었다. 위원회가 생방송으로 질문에 응답하는 시간에, 파인만은 오늘날 유명해진 탁자 실험을 해보였다. 그것은 우주왕복선의 개스킷 또는 O링과 얼음물 한 컵을 사용한 실험이었다. 이 실험은 밖이 너무 추워서 발사가 무리라는 기술자들의 경고대로 개스킷이 문제를 일으켰다는 것을 극적으로 증명했다. 관리자들이 상관들에게 계획에 차질이 없음을 과시하기 위해 이 경고를 무시했던 것이다. 이 글이 바로 그 역사적인 보고서다.

서론

우주선과 승무원의 생명이 희생될 확률은 견해에 따라 커다란 차이를 보인다. 평가된 확률은 1/100에서 1/100,000 사이다. 높은 확률은 현장 기술자들이 주장한 것이고, 매우 낮은 확률은 관리자들이 주장한 것이다. 이러한 불일치의 원인은 무엇인가? 1/100,000이라는 값은 우주왕복선을 300년 동안 매일 운항했을 때 단 한 번의 사고만 난다는 뜻이다. 따라서 우리는 마땅히 이렇게 물을 수 있다. "관리자들이 이토록 환상적으로 신뢰하는 이유는 무엇인가?"

또한 우리는 비행 준비 검사에 적용된 검정 기준의 엄격성이 갈수록 완화되었다는 것을 발견했다. 위험성이 여전한데도 사고 없이 비행하면 그것을 다음에도 안전한 것으로 받아들인 경우가 많았다. 이런 이유로 명백한 결점이 거듭 용인되었다. 가끔이라도 진지하게 개선하고자 시도하지도 않았으며, 계속 결함이 나타나 비행이 연기되기도 했다.

이 보고서의 정보 출처는 다양하다. 간행된 검정 기준에서 정보를 얻기도 했는데, 여기에는 검사 면제와 예외 조항을 넣어 기준을 변경한 이력도 포함되어 있다. 또한 각각의 비행에 대한 준비 검사 기록에서도 정보를 얻었는데, 여기에는 위험 요소를 용인한 논의가 들어 있다. 발사장 안전 담당관 루이스 울리안을 통해, 고체연료 로켓의 성공사에 대한 직접 증언도 들었다. 그가 비행 중단 안전 위원회 의장으로서 수행한 추가 연구 자료도 있는데, 그것은 장래의 우주 비행 시 플루토늄 연료(RTG)를 사용할 때 일어날 수 있는 방사능 오염 가능성에 관한 연구다.

같은 문제에 대한 NASA의 연구 자료도 있다. 우주왕복선 주엔진의 역사를 알아보기 위해, 마샬 기지의 관리자와 기술자들을 인터뷰했고, 로켓다인 기지의 기술자들과도 비공식 인터뷰를 했다. 비상근으로 NASA의 엔진 자문역을 맡은 기계공학자(캘리포니아 공대 교수)와도 비공식 인터뷰를 했다. 항공전자공학(컴퓨터, 감지장치, 수행장치) 상의 신뢰성에 관한 정보를 수집하기 위해 존슨 기지를 방문하기도 했다. 마지막으로, '유인비행에 안전한 재사용 가능 로켓 엔진에 잠정으로 적용 가능한 검정 실행 검사'라는 보고서가 있다. 이것은 제트 추진 연구소의 N. 무어 등이 1986년 2월에 NASA 본부의 우주비행국에 제출한 것으로서, 연방 항공 관리협회와 군대가 사용하는 개스 터빈과 로켓 엔진 검정 방법을 다루고 있다. 이 보고서의 저자들도 비공식으로 인터뷰했다.

고체연료 로켓(SRB)

발사장 안전담당관은 과거의 모든 로켓 비행 경험을 토대로 해서 고체연료 로켓의 신뢰성에 관한 평가를 했다. 거의 2,900회에 이르는 모든 비행 가운데 실패한 것은 121회였다(25회당 1회). 그러나 이것은 설계상의 오류를 찾아서 고칠 때까지 걸린 초기 몇 차례 비행, 즉 초기 오류라고 할 수 있는 것도 포함된 수치다. 오류를 고친 로켓에 대한 좀더 합당한 수치는 아마 50회당 1회쯤일 것이다. 부품의 선택과 검사에 특별히 주의하면 100회당 1회로 줄일 수 있겠지만, 현재 기술로 1,000회당 1회는 거의 도달하기 어렵다. (우주왕복선에는 로켓 두 개가 있으므로, 고체 로켓 부스터 고장에 따른 왕복선 사고율은 이 값의 두 배다.)

NASA 당국은 이 값이 매우 낮다고 주장했다. 그들은 이 값이 무인 로켓에 대한 것이고, 왕복선은 유인 우주선이기 때문에 "비행 성공 확률은 필연적으로 1.0에 매우 가까워진다"고 했다. 이 문장의 의미는 매우 불명확하다. 값이 1에 가깝다는 뜻인가, 1에 가까워져야 한다는 뜻인가? 그들은 이렇게 계속 설명한다. "역사상 극단적으로 높은 비행 성공률은 무인비행과 유인비행 사이, 즉 확률 값과 기술적 판단 사이의 철학적 차이를 낳았다." (출처: 〈우주 비행시의 RTG 안전 분석을 위한 우주왕복선 자료〉 3-1, 3-2쪽, 1985년 2월 15일, NASA, JSC.) 사고 확률이 1/100,000만큼 낮다면, 그만한 확률 값을 정하기 위해서는 엄청난 횟수의 테스트를 거쳐야 한다. (완전한 비행만 여러 차례 계속된 것으로는 정확한 값을 정할 수 없다. 다만 확률이 그때까지 비행 횟수보다 낮으리라는 점만 알 수 있다.)

그러나 실제 확률이 그렇게 낮지 않으면, 비행은 거의 사고에 가까운 문제를 드러낼 테고, 실제로 사고가 날 수 있다고 보는 것이 합당하다. 사실 NASA의 이전 경험을 살펴보면, 때때로 사고에 가까운 곤경은 물론 실제 사고까지 발생했다. 이것은 비행 사고 확률이 그리 낮지 않다는 것을 경고하는 것이다. 발사장 안전담당관이 역사적 경험을 통해 신뢰성을 결정하지 않고 조리에 닿지 않는 주장을 했듯이, NASA도 역사를 운운하며 '역사상 극단적으로 높은 비행 성공률'을 주장하고 있다. 마지막으로, 우리가 표준 확률값을 버리고 기술적 판단을 채택해야 한다면, 관리자의 평가와 기술자의 판단이 왜 그렇게 심한 차이를 보이는가? 그 목적이 무엇이든, 그것이 내부용이든 외부용이든, **NASA** 관리자들은 그들 제품의 신뢰성을 과장하고 있으며, 그 과장은 허황된 것이다.

검정과 비행 준비 검사의 역사를 여기서 언급하지는 않겠다(위원회의 보고서 참조). 이전 비행에서 부식과 누출 징후를 보였는데도 용인했다는 것은 아주 명백하다. 챌린저 호의 비행이 좋은 예다. 이전에 여러 번 시험 비행이 있었는데, 이 비행의 성공은 곧바로 안전하다는 증거로 인정되었다. 그러나 부식과 누출은 설계에서 예상된 것이 아니다. 이것은 뭔가 잘못되었다는 경고다. 장비는 예상대로 작동하지 않았다. 따라서 예상되지도, 전혀 이해되지도 않는 광범위한 일탈 작동을 할 위험이 있다. 이것이 완전히 이해되지 않으면, 이전에 이 위험이 재앙을 초래하지 않았다고 해서 다음에도 그럴 것이라는 보장은 없다. 러시안 룰렛을 할 때 처음 쏘아 살아남았다고 해서 다음에도 안전한 것이 아닌 것과 같다. 부식과 누출이 일어난 원인과 결과는 이해되지 않았다. 이 일이 모든 비행에서 모든 이음새에 똑같이 일어난 것은 아니었다. 심할 때도 있었고 가벼울 때도 있었다. 언젠가는 결정적인 조건이 충족되어 재앙을 낳지 말라는 법이 없다.

경우마다 이런 편차를 보였는데도, 당국은 그것을 이해하고 있는 것처럼 행동했고, 겉보기에는 논리적이지만 대체로 이전 비행의 '성공'에 의존하는 주장을 했다. 예를 들어 비행 51-C에서 링 부식이 나타났는데도 51-L의 비행이 안전한지를 결정할 때, 부식 깊이가 반지름의 1/3에 지나지 않는다는 점을 주목했다. 링은 반지름 깊이만큼 파이기 전까지는 제 기능을 발휘한다는 것이 실험으로 밝혀졌다. 제대로 이해되지 못한 조건들의 편차로 인해 이번에는 부식이 더 깊이 일어날 수도 있다는 것을 마땅히 염려해야 하는데도, 그들은 그런 가능성을 염려하지 않고 '안전 계수가 3' 이라고 주장했다. 이것은 공학 용어인 '안전 계수 *safety factor*' 를 아주 이상하게 사용한 것이다.

영구적 변형이나 균열, 파손 없이 일정한 값의 하중을 견딜 수 있도록 교량을 세울 때면 대체로 전체 하중의 세 배를 견딜 수 있도록 설계한다. 이 '안전 계수' 는 초과 하중 혹은 미지의 추가 하중을 견디거나, 예상치 못한 재료의 결함에 대비한 것이다. 만일 새 교량이 예상된 하중 아래서도 균열이 생겼다면, 이것은 설계 잘못이다. 거기에 안전 계수는 전혀 없었다. 교량이 실제로 무너지지 않고 1/3쯤 금이 갔다고 해도 마찬가지다. 고체연료 로켓의 O링은 부식되도록 설계된 것이 아니다. 부식은 뭔가 잘못되었다는 단서다. 부식을 통해 안전을 추론할 수는 없다.

그 원인이 완전히 이해되지 않는다면, 다음 비행 조건에서 전보다 훨씬 심하게 세 배쯤 부식되는 일이 없을 거라는 확신을 가질 수 없다. 그러나 경우마다 특이한 편차가 있는데도 당국은 그것을 이해하고 확신한다고 스스로를 속였다. 부식을 계산하기 위한 수학적 모델을 만들기도 했다. 이것은 물리적 이해에 기초한 것이 아니라 경험적인 곡선 맞추기 *curve fitting* 에 기초한 모델이었다. 좀더 자세히 말하면, 한 줄기 뜨거운 기체가 O링 재질에 뿜어진다고 가정하고, 열은 정체 상태라고 가정해서 결정되었다(여기까지는 열역학 법칙에 따라 물리적으로 합당하다). 그러나 고무의 부식 정도가 이 열에만 좌우된다고 가정했다. 로그 그래프가 직선이 되기 때문에, 부식의 정도는 열의 0.58거듭제곱에 따라 결정되는 것으로 가정되었다. 0.58이라는 값은 최적 맞춤에 따라 결정되었다. 어쨌든 다른 몇 가지 수를 가감해서, 이 모델은 부식(링 반지름의 1/3 깊이)과 일치하는 것으로 판단되었다.

이걸 답이라고 믿는 것만큼 잘못도 없다! 불확실성은 어디에서나 나타난다. 기체 흐름의 세기는 예측할 수 없는데, 이것은 퍼티(접합제의 일종)에 형성된 구멍에 따라 달라진다. 누출이 일어나면 링이 제기능을 하지 못한다는 것이 입증되었다. 부분적으로 부식되거나 심지어 부식되지 않았어도 그랬다. 경험 공식은 불확실한 것으로 밝혀졌다. 결정에 적용한 바로 그 데이터 점을 직접 통과하지 않았기 때문이다. 맞추어진 곡선의 두 배 위와 두 배 아래에도 점들이 흩어져 있었기 때문에, 그것만으로도 마땅히 부식을 두 배로 예측해야 했다. 공식의 다른 상수와 기타 등등도 비슷한 불확실성을 지니고 있었다. 수학 모델을 사용할 때는, 모델의 불확실성에 세심한 주의를 기울여야 한다.

액체연료 엔진(SSME)

51-L 비행 중 우주왕복선 주엔진 세 개가 모두 완전하게 작동했지만, 마지막 순간 연료 공급에 이상이 생기면서 엔진이 닫히기 시작했다. 어디서 고장이 났는지 의문이 제기되었는데, 우리는 고체 로켓 부스터와 마찬가지로 세밀하게 조사했고, 결함과 저하된 신뢰성에 대한 부주의 여부를 검토했다. 다시 말해서, 사고에 영향을 준 조직의 약점이 고체 로켓 부스터 담당 부서에 국한되는가, NASA의 일반적인 특징인가? 이 목적을 위해 우주왕복선 주엔진과 항공전자공학 부분을 조사했다. 인공위성과 외부 탱크에 대해서는 이 같은 조사를 하지 않

았다.

엔진은 고체 로켓 부스터보다 구조가 훨씬 더 복잡하고, 훨씬 더 섬세한 기술이 필요하다. 일반적으로 기술 수준은 높아보였고, 작동 중의 결함을 발견하기 위해 상당한 주의를 기울인 것으로 보였다.

이러한(군사용이든 민간용이든) 엔진을 설계하는 보통 방법은 컴포넌트 시스템*component system* 혹은 상향 설계라고 부를 수 있다. 우선 사용할 재료(예를 들어, 터빈 날개)의 성질과 한계를 철저히 이해한 다음, 이런 것들을 결정하기 위한 실험을 한다. 이러한 지식을 가지고 좀더 큰 부품(베어링 같은 것)을 설계하고 개별적으로 시험한다. 결함이나 설계 오류가 발견되면 더 많은 시험으로 바로잡고 검증한다. 한 부분만을 시험하기 때문에, 시험과 변경 비용이 크지 않다. 마지막으로 필요한 사양에 따라 전체 엔진의 최종 설계를 한다. 이 경우 엔진은 성공할 가능성이 크고, 고장 유형, 재료의 한계 등을 잘 알기 때문에 어떤 고장이든 쉽게 따로 떼어내 분석할 수 있다. 대부분의 심각한 문제는 이미 발견되고 처리되었기 때문에, 마지막 단계의 난점을 바로잡기 위한 엔진 변경에도 많은 비용이 들지 않는다.

우주왕복선 주엔진에는 다른 방법이 사용되었는데, 이것은 하향 방식이라고 할 수 있다. 이 엔진은 재료와 부품에 대한 세밀한 예비조사를 비교적 적게 하고 전부 한꺼번에 설계했다. 그래서 베어링이나, 터빈 날개, 냉매관 등에서 문제가 발견되면, 원인을 찾고 변경하는 것이 더 어렵고 비용이 많이 든다. 예를 들어 고압산소 터보펌프의 터빈 날개에 균열이 발견되었다고 하자. 이것은 재료의 결함인가? 고압산소가 재료의 물성에 영향을 미친 것인가? 시동과 정지시의 열 응력 때문인가? 정상 가동시의 진동과 응력 때문인가? 또는 어떤 속도에서 발생하는 공진 현상 때문인가? 균열 발생에서 파괴까지 얼마나 걸리는가? 그리고 이것은 출력 크기와 어떤 관계가 있는가? 이러한 문제를 해결하기 위해 완성된 엔진으로 시험하는 것은 비용이 아주 많이 든다. 고장이 어디에서 어떻게 생기는지 알기 위해 엔진 전체를 버리고 싶지는 않을 것이다. 그러나 엔진 신뢰성에 대한 확신을 얻기 위해서는 반드시 정확한 정보를 얻어야 한다. 세밀한 이해 없이는 확신을 얻을 수는 없다.

하향 방식의 더 큰 단점은, 결함을 이해해도 단순한 처리가 불가능하다는 것이다. 예를 들어 엔진 전체를 다시 설계하지 않고 터빈 덮개의 모양만 바꾸는 것이 불가능하다.

우주왕복선 주엔진은 매우 놀라운 기계다. 이것은 추력 대 무게 비율이 이전의 어떤 엔진보다 더 크다. 이것을 만드는 데는 이전의 공학적 경험이 적용되지 않거나 부분적으로만 적용된다. 따라서 예상한 대로 여러 가지 결함과 난점이 나타났다. 불행히도 이것은 하향 방식으로 제작되었기 때문에, 이 결함들을 찾고 고치는 일은 매우 어렵다. 설계 목표인 55회 비행과 동등한 수명(27,000초 가동, 또는 비행 중이나 시험 중 500회 가동)은 얻어지지 않았다. 현재 이 엔진은 매우 잦은 수리와 터보펌프, 베어링, 금속판 덮개 등 중요 부품의 잦은 교체가 필요하다. 고압연료 터보펌프는 3,4회 비행시마다 교체해야 했고(지금은 고쳐졌지만), 고압산소 터보펌프는 5,6회마다 교체해야 했다. 그러나 여기에서 우리의 주요 관심사는 신뢰성의 측정이다.

이 엔진은 총 250,000초 작동 시 심각한 고장을 16번 일으켰다. 이 고장에 기술적 관심이 집중되었고 최대한 빨리 고치려고 노력했다. 문제가 된 결함을 해결하기 위해 특별히 설계된 실험대를 사용한 연구, 암시적 단서(균열 따위)를 찾기 위한 엔진의 정밀 검사, 기타 상당량의 연구와 분석이 이루어졌다. 하향 설계의 난점에도, 이러한 방식으로 열심히 일하여 많은 문제들이 해결된 것으로 보인다.

몇 가지 문제들은 다음과 같다. 별표(*)가 붙은 것은 거의 해결된 것이다.

고압연료 터보펌프(HPFTP)의 터빈 날개 균열(해결된 듯함)

고압산소 터보펌프(HPOTP)의 터빈 날개 균열

엔진 추진 보조장치 스파크 점화기(ASI) 배선 파열*

배기 확인 밸브 파손*

엔진 추진 보조장치 스파크 점화실 부식*

고압연료 터보펌프(HPFTP) 터빈 금속판 균열

고압연료 터보펌프 냉매관 피복 파손*

주연소실 출구 엘보관 파손*

주연소실 입구 엘보관 용접 결함*

고압산소 터보펌프 비동기적 소용돌이*

비행 가속 안전 차단 시스템(잉여 시스템의 부분적 고장)*

베어링 파쇄(부분적으로 해결됨)

4,000헤르츠 진동 시 일부 엔진 작동 불능, 등

위의 해결된 문제 가운데 다수는 새로운 설계의 초기 결함이다. 그중 13가지가 초기 125,000초 이내에서 일어났고, 다음 125,000초 사이에 발생한 문제는 세 가지에 불과했다. 당연히, 모든 결함이 해결되었다고 확신할 수 없으며, 해결된 것도 진정한 원인을 찾았다고 할 수 없다. 따라서 다음 250,000초 동안 적어도 한 번은 돌발사고가 생길 수 있다고 추측하는 것은 불합리한 것이 아니다. 그것은 1회 비행 시 엔진당 1/500에 해당하는 사고 확률이다.

비행할 때 사용하는 엔진은 셋이지만, 하나의 엔진에 영향을 주는 사고가 일어날 수 있다. 이 시스템은 엔진 두 개만으로는 가동되지 않을 수 있다. 따라서 이런 알려지지 않은 돌발사고 때문에, 우주왕복선 주엔진에 따른 비행 실패 확률이 1/500 미만이라고 말할 수는 없다. 여기에 덧붙여야 할 것이 있다. 알려졌지만 해결되지 않은 문제들(위 목록에서 별표가 없는 것)에 따른 실패가 그것이다. 이것은 다음에 논하겠다. (생산자인 로켓다인 기지의 기술자들은 전체 확률을 1/10,000로 추산했다. 마샬 기지의 기술자들은 1/300로 추산했고, 이 기술자들의 보고를 받은 NASA 관리자들은 1/100,000이라고 주장했다. 비상근 NASA 자문역인 공학자는 1/100에서 2/100가 합당한 수치라고 생각했다.)

이 엔진들에 대한 검정 규칙의 이력은 혼란스러워서 설명하기 어렵다. 처음의 규칙은 두 표본 엔진이 검정 기준 시간의 두 배를 고장 없이 견뎌야 한다는 것이었다(2X 규칙). 최소한 이것이 연방 항공 관리 협회의 관행이고, NASA도 이것을 받아들였는데, 당초의 검정 기준 시간은 10회 비행시간이었다(따라서 각 표본당 20회 비행). 분명 비교용으로 사용된 최상의 엔진은 작동(비행 더하기 테스트) 시간의 총합이 가장 크다고 할 수 있다. 이것을 소위 '리더 선단*fleet leader*'이라고 한다. 그러나 세 번째 표본을 비롯한 이후 표본들이 짧은 시간에 고장을 일으키면 어떻게 되는가? 엔진 두 개로는 오래 견디기 어렵기 때문에 안전하지 못할 것은 명백하다. 이 짧은 시간이 더 실제적인 가능성을 대표할 수 있다. 그러니 안전 계수 2의 정신에 따라 우리는 수명이 짧은 표본 시간의 반만 가동해야 한다.

안전 계수가 서서히 줄어드는 것은 여러 가지 예에서 볼 수 있다. 고압연료 터보펌프를 예로 들겠다. 무엇보다 먼저, 전체 엔진을 시험한다는 생각이 포기되었다. 각각의 엔진에는 자주 교체하는 중요 부품(터보펌프 같은 것)이 있다. 따라서 이 규칙은 엔진이 아닌 부품에 적용되어야 했다. 우리는 두 표본이 각각 기준 시간의 두 배 동안 성공적으로 작동해야 고압연료 터보펌프의 시간이 검정되었다고 받아들인다. (그리고 물론, 실제로 이 시간이 10회 비행시간만큼 길다고 주장하지 못한다.)

그러나 무엇이 '성공적'인가? 연방 항공 관리협회는 터빈 날개의 균열을 고장이라고 부르는데, 이것은 실제로 안전 계수를 2보다 크게 하기 위한 것이다. 균열이 처음 시작되어 완전히 파열되기까지 엔진이 작동하는 시간이 있다. (연방 항공 관리협회는 이 여분의 안전한 시간을 고려하는 새 규칙을 생각하고 있다. 그러나 이것은 철저히 시험된 재료로, 알려진 경험의 범위 내에서, 알려진 모델을 사용해, 아주 주의 깊게 분석한 다음에 그렇게 해야 한다. 하지만 이런 조건들 가운데 어떤 것도 우주왕복선 주엔진에 적용되지 않았다.)

2단계 고압연료 터보펌프 터빈 날개 여러 개에서 균열이 발견되었다. 한번은 1,900초 후에 발견되었고, 어떤 경우에는 4,200초 후에도 발견되지 않았다(이 정도 가동 후에는 균열이 발견되는 것이 일반적이다). 이것을 이해하기 위해서는 응력이 출력 수준에 크게 의존한다는 것을 알아야 한다. 챌린저 호의 비행은 엔진이 작동하는 대부분의 시간에, 정격 출력 수준이라는 104%의 출력 수준에서 비행이 이루어져야 했다. 이전의 비행은 사실 그렇게 이루어졌다. 일부 재료 데이터로 판단할 때, 104%라는 정격 출력 수준에서 균열이 일어나는 시간은 109% 곧 총출력 수준(FPL)에서 걸리는 시간보다 두 배가 길다. 이후 비행은 바로 이 총출력 수준에서 이루어져야 했다. 하중이 더 무거웠기 때문이다. 그래서 많은 시험이 이 수준에서 이루어졌다. 104%일 때의 시간에 2를 나눔으로써 우리는 총출력 상당 수준(EFPL)이라는 단위를 얻는다. (명백히 이것 때문에 약간의 불확실성이 생기지만, 이 부분은 조사하지 않았다.) 앞에서 언급한 최초의 균열은 1,375EFPL에서 일어났다.

이제 검정 규칙은 이렇게 된다. '모든 2단계 날개를 최대 1,375초 EFPL로 제한한다.' 안전 계수 2가 지켜지지 않는다고 반대하는 사람이 있으면, 터빈 하나가 균열 없이 3,800초 EFPL 동안 작동했다고 지적하면서, 이것의 반은 1,900이므로 이것이 더 엄격한 기준이라고 한다. 우리는 세 가지 면에서 바보가 되었다.

우선, 우리는 하나의 표본만을 조사했는데 이것은 리더 선단이 아니다. 또 다른 두 표본은 3,800초 남짓하는 시간에 17개의 날개에서 균열이 발견되었다. (엔진에 있는 날개는 59개다.) 다음으로 우리는 2X 규칙을 버리고 같은 시간을 대입했다. 그리고 마지막으로, 1,375는 이 시점에서 균열을 발견한 때다. 1,375 이하에서는 균열이 없다고 말할 수 있지만, 우리가 본 것은 1,100초 EFPL까지만이었고, 이때 균열은 보이지 않았다. 이후 언제 균열이 생길지 우리는 모른다. 예를 들어 1,150초 EFPL에서 균열이 생길 수도 있다. (대략 날개 세트의 2/3에 대해 1,375초 EFPL을 더 시험했다. 실제로 최근 실험에서 1,150초에서 균열이 보였다.) 이 수치를 높게 유지하는 것이 중요했는데, 챌린저 호는 비행이 끝날 무렵에 엔진이 한계에 근접하는 비행을 해야 했기 때문이다.

마지막으로 그들이 주장한 것은, 기준이 포기되지 않았으며 시스템이 안전하다는 것이다. 그런데 그들은 균열이 없어야 한다는 연방 항공 관리협회의 관행을 버리고 날개가 완전히 파열되어야 고장인 것으로 간주했다. 이 정의를 따르면 아직 어떤 엔진도 고장 나지 않았다. 균열이 파열까지 가는 데 충분한 시간이 있으므로, 모든 날개의 균열을 검사하는 것만으로 안전을 확보할 수 있다고 그들은 생각한다. 균열이 발견되면 그걸 교체하고, 발견되지 않으면 안전한 비행을 마칠 충분한 시간이 있다는 것이다. 이런 생각은 균열 문제를 비행 안전 문제가 아니라 단순한 정비 문제로 보는 것이다.

사실 이것이 옳을 수도 있다. 그러나 비행 중에 파열이 일어나지는 않을 만큼 언제나 서서히 균열만 커진다는 것을 우리는 어떻게 알 수 있는가? 세 엔진이 긴 시간 동안 날개 몇 개에 균열이 생긴 채 (약 3,000초 EFPL 동안) 날개가 파열되지 않고 작동했다.

그러나 이 균열에 대한 대책은 이미 발견되었다고 할 수 있다. 날개 모양을 바꾸거나, 단조처리해서 표면을 강화하거나, 단열재로 덮어서 열 충격을 막으면, 날개는 그렇게까지 균열이 생기지 않는다.

고압산소 터보펌프의 검정 변경 이력에도 비슷한 사례가 있지만, 여기서 구체적으로 밝히지는 않겠다.

요약하면, 우주왕복선 주엔진이 보인 몇 가지 문제에 대해 비행 준비 검사와 검정 규칙 기준이 완화되었으며, 이것은 고체 로켓 부스터에서 보인 기준 완화와 매우 유사한 것이다.

항공전자공학

'항공전자공학'은 인공위성 상의 컴퓨터 시스템은 물론 입력 센서와 출력 수행장치도 포함한다. 처음에 우리는 컴퓨터의 저절성만 조사했다. 온도 센서와 압력 센서 등에서 오는 입력 정보의 신뢰성과, 로켓 점화와 기계 제어, 비행사의 계기판 등의 수행장치에 따라 컴퓨터 출력이 충실히 이루어지는지에는 관심을 두지 않았던 것이다.

컴퓨터 시스템은 매우 정교했고, 250,000줄 이상의 프로그램을 가지고 있다. 무엇보다도 중요한 것은, 궤도 진입의 전체 과정을 제어하고, 단추를 눌러 원하는 착륙 지점을 결정했을 때 대기권에 진입하는 과정을 (마하1 이하로) 제어하는 것이다. 착륙의 전과정을 자동화하는 것도 가능하다(착륙기어를 내리는 신호는 컴퓨터 제어에서 제외되어 있고, 비행사가 직접 하는데, 명시적으로 안전을 고려해서다). 그러나 전자동 착륙은 비행사가 통제하는 착륙만큼 안전하지 않은 것으로 보인다. 궤도 비행 시 컴퓨터 시스템은 하중을 제어하고, 조종사에게 정보를 보여주고, 지상과 정보를 교환한다. 비행 안전이 보장되려면, 이 정교한 컴퓨터의 하드웨어와 소프트웨어의 정확성이 보장되어야 한다.

간단히 말해서, 하드웨어의 신뢰성은 독립적이며 동일한 네 대의 컴퓨터 시스템을 사용함으로써 확보된다. 센서도 가능하면 같은 것을 여러 개 사용하는데, 대개 네 개고, 각각이 모두 네 대의 컴퓨터에 연결된다. 각 센서에서 들어온 입력이 일치하지 않으면, 상황에 따라 평균을 취하거나 다수의 수치를 유효 입력으로 사용한다. 네 대의 컴퓨터에 사용되는 알고리즘은 정확히 똑같으며, 입력도 똑같다(모든 컴퓨터가 모든 센서를 참고하기 때문에). 그러므로 각 단계마다 각 컴퓨터의 결과는 같아야 한다.

때때로 이것들을 비교하는데, 한 시스템을 멈추거나 일정 시간 대기시키고 비교한다. 비교하는 동안 컴퓨터가 미세하게 다른 속도로 동작할 수도 있기 때문이다. 컴퓨터 하나가 일치하지 않으면, 또는 해답을 너무 늦게 내면, 일치하는 세 컴퓨터가 옳다고 보고 오류가 생긴 컴퓨터는 시스템에서 완전히 제외한다. 다른 컴퓨터가 또 고장 나면, 두 컴퓨터의 일치로 판단해서, 이것도 시스템에서 제외하고, 나머지 비행을 취소한다. 그리고 나머지 두 컴퓨터로 착륙 지점을 향해 하강한다. 한 컴퓨터의 고장만으로는 비행에 차질이 생기지 않기 때문에 이것은 잉여 시스템으로 보인다. 마지막으로, 안전을 위한 추가 조치로 다섯 번째 컴퓨터가 있는데, 상승과 하강 프로그램만 메모리에 들어 있다. 네 대의 주컴퓨터에서 두 대 이상이 고장 나면 이 컴퓨터로 하강을 제어할 수 있다.

주컴퓨터에는 상승, 하강, 비행 시의 하중 제어에 필요한 모든 프로그램을 실을 메모리의 여유가 없어서, 비행사가 네 번쯤 테이프로 로딩을 한다.

이처럼 정교한 시스템의 소프트웨어를 교체하고 새로운 시스템을 점검하는 데는 엄청난 노력이 필요하기 때문에, 15년 전에 시스템이 시작된 후 하드웨어를 한번도 바꾸지 않았다. 실제로 하드웨어는 구식이다. 예를 들어 메모리는 구식의 페라이트 코어다. 그런 구식 컴퓨터를 신뢰성 있는 고품질로 제작해 공급할 수 있는 생산자를 찾기가 어려워졌다. 현대의 컴퓨터는 훨씬 더 신뢰성 있고, 훨씬 더 빠르게 작동하고, 회로가 간단하고, 더 많은 일을 할 수 있고, 메모리도 훨씬 커서 여러 번 로딩할 필요가 없다.

소프트웨어는 매우 주의 깊게 상향식으로 점검되었다. 우선, 새로운 행의 코드를 점검하고, 특별한 함수를 담당하는 코드의 섹션 곧 모듈을 검사했다. 범위를 한 단계 한 단계 확대하여 새로운 변화가 시스템에 완전히 통합될 때까지 점검했다. 이 완전한 출력은 최종 산물로 여겨졌고, 새롭게 배포되었다. 게다가 완전히 독립적인 검사 집단이 있어서, 소프트웨어 개발 집단에 적대적인 태도로, 사용자가 납품된 제품을 대하듯이 검사했다. 또한 새로운 프로그램을 모의실험 등으로 검사하기도 했다. 검사 과정에서 발견된 오류는 매우 신중하게 취급되었고, 다음에 그런 실수를 막기 위해 원인을 주의 깊게 연구했다. 기존의 모든 프로그램과 (새로운 혹은 변경된 하중을 위해) 갱신한 프로그램에서 예상치 못한 오류는 단 여섯 차례 발견되었다. 모든 확인은 프로그램 안전성에 관한 것이 아니고, 재앙이 아닌 상황에서 안전성 테스트일 뿐이라는 원칙에 따라 이루어졌다. 비행 안전은 오로지 프로그램이 확인 테스트에서 얼마나 잘 돌아가느냐에 따라 판단되어야 한다. 이 테스트에서 오류가 발생하면 커다란 문제가 된다.

요약하면, 컴퓨터 소프트웨어 점검 시스템과 점검 자세는 최고 수준이다. 고체 로켓 부스터나 우주왕복선 주엔진 안전 시스템처럼 표준을 저하시키면서 서서히 자기를 속이는 일은 없었다. 최근에 관리자는 그토록 정교하고 값비싼 테스트가 불필요하다고 보고 이제는 테스트를 줄여야 한다는 제안을 하기까지 했다. 그러나 이 제안을 받아들여서는 안 된다. 그것은 상호간의 미묘한 영향을 제대로 이해하지 못한 제안이며, 프로그램 한 부분의 작은 변화가 다른 곳에 미칠 오류를 간과하고 있기 때문이다. 사용자는 하중을 바꾸고, 새로운 요구를 하고, 개선을 요구하는 제안을 끊임없이 계속한다. 변경은 대규모의 테스트를 필요로 하기 때문에 비용이 많이 든다. 비용을 아끼는 적절한 방법은 변경 요구 횟수를 줄이는 것이지, 그때마다 수행하는 테스트의 질을 낮추는 것이 아니다.

정교한 시스템은 현대적인 하드웨어와 프로그래밍 기법으로 훨씬 더 개선할 수 있음을 추가로 지적할 수 있다. 외부의 경쟁은 항상 득이 될 것이다. 이제는 새로운 개념이 NASA를 위해 이로운 것인지를 주의 깊게 고려해야 한다.

마지막으로, 항공전자공학 시스템의 센서와 수행장치로 돌아가서, 시스템 오류와 신뢰성에 대한 점검 자세가 컴퓨터 시스템의 경우만큼 우수하지 않다는 것을 발견했다. 예를 들어, 어떤 온도에서 때때로 센서가 작동하지 않는 문제가 발견되었다. 그러나 18개월 뒤에도 그 센서가 그대로 사용되었고, 여전히 때때로 고장을 일으켰으며, 두 개가 동시에 고장을 일으켜 발사가 취소될 때까지 계속 사용되었다. 그 다음 비행에서도 이 신뢰성 없는 센서가 다시 사용되었다. 상당한 잉여 센서가 있었기 때문에, 오랫동안 고장이 계속되었는데도 비행에 심각한 장애를 일으킨 적은 없었다. 제트의 작동은 센서로 확인하는데, 제트의 점화가 실패하면 컴퓨터는 다른 제트를 선택해서 점화한다. 그러나 그것들은 설계 시 고장을 예상하지 않았으므로, 이 문제는 해결되어야 한다.

결론

합리적인 발사 일정을 지키려고 할 경우, 기술자들은 확실한 안전을 보장하기 위해 마련된 원래의 엄격한 기준을 충족시키기에 시간이 부족한 경우가 많다. 이런 상황에서, 흔히 겉보기에만 논리적으로, 아주 미묘하게 기준을 변경하여 정해진 날에 비행이 이루어지도록 한다. 그러므로 비교적 안전하지 않은 조건에서 비행이 이루어지며, 이로 인한 사고 확률은 1/100 수준이 된다(더 정확하게 말하기는 어렵다).

한편 관리자 관료들은 사고 확률이 1/1,000보다 낮다고 주장한다. 그 이유는, 비행이 완전하고 성공적임을 정부가 믿게 해서 재원을 확보하기 위한 것일 수 있다. 그와는 달리, 그들이 실제로 그렇다고 믿었을 가능성도 있는데, 이것은 현장 기술자들과 관료들의 의사소통이 믿어지지 않을 만큼 결여되어 있음을 보여주는 것이다.

어쨌든 이것은 매우 불행한 결과를 낳았다. 그 중에서도 가장 심각한 것은, 이렇게 위험한 기계가 마치 보통 여객기처럼 안전하다는 듯이 일반 시민이 타도록 권장했다는 것이다. 우주비행사들은 시험 비행사들과 마찬가지로 이 위험을 알았을 것이다. 우리는 그들의 용기를 존경한다. NASA 관료들이 우리에게 믿으라고 한 것보다 더 위험하다는 것을 알고 있었을 맥컬리프(우주왕복선에 동승한 초등학교 교사—옮긴이주) 부인도 똑같이 위대한 용기를 가진 사람이라는 사실을 누가 의심할 수 있겠는가?

NASA 관료들에게 우리는 이렇게 권고하고 싶다. 실재의 세계를 다룰 때는 기술적인 취약성과 불완전성을 충분히 알고, 적극적으로 그것들을 제거하려는 노력을 해야 한다. 우주로 진입하는 다른 방법들에 비해 우주왕복선의 비용과 공익성이 과연 타당한지도 현실적으로 파악해야 한다. 계약을 체결하고, 비용을 산정하고, 프로젝트의 난점을 평가할 때도 현실적이어야 한다. 오직 현실성 있는 비행 계획만 제안해야 하고, 비행 일정이 합당해야 한다. 그렇게 하는데도 정부가 그들을 지원하지 않는다면 그것은 어쩔 수 없는 일이다. NASA는 이것을 시민의 뜻에 맡겨야 하고, 시민들에게 솔직하고 정직하게 있는 그대로 정보를 제공하고 지원을 요청해야 한다. 그렇게 함으로써 시민들은 한정된 재원을 가장 현명하게 사용할 수 있을 것이다.

　과학 기술의 성공을 위해서는 현실성이 대중 선전 활동보다 앞서야 한다. 자연을 속일 수는 없기 때문이다.

8
세상에서 가장 똑똑한 사람

　이 글은 〈옴니〉지(1979)에 실린 인터뷰 내용이다. 파인만이 가장 좋아하며 잘 알고 있는 물리학과 가장 좋아하지 않는 철학에 대한 탁월한 이야기가 담겨 있다("철학자들은 자기 생각을 웃어넘길 줄 알아야 한다"). 또 파인만이 노벨상을 받게 된 연구인 양자전기역학(QED)에 대한 이야기가 담겨 있다. 아울러 파인만은 우주론과 쿼크, 그리고 수많은 방정식을 망쳐놓는 성가신 무한에 관해 언급한다.

　리처드 파인만은 이렇게 말했다.

　"제가 보기에 그 이론은 단지 난점을 깔개 밑에 쓸어 넣어버린 것입니다. 당연히 저는 그 이론을 확신하지 않습니다."

　이 말은 어떤 과학회의에서 논란이 많은 논문이 발표된 후 청중이 격식을 갖춰 다소 부드럽게 비판을 가한 말처럼 들린다. 그러나 파인만은 청중석이 아닌 연단에 서 있었고, 노벨상 수상 연설을 하고 있었다. 그가 문제 삼은 이론은 바로 자기 이론인 양자전기역학이었다. 양자전기역학은 '지금까지 고안된 이론 가운데 가장 정확한 것' 이라고 최근까지 칭송받아온 것이다. 이 이론이 내놓은 예측은 기계적 절차에 따라 백만 분의 1 미만까지 입증된다. 파인만과 줄리안 슈윙거, 도모나가 신이치로가 1940년대에 이 이론을 독자적으로 개발했을 때, 동료들은 이것을 '위대한 대청소'라고 불렀다. 이것은 오래된 문제를 해결했고, 금세기 물리학의 두 거대한 사상인 상대론과 양자역학을 엄밀하게 융합했다.

파인만은 물리학자로서 평생 어떤 권위와 명예도 아랑곳하지 않고 물리 현상에 대해 자유롭게 의심하면서 번뜩이는 생각들을 지속적으로 내놓았다. 1942년에 프린스턴 대학에서 존 휠러의 지도로 박사 학위를 끝낸 파인만은 맨해튼 프로젝트에 발탁되었다. 25세의 젊은 귀재였던 그는 자기를 에워싸고 있던 물리학의 거장들(닐스 보어, 엔리코 페르미, 한스 베테) 앞에서 결코 주눅 들지 않았고, 절박하게 일급 비밀로 추진된 맨해튼 프로젝트에도 겁을 먹지 않았다. 보안 책임자들은 그의 금고 여는 솜씨에 얼이 빠지기도 했다. 때로는 자물쇠의 기계장치에서 나오는 미세한 소리를 듣고, 때로는 금고 주인이 비밀 번호로 선택했을 법한 물리 상수를 추측해서 금고를 열었다. (파인만은 그때 이후에도 변함이 없었다. 캘리포니아 공대의 그의 제자들 중 다수가 물리학과 함께 금고 여는 기술을 배웠다.)

전쟁이 끝난 뒤 파인만은 코넬 대학에서 일했다. 파인만은 이 인터뷰에서, '무한 문제'를 해결한 그의 생각에 촉매 역할을 한 것은 한스 베테였다고 말했다. 수소 원자의 정확한 에너지 준위와, 전자들(상대론적 변화를 고려해야 할 만큼 너무나 빨리 움직이는 것들) 사이의 힘에 대해서는 이미 30년 전부터 선구적인 연구가 계속되어 왔다. 이론에 따르면, 모든 전자는 일시적인 '가상 입자들'이 둘러싸고 있는데, 이 입자들은 진공에서 질량(에너지)을 빌려온다. 이 입자들은 다른 에너지들도 차례로 빌려옴으로써, 모든 전자가 무한한 전하를 가져야 한다고 예측되어 결과적으로 수학적 계산이 불가능해진다. 도모나가가 1943년에 이 무한 문제를 우회하는 방법을 제안했고, 그의 생각이 알려졌을 무렵에는 코넬 대학의 파인만과 하버드 대학의 슈윙거도 똑같이 해결 단계에 이르러 있었다. 세 사람은 1965년에 노벨 물리학상을 공동 수상했다. 그 후 파인만의 수학적 도구인 '파인만 적분*Feynman integrals*'과 입자의 상호작용을 추적하기 위해 발명한 파인만 다이어그램은 모든 이론물리학자의 도구가 되었다. 또 다른 로스앨러모스의 일급 수학자 스타니슬라우프 울람은 파인만 다이어그램이 '유용하며 새롭고도 결정적인 방향으로 사고를 몰고 가는 표기 방법'이라고 격찬했다. 예를 들면, 시간에 역행해서 움직이는 입자라는 개념은 이 다이어그램에서 자연스럽게 나오는 부산물이다.

1950년에 파인만은 패서디나에 소재한 캘리포니아 공대로 옮겼다. 그는 여전히 뉴요커 이주민의 말투를 숨길 수 없는 사람이었지만, 사우스 캘리포니아는 그가 살기에 알맞은 곳으로 보였다. 동료들이 말하는 '파인만 이야기' 가운데 주로 많이 떠도는 것은, 파인만이 라스베이거스와 밤의 유흥을 좋아했다는 것이다.

파인만은 또 이렇게 말한다. "아내는 턱시도를 입고 강연해야 하는 초청에 내가 정말 응하리라고는 믿지 않았습니다. 하지만 나는 두 번 마음을 바꿨죠." 1963년에 출판된 후 대학 교재로 널리 쓰이는 〈파인만의 물리학 강의*The Feynman Lectures on Physics*〉 서문에 나오는 사진에서, 그는 광기어린 웃음을 머금고 콩가 드럼을 두드리고 있다. (파인만은 봉고를 한 손으로 열 번 두드리는 동안, 다른 손으로는 열한 번 두드릴 수 있다고 한다. 한번 해보라. 어쩌면 양자전기역학이 쉬워질지도 모른다.)

파인만은 과냉각된 헬륨의 상변이*phase changes*에 대한 이해에 공헌하기도 했으며, 캘리포니아 공대 동료인 머리 겔만*Murray Gell-Man*(1929~. 소립자의 분류와 그들의 상호작용에 관련된 공헌과 발견으로 1969년 노벨 물리학상을 받았다. 1954년에 겔만과 츠바이크*G. Zweig*가 쿼크 개념을 소개했다)과 함께 연구한 원자핵의 베타 붕괴 이론을 내놓기도 했다. 두 주제 모두 최종 해결에 이르기는 아직 멀었다고 그는 지적한다. 정말이지 그는 양자전기역학 자체도 중요한 논리적 질문에 대답되지 않은 '사기*swindle*'라고 서슴없이 말한다. 그는 어떤 종류의 인간이기에 더없이 날카로운 의심을 키우면서도 그런 대단한 일을 해낼 수 있었던 것일까? 인터뷰한 다음 글을 읽고 그를 발견해 보라.

옴니: 외부인이 보기에 고에너지 물리학의 목적은 물질의 궁극적인 구성 요소를 찾는 것으로 보입니다. 이러한 탐색은 '더 이상 나눌 수 없는' 입자라는 뜻으로 아톰이라는 말을 썼던 그리스 시대까지 거슬러 올라갈 수 있는 것 같습니다. 그러나 거대한 가속기를 써도, 당초 실험에 사용한 입자보다 더 무거운 파편을 얻게 됩니다. 그리고 쿼크는 결코 분리되지 않을지도 모릅니다. 그런데 이 학문은 어떤 탐색을 하고 있나요?

파인만: 저는 그런 탐색이 있었다고 보지 않습니다. 물리학자들이 알아내려고 하는 것은 '자연이 어떻게 행동하는가*how nature behaves*'입니다. 물리학자들이 경솔하게 어떤 '궁극적인 입자'를 운운하기도 하는데, 그것은 자연이 궁극적인 입자로 보이기도 하는

순간이 있기 때문입니다. 하지만… 사람들이 새로운 대륙을 탐험한다고 해봅시다. 그들은 땅 위에 물이 흐르는 것을 봅니다. 그것은 전에 본 적이 있고, '강'이라고 부르는 것입니다. 그들은 강의 원류를 찾아 탐험을 떠납니다. 그들은 강을 거슬러 올라갑니다. 충분히 거슬러 올라가자, 이윽고 그들은 거기에 이릅니다. 이렇게 모든 것이 잘 진행되었지요. 그러나 보세요, 아득히 멀리 와서 알고 보니, 전체 시스템이 생각과 판이하게 달랐습니다. 거기에 기대했던 원류는 없고 거대한 호수가 있습니다. 혹은 강이 원을 이루며 흐르고 있습니다. 여러분은 이렇게 말할지도 모릅니다. "아하! 그들은 실패했어!" 하지만 전혀 그렇지 않습니다! 그들이 이 일을 한 진짜 이유는 대륙을 탐험하기 위해서였습니다. 원류가 없다는 게 알려지면, 그들이 잘못 생각했다는 것에 약간 당혹할지 모르지만, 그 이상은 아닙니다. 사물의 구성 방식이 바퀴 속의 바퀴 같아 보이는 한, 여러분은 가장 안쪽의 최종 바퀴를 기대할 것입니다. 그게 무엇이건 그걸 발견해야 한다고 여러분은 기대하겠지만, 자연은 그런 방식으로 이루어진 게 아닐 수도 있습니다.

옴니: 그러나 무엇을 발견할지 거의 확실하게 추측할 수 있지는 않습니까? 거기에는 반드시 산마루와 골짜기 등이 있을 거라는 식으로 말입니다.

파인만: 그래요, 하지만 막상 거기에 가봤더니 전부 구름밖에 없다면 어쩌겠습니까? 뭔가를 기대하면서, 강이 갈라지는 유역의 지세학에 관한 정리 같은 것을 만들어낼 수는 있을 것입니다. 하지만 거기에는 안개밖에 보이는 게 없어서 모든 것이 몽롱하고 하늘과 땅조차 구별

할 길이 없다면 어쩌겠습니까? 처음 시작할 때 가졌던 생각은 모조리 없어져 버립니다! 이런 신나는 일이 때때로 벌어집니다. 누군가 이렇게 말한다면 그것은 주제넘은 말입니다. "우리는 궁극의 입자를 발견할 것이다. 또는 통일장 법칙을 발견할 것이다." 혹은 어떤 '바로 그것'을 발견하겠다는 것도 마찬가지입니다. 발견한 것이 아주 뜻밖이라고 밝혀지면, 과학자는 한층 더 신이 납니다. 과학자가 혹시 이렇게 말할 것 같나요? "아이고, 이건 내가 기대한 것과 달라. 궁극의 입자가 없다니, 나는 더 이상 탐구하고 싶지 않아." 아닙니다. 이렇게 말할 겁니다. "그렇다면 정말 이건 뭐지?"

옴니: 선생님은 그런 일이 일어나는 것을 더 자주 보는 편인가요?
파인만: 그런다고 해서 달라질 것은 없습니다. 저는 제가 얻는 것을 얻을 뿐입니다. 항상 뜻밖의 일이 일어난다고 할 수는 없습니다. 몇 년 전에 저는 게이지 이론(입자물리학에서 아원자 입자의 여러 가지 상호작용을 기술하는 이론)에 매우 회의적이었는데, 부분적으로 그 이유는 강한 핵의 상호작용이 오늘날 알게 된 전기역학과는 다를 거라고 예상했기 때문이었습니다. 저는 안개를 예상했는데, 지금은 어쨌든 그것이 산마루와 골짜기처럼 보입니다.

옴니: 물리 이론은 점점 더 추상적이고 수학적으로 되어갈 거라고 보십니까? 19세기의 패러데이처럼 수학을 모르면서도 물리학에 대해 강한 직관을 갖는 것이 지금도 가능할까요?
파인만: 저는 그 가능성이 아주 적다고 생각합니다. 무엇보다도, 이제까지 이루어진 것을 이해하기 위해서라도 수학을 알아야 합니다.

뿐만 아니라, 핵 이하의 시스템은 우리 뇌가 진화한 시스템에 비해 워낙 이상하게 행동하기 때문에 그걸 다루려면 매우 추상적인 분석을 할 수밖에 없습니다. 얼음을 이해하려면, 얼음과 매우 다른 물질을 이해해야 합니다. 페러데이의 모델은 기계적인 것이었습니다. 공간 속의 용수철과 철사줄과 팽팽한 띠와 같은 것이었지요. 그리고 그의 이미지는 초보적인 기하학에서 온 것입니다. 우리는 그런 초보적 관점에서 가능한 모든 것을 이미 이해했다고 봅니다. 금세기에 우리가 발견한 것은 아주 다르고, 아주 모호해서, 더욱 진보하려면 수학이 더욱 필요합니다.

옴니: 공헌할 수 있는 사람, 혹은 무엇이 이루어지고 있는지 이해라도 할 수 있는 사람의 수가 그것 때문에 줄어들지는 않을까요?

파인만: 줄어들지 않으려면, 우리가 좀더 쉽게 문제를 이해할 수 있도록 생각하는 방법을 누군가 개발해야겠지요. 아마도 수학을 점점 더 어릴 때 가르치게 될 것입니다. '난해한' 수학이라는 것도 사실은 그리 어렵지 않습니다. 컴퓨터 프로그래밍 같은 걸 생각해 보세요. 거기에는 섬세한 논리가 필요합니다. 그래서 옛날 같으면 부모들은 그게 교수들이나 하는 일이라고 말했을 것입니다. 하지만 그건 이제 일상적인 활동이고, 하나의 생계 수단이 되었습니다. 아이들은 컴퓨터에 푹 빠져서 아주 신명나게 놀라운 일들을 해냅니다!

옴니: 컴퓨터 학원 선전이 나오지 않는 종이 성냥이 없을 정도지요!

파인만: 그렇습니다. 소수의 특별한 사람만이 수학을 이해할 수 있고, 나머지 세상 사람은 보통사람이라는 생각을 저는 믿지 않습니다.

수학은 인간이 발견한 것이고, 인간이 이해할 수 없을 정도로 복잡하지 않습니다. 제가 가지고 있던 어떤 수학책에 이렇게 씌어 있었어요. '바보 한 명이 할 수 있는 일이라면 다른 바보도 할 수 있다.' 공부하지 않은 사람들에게는 우리가 자연에서 알아낼 수 있었던 것이 추상적이고 겁나는 것처럼 보일 수도 있습니다. 그러나 그걸 알아낸 것은 바보들이었습니다. 그러니 다음 세대에는 모든 바보들이 그걸 이해할 것입니다.

식자들은 그 모든 것이 아주 심오한 척하며 거만해지려는 경향이 있습니다. 제 아들은 철학 공부를 하고 있는데, 간밤에 우리는 스피노자의 글을 읽었지요. 그런데 거기에는 아주 유치한 추론이 담겨 있었어요! 무슨 온갖 속성이니, 실체니 하며 의미 없이 내뱉는 말투성이여서 우리는 한참 웃었어요. 오늘날에는 그렇게 할 수가 없습니다. 자, 여기 위대한 네덜란드 철학자가 있습니다. 우리는 그를 비웃어도 좋습니다. 왜냐하면 그에게는 발뺌할 핑계거리가 없기 때문입니다. 스피노자(1632~1677)는 뉴턴(1642~1727)과 같은 시대를 살았고, 또 같은 시대에 하비(1578~1657)는 혈액의 순환을 연구하고 있었습니다. 분석적인 방법으로 진보를 이루어나간 사람들이 있었던 것입니다! 누구든 스피노자의 모든 명제를 취할 수 있습니다. 그리고 반대 명제도 취할 수 있습니다. 그리고 세상을 보십시오. 어느 명제가 옳은지 알 수가 없습니다. 물론, 그가 존경받는 이유는 위대한 질문을 던진 용기 때문입니다. 그러나 그런 위대한 질문을 갖더라도 얻는 게 아무것도 없다면 그 용기는 아무런 쓸모가 없습니다.

옴니: 선생님의 강의 가운데 출판된 것을 보면, 과학에 관한 철학자

의 언급이 나오는데….

파인만: 제가 문제 삼은 건 철학이 아니라 거만입니다. 그들이 자기 생각을 웃어넘길 수만 있다면! 만약 그들이 이렇게 말할 수만 있다면 얼마나 좋을까요? "내 생각에 이것은 이렇다. 그러나 폰 라이프치히 는 이것이 저렇다고 생각했다. 그 사람 역시 훌륭한 생각을 했다." 이 것이 최선의 추측이라고 본다는 식으로 철학자가 말한다면! …그런 다면 좋겠지만, 그렇게 말하는 사람은 극소수입니다. 그들은 궁극의 근본 입자가 없을 가능성에 매달려 이렇게 말합니다. 그따위 연구는 그만두고 나처럼 지극히 심오한 사고를 하라. "너는 충분히 심오하게 생각하지 않았다. 먼저 내가 너를 위해 세계를 정의해 주겠다." 글쎄 요, 저는 정의하지 않고 세계를 탐구합니다!

옴니: 어떤 규모의 문제가 탐구하기에 적당하다는 것을 선생님은 어 떻게 아십니까?

파인만: 고등학교에 다닐 때 저는 문제의 중요성을 선별해서 해결 가 능성을 늘릴 수 있다는 생각을 했습니다. 기술적인 성향의 아이가 어 떤지 아실 겁니다. 그런 아이는 모든 것을 최적화하려고 하지요. 어 쨌든, 그런 요인들을 바르게 조합할 수 있다면, 하나의 심오한 문제 에만 매달려 아무것도 얻지 못하거나, 남들도 잘할 수 있는 잡다한 문 제에 매달려 인생을 낭비하는 일이 없게 될 것입니다.

옴니: 선생님과 슈윙거, 도모나가가 해결해서 노벨상을 받은 그 문제 에 매달린다고 해봅시다. 세 가지 접근 방식이 모두 달랐는데요, 그 문제는 특별히 해답이 나올 만큼 숙성되어 있었나요?

파인만: 글쎄요, 양자전기역학은 1920년대 후반에 디랙을 비롯한 몇 사람들이 만든 것입니다. 양자역학 바로 직후에요. 그들 생각이 근본적으로는 옳았습니다. 하지만 답을 계산하려고 들면 아주 풀기 어려운 복잡한 방정식들과 씨름을 해야 했습니다. 1차 근사값은 잘 얻을 수 있는데, 이것을 보정해서 개선하려고 하면 무한대 양이 나오기 시작합니다. 20년 동안 모두들 이걸 알고 있었습니다. 그런 사실은 모든 양자론 책 뒤에 나와 있었지요.

그러다가 램*Willis Eugene Lamb Jr.*(1913~. 수소 스펙트럼의 미세구조에 관한 발견으로 1955년 노벨 물리학상을 받았다)과 러더퍼드*Robert C. Retherford*(미국 물리학자로서, 1947년 윌러스 램과 공동 실험으로 수소 원자의 에너지 변이(램 변이*the Lamb shift*)를 입증했으며, 양자전기역학의 발전에 기여했다)의 실험 결과가 나왔습니다. 수소 원자의 전자 에너지 변이에 관한 것이었지요. 그때까지는 대강의 예측으로 충분했지만, 이제 아주 정확한 값이 나온 겁니다. 1,060메가사이클인가 그랬어요. 모두들 말했습니다. "제기랄, 이 문제는 꼭 풀어야 해…." 그들은 이론에 문제가 있다는 걸 이미 알고 있었지만, 이제 아주 정확한 수치가 나온 겁니다.

그래서 한스 베테가 이 수치를 가지고, 이런 결과에서 저런 결과를 빼서 무한대를 피하는 방법을 일부 찾아냈습니다. 그래서 무한대로 가던 양이 어느 선에서 멈춰 섰는데, 실험치와 비슷한 1,000메가사이클에 가까운 값을 얻을 수 있었지요. 내 기억에, 베테는 파티를 열려고 많은 사람들을 코넬의 자기 집으로 초대했습니다. 하지만 어떤 자문 일에 호출을 받았어요. 파티 도중에 호출된 그는 기차 안에서 계산을 끝내야겠다고 제게 말했어요. 그리고 그가 돌아와서 강연을 했는데, 무한대를 피할 수 있는 차단 절차를 선보였지요. 하지만 여전히 아주 임시적이고 혼란스러웠어요. 베테는 어떻게 하면 혼란을 일소할 수 있을지 누구든 입증할 수 있다면 좋을 거라고 말하더군요. 강의가 끝난 뒤에 제가 찾아가서 말했지요.

"그쯤이야 식은 죽 먹기입니다. 제가 할 수 있어요."

저는 그것을 MIT 4학년 때부터 생각해 왔습니다. 답을 만들어 내기까지 했지요. 물론 틀린 답이었습니다. 슈윙거와 도모나가와 제가 뛰어든 게 바로 그 문제인데, 그 절차를 탄탄한 분석으로 만드는 방법을 발전시키려고 했지요. 기술적으로, 상대론적 불변성을 내내 유지하면서요. 도모나가는 벌써 어떻게 하면 되는지 제안했고, 이때 슈윙거는 자기 방법을 개발하고 있었어요.

그래서 저는 제 방법을 가지고 베테를 찾아갔어요. 우스운 일은, 이 분야에서 가장 단순한 실제적인 문제를 제가 풀 줄 모른다는 거였어요. 오래 전에 배웠어야 했는데, 제 이론을 가지고 노느라 바빠서 배우지 못했던 겁니다. 그래서 저는 제 생각이 주효한지 알아내는 방법을 몰랐어요. 우리는 칠판을 앞에 두고 이것을 알아보았는데, 틀렸어요. 전보다 더 나빴지요. 저는 집에 와서 생각에 생각을 거듭하다가, 제가 직접 푸는 방법을 배우기로 결심했어요. 그래서 그것을 배웠고, 베테를 찾아가 다시 해보니 내 생각이 주효하다는 것이 밝혀졌어요! 우리는 처음에 뭘 잘못했는지 결코 알 수 없었어요…. 참 멍청한 실수였지요.

옴니: 그래서 잃어버린 시간이 많은가요?

파인만: 그리 오래는 아니었어요. 한 달쯤? 그것은 제게 도움이 되었

어요. 덕분에 제가 한 일을 검토할 수 있었고, 그게 주효하다는 것을 스스로 납득할 수 있었지요. 그리고 문제를 풀기 위해 제가 발명한 다이어그램도 썩 괜찮다는 것을 스스로 납득할 수 있었습니다.

옴니: 사람들이 그걸 '파인만 다이어그램'이라고 부르고, 교과서에도 나오게 될 거라고 당시에도 예상했나요?

파인만: 아니, 아닙니다. 아직도 생생하게 기억나는 게 있는데요. 저는 파자마를 입은 채 주위에 온통 종이를 어질러 놓고 일하고 있었어요. 종이에는 선이 삐죽삐죽 튀어나온 동그라미들로 가득한 희한한 다이어그램이 그려져 있었지요. 저는 혼자 중얼거렸어요. 이 다이어그램이 정말 유용하다면, 그래서 다른 사람들이 이걸 사용하고, 〈피지컬 리뷰〉지에도 이 바보 같은 그림들이 실린다면 아주 웃기는 일이 아닐까? 물론 저는 그럴 거라고 예상할 수 없었어요. 이 그림들이 그렇게 많이 〈피지컬 리뷰〉지에 실릴 줄은 상상도 못했지요. 더 이상 웃기는 그림으로 보이지도 않고, 그걸 모든 사람들이 쓰게 될 줄은 전혀 몰랐어요….

(이후 파인만 교수의 연구실로 자리를 옮겨 인터뷰가 계속되었는데, 녹음기가 작동하지 않았다. 전선과 전원 스위치, '녹음' 단추에도 문제가 없었다. 그러자 파인만이 카세트 테이프를 뺐다가 다시 넣어보라고 했다.)

파인만: 그거 보세요. 세계에 대해 알아두면 쓸모가 있다니까요. 물리학자들은 세계에 대해 압니다.

옴니: 뺐다가 다시 넣는 거 말입니까?

파인만: 그래요. 거기에는 항상 작은 먼지나, 무한대나, 뭔가가 있습니다.

옴니: 이제 계속할까요? 교수님은 우리의 물리 이론들이 여러 계층의 현상들을 통합하는 데 능해서, X선이나 중간자 같은 것도 나타나게 되었다고 강의하신 적이 있습니다. "어떤 방향에든 항상 수많은 실마리가 늘어져 있다." 선생님은 오늘날 물리학에서 어떤 실마리들이 늘어져 있다고 보십니까?

파인만: 음, 입자의 질량이라는 게 있습니다. 게이지 이론은 상호작용을 아름다운 형태로 나타내지만, 질량은 나타내지 못합니다. 그리고 불규칙한 숫자들도 문제가 됩니다. 강한 핵 상호작용에서, 우리는 색깔('색깔'은 물리학자들이 쿼크와 글루온의 어떤 성질에 붙인 명칭이다. 그것들이 실제로 색깔이 있기 때문이 아니라, 소립자들의 새로운 성질에 붙일 만한 적절한 명칭이 필요했기 때문이다)이 있는 쿼크와 글루온에 관한 이론을 지녔고, 이 이론은 아주 정확하고 완전하게 진술되지만, 확실한 예측을 하는 데는 아주 미흡합니다. 이 이론을 정교하게 테스트하기는 아주 어려워서, 커다란 도전으로 남아 있습니다. 저는 이것이 실마리라는 강렬한 느낌을 지니고 있습니다. 그 이론과 상충되는 증거는 나온 게 없지만, 확실한 숫자를 가진 확실한 예측이 없는 한 더 진보할 수 있을 것 같지 않습니다.

옴니: 우주론은 어떻습니까? 근본 상수가 시간에 따라 변한다는 디랙의 제안, 즉 빅뱅의 순간에는 물리 법칙이 달랐을 거라는 생각이 있는

데요.

파인만: 그것은 의문의 여지가 많습니다. 이제까지 물리학은 법칙과 상수를 찾으려고 노력했지만, 그 법칙과 상수가 어디에서 오는지는 묻지 않았습니다. 우리는 이제 과거를 되짚어봐야 할 지점에 이르고 있는지도 모릅니다.

옴니: 선생님은 빅뱅의 순간에 물리 법칙이 달랐을 거라고 보시나요, 같았을 거라고 보시나요?

파인만: 저는 추측하지 않습니다.

옴니: 전혀요? 어느 쪽으로도 기울지 않는다는 건가요?

파인만: 그렇습니다. 저는 항상 그런 태도를 취합니다. 제가 근본 입자가 있다고 생각하는지, 아니면 전부 안개라고 생각하는지, 좀 전에 기자님은 묻지 않았습니다. 물었다면 저는 아무런 생각도 없다고 대답했을 것입니다. 사람들은 무엇인가를 열심히 연구하기 위해, 해답이 바로 그곳에 있을 거라고 믿기 마련입니다. 그래서 그곳을 열심히 파헤칩니다. 그렇지요? 그래서 스스로 편견과 선입관을 가집니다. 그러나 항상 마음 한 구석에서는 자기 생각을 비웃기 마련입니다. 과학은 편견을 갖지 않는다는 얘기는 잊어버리십시오. 지금 이 인터뷰에서 빅뱅에 대해 말할 때 저는 어떤 편견도 갖지 않습니다. 그러나 연구할 때는 저도 많은 편견을 갖게 됩니다.

옴니: 무엇을 선호하는 편견을 갖나요? 대칭성, 단순성…?

파인만: 그날의 기분에 따라 다릅니다. 하루는 모든 사람이 믿는 어떤 형태의 대칭성이 있다고 생각하다가도 다음 날에는 대칭성이 없을 경우를 생각해 봅니다. 모두가 잘못 생각하고 있다면, 올바르게 생각

할 경우 어떤 결과가 나올지 생각해보는 거지요. 그러나 훌륭한 과학자의 비범한 점은, 자신이 무슨 연구를 하고 있든 남들처럼 자기 생각을 확신하지 않는다는 것입니다. 그들은 끊임없이 의심하며 살아갈 수 있습니다. '어쩌면 그럴지도 모른다'는 생각에 따라 행동하지요. 그것이 '어쩌면'일 뿐이라는 것을 항상 알고 있는 것입니다. 많은 사람들이 이걸 어려워합니다. 그들은 이것이 초연함이나 냉정함을 의미한다고 생각하는데, 그것은 냉정함이 아닙니다! 그것은 훨씬 더 깊고 더 따뜻한 이해입니다. 예를 들어 거기에 답이 있다고 잠정적으로 생각한 곳을 열심히 파헤칠 수는 있습니다. 그러다 누군가 와서 묻습니다. "거기서 뭔가 나올 줄 알았나?" 그러면 그 사람을 쳐다보며 이렇게 말합니다. "젠장! 엉뚱한 곳을 팠어!" 이런 일은 항상 일어납니다.

옴니: 현대 물리학에서는 다른 일도 많이 일어나는 것 같습니다. 전에는 '순수' 수학이라고 생각된 행렬 대수나 군론 같은 것이 응용될 수도 있다는 것이 발견되었지요. 요즘 물리학자들은 좀더 포용력이 커졌나요? 시간 지연이 줄었습니까?

파인만: 시간 지연이란 결코 없었어요. 해밀턴*Sir William Rowan Hamilton* (1805~1865. 4원수를 고안한 아일랜드 수학자. 사원수는 텐서와 벡터 해석과 동등한 구성물이다)의 4원수론*quaternions*을 생각해 봅시다. 물리학자들은 매우 강력한 이 수학 체계의 대부분을 버렸습니다. 작은 부분, 수학적으로 거의 하찮은 부분만 남아 벡터 해석이 되었습니다. 그러나 4원수론이 양자역학에 필요해지자, 파울리*Wolfgang Pauli* (1900~1958). 배타원리 발견으로 1945년 노벨 물리학상을 받았다)가 즉

시 새로운 형태로 다시 그걸 고안해 냈어요. 이제 와서 돌이켜보면 이렇게 말할 수 있습니다. 파울리 행렬과 연산자는 해밀턴의 4원수론과 다를 게 없다고…. 하지만 물리학자들이 그 체계를 90년 동안 그대로 간직하고 있었다고 해도, 앞당길 수 있었던 시간은 몇 주일밖에 되지 않았을 것입니다.

예를 들어 병에 걸렸다고 합시다. 베르너의 육아종 같은 병이라고 치고, 이 병에 대해 의학 참고서를 찾아봅니다. 그러면 담당 의사가 그 병에 대해 말하는 것보다 더 많은 것을 알게 됩니다. 그 의사가 아무리 오래 의과대학에 다녔다고 해도 그렇습니다. 모든 분야를 알기보다 어떤 특별하고 제한된 주제를 아는 것이 훨씬 쉽습니다. 수학자는 모든 방향을 연구하고 있습니다. 물리학자는 유용하다고 생각되는 모든 수학을 배우려고 하기보다, 자기에게 필요한 것을 파악해서 그것을 따라잡는 것이 더 효율적입니다. 제가 앞에서 언급했던 문제들, 쿼크 이론에서 발생하는 난점들, 그것은 물리학자들의 문제입니다. 우리는 이것을 풀게 될 테고, 아마 이것을 풀 때 우리는 수학을 하게 될 것입니다. 수학자들이 물리학을 쳐다보지 않고도 군론 같은 걸 연구할 수 있었다는 것은 제가 이해할 수 없을 정도로 아주 놀라운 사실입니다. 하지만 물리학의 진보 속도를 고려하면 그것은 그리 대수로운 게 아닙니다.

옴니: 교수님이 강의하신 것에 대해 하나만 더 질문하겠습니다. 이렇게 말씀하신 적이 있습니다. "인간의 지성이 깨어나는 위대한 다음 시대에는 방정식의 '정성적인' 내용을 이해하는 방법이 만들어질 것이다." 무슨 뜻으로 이런 말씀을 하신 건가요?

파인만: 그건 내가 슈뢰딩거*Erwin Schrödinger*(1887~1961. 새롭고 유용한 원자론을 발견함으로써 1933년 디랙과 함께 노벨 물리학상을 받았다) 방정식에 대해 말한 것입니다. 이 방정식으로 분자 속에 결합된 원자의 화학적 원자가를 알 수 있습니다. 하지만 방정식을 통해 화학자들이 알고 있는 풍부한 현상들까지 알 수 있는 것은 아닙니다. 쿼크들이 영원히 속박되어 있어서 자유 쿼크를 얻을 수는 없다는 생각을 그 방정식이 깨우쳐 주지는 않습니다. 자유 쿼크는 있을 수도 있고 없을 수도 있겠지요. 하지만 핵심은, 쿼크의 행동을 기술한다고 생각되는 방정식을 들여다보아도 그것이 왜 그래야 하는지 알 수가 없다는 것입니다. 물의 원자와 분자의 힘을 나타내는 방정식을 보아도, 물이 왜 그렇게 행동하는지 알 수 없습니다. 예컨대 교류 현상을 알 수는 없습니다.

옴니: 그래서 교류에 관한 질문을 가진 사람들, 기상학자와 해양학자, 지질학자, 항공기 설계자들 같은 사람들이 지류 학문을 거슬러 올라가려는 노력을 하게 되지요. 그렇지 않습니까?

파인만: 그렇습니다. 지류 학문을 거슬러 올라가려는 사람들은 자기가 하려던 일에 좌절하고 물리를 하려고 하겠지요. 그렇지만 물리 이론이 단순한 경우만 다룰 수 있다는 것은 교류의 경우에만 국한된 것이 아닙니다. 우리는 그 이상을 다룰 수가 없습니다. 우리에게는 훌륭한 근본 이론이 전혀 없습니다.

옴니: 교과서에도 그렇게 씌어 있는 것 같습니다. 그러나 과학에 문외한인 사람들은 실제로 복잡한 물리적 문제들이 얼마나 빨리 이론의

손아귀에서 벗어나고 마는지 잘 모르는 것 같습니다.

파인만: 그것은 아주 나쁜 교육 때문입니다. 물리학에서 잔뼈가 굵으면서 얻는 교훈은, 우리가 발견할 수 있는 것은 존재하는 것의 극히 일부분이라는 것입니다. 우리의 이론은 정말이지 대단히 좁은 울타리 안에 있는 것입니다.

옴니: 물리학자들이 방정식의 정성적 결과를 이해하는 능력은 물리학자마다 큰 차이를 보이나요?

파인만: 그렇습니다. 하지만 썩 잘해내는 사람은 아무도 없습니다. 물리 문제를 이해한다는 것은 방정식을 풀지 않고 답을 알 수 있다는 뜻이라고 디랙은 말했습니다. 그건 좀 과장일 것입니다. 방정식을 푸는 것은 이해를 얻는 데 필요한 경험일 테니까요. 하지만 그저 방정식을 풀고만 있는 한 이해했다고 할 수가 없습니다.

옴니: 교사로서, 학생들의 능력을 북돋으려면 어떻게 해야 한다고 보시나요?

파인만: 모르겠습니다. 제가 학생들을 얼마나 잘 가르치고 있는지 점수를 매길 방법이 제게는 없어요.

옴니: 러더포드, 닐스 보어, 페르미의 제자들에게 그랬듯이, 과학사가들이 언젠가는 선생님의 제자들 경력을 추적하지 않을까요?

파인만: 그건 의심스럽습니다. 저는 언제나 제 학생들에게 실망합니다. 저는 제자들이 뭘 하고 있는지 아는 선생이 아닙니다.

옴니: 그렇다면 반대 방향으로 영향을 추적할 수는 있지 않을까요? 예를 들어 한스 베테나 존 휠러가 선생님에게 준 영향 같은 것 말입

니다.

파인만: 그건 가능합니다. 하지만 제가 어떤 영향을 주고 있는지는 모르겠습니다. 아마 성격 탓이겠지요. 저는 몰라요. 저는 심리학자나 사회학자가 아니라서 사람들을 어떻게 이해해야 하는지 모릅니다. 저 자신을 포함해서요. 그러면서도 어떻게 가르칠 수 있느냐고 물을지 모르겠습니다. 자기가 뭘 하는지 모르면서 어떻게 동기 부여가 될 수 있는가? 사실 저는 가르치는 걸 좋아합니다. 저는 뭔가를 설명할 때 새로운 방식으로 바라보는 방법을 생각해보는 걸 좋아해요. 더 명확하게 설명하기 위한 것인데, 그런다고 제가 그걸 더 명확하게 하는 건 아닌지도 모릅니다. 저 혼자 즐기고 있는 건지도 모르죠.

저는 모르는 채 살아가는 방법을 배웠습니다. 저는 제가 성공할 거라고 확신할 필요가 없습니다. 전에 과학에 대해 말했듯이, 제가 뭘 하는지 모르기 때문에 제 삶은 더 풍성해집니다. 세상이 넓다는 것이 저는 기쁩니다!

옴니: 우리가 이 연구실로 올 때, 교수님께서는 색 시각 강의를 하다가 중단했는데요. 그건 기초물리학과 꽤 거리가 있는 것 같습니다. 생리학자들이 자신들의 영역을 '침범'한다고 하지는 않을까요?

파인만: 생리학이요? 그게 꼭 생리학이어야 할까요? 보세요. 제게 시간을 조금만 주면 생리학에 대해 강의를 해보겠어요. 저는 그걸 연구하는 것이 즐겁고 많은 것을 발견하기도 합니다. 그게 재미있다는 건 장담할 수 있어요. 저는 아는 게 없지만, 뭐든 충분히 깊이 들어가기만 하면 재미있다는 것만큼은 알고 있습니다.

제 아들도 마찬가지입니다. 그 녀석은 제가 그 나이였을 때보다 훨씬 더 관심의 폭이 넓어요. 마술, 컴퓨터 프로그래밍, 초대 교회의 역사, 위상수학 등에도 관심이 있어요. 그 애는 호된 시간을 보내게 될 겁니다. 재미있는 것이 너무 많아서요. 우리는 마주앉아서, 세상이 우리가 생각하는 것과 얼마나 다를 수 있는지 얘기합니다. 화성에 착륙한 바이킹 호를 예로 들면, 우리는 그 장비로 발견할 수 없는 생명체가 얼마나 많을까 생각해봅니다. 그래요, 그 애는 저와 참 비슷해요. 그래서 적어도 저는 이런 생각을 하게 되었습니다. 나 말고 적어도 다른 한 사람에게는 모든 것이 흥미롭다구요.

물론 저는 그것이 좋은 건지 안 좋은 건지는 모르겠어요….

9
카고 컬트 과학:
과학, 사이비 과학,
스스로를 속이지 않는 방법

1974년 캘리포니아 공대 학위 수여식 연설

질문: 마법사, 초감각적 감지(ESP), 남태평양 섬사람, 코뿔소의 뿔, 웨슨 식용유가 대학 졸업과 무슨 관계가 있는가?

대답: 과학상의 정직함이 세상의 어떤 명성, 어떤 일시적 성공보다 값지다는 걸 졸업생들에게 깨우쳐주기 위해 파인만이 사용한 예들이다. 1974년에 캘리포니아 공대에서 한 이 연설에서 파인만은 못마땅해 하는 연구비 지원 기관과 동료들의 압력에 직면해 과학적 성실성을 역설했다.

　중세에는 여러 가지 얄궂은 생각이 있었습니다. 예를 들어 코뿔소의 뿔이 정력을 증진시킨다는 것 따위 말입니다. 오늘 우리가 머리 위에 쓰고 있는 사각모도 중세의 또 다른 얄궂은 생각입니다. 내 사각모는 너무 크군요. 그러다가 생각들을 분리하는 방법이 발견되었습니다. 주효한지 알아보고 주효하지 않으면 버리는 것이 그 방법입니다.

물론 이 방법이 체계화되어 과학이 되었습니다. 그리고 이것이 아주 잘 발전해서, 우리는 지금 과학 시대에 살고 있습니다. 그런데 지금과 같은 과학 시대에, 어떻게 마법사가 계속 존재할 수 있는지 이해가 잘 안 됩니다. 그들이 제안한 것은 전혀, 또는 거의 맞은 게 없는데도 말입니다.

그러나 오늘날에도 내가 만나는 사람 가운데 만나자마자 혹은 좀 지나서 미확인 비행물체나 점성술, 어떤 신비주의, 고양된 의식, 새로운 형태의 의식, ESP 따위에 대해 말을 꺼내는 사람들이 많습니다. 나는 우리가 사는 곳이 과학적인 세계가 아니라는 결론에 도달했습니다.

대부분의 사람들이 이런 놀라운 것들을 믿기 때문에, 나는 왜 그러는지 연구해 보기로 작정했습니다. 앞에서 언급한 내 호기심의 대상들은 나를 어려움에 빠뜨리기도 했고, 이 자리에서 말할 수 없는 터무니없는 일을 겪기도 했습니다. 나는 압도당했습니다. 우선 나는 여러 신비주의와 신비 체험을 연구하기 시작했습니다. 나는 격리 탱크에 들어가 보기도 했지요. 그 안은 캄캄하고 조용하며 황산 마그네슘 용액에 몸이 둥둥 뜹니다. 그때 여러 시간 동안 환각 체험을 하기도 했습니다. 그래서 나는 거기에 대해 조금 압니다. 그 다음에 나는 에살렌에 갔는데, 그곳은 얄궂은 사상의 온상입니다. 아주 놀라운 곳이니까 여러분도 한번 가보십시오. 거기서 나는 압도당했습니다. 나는 거기에 그토록 많은 것이 있을 줄은 몰랐습니다.

예를 들어, 내가 열탕에 앉아 있는데, 거기에는 다른 남자와 여자도 같이 있었습니다. 남자가 여자에게 말했습니다.

"저는 마사지를 공부하고 있는데요. 당신한테 실습해봐도 되겠습니까?"

여자는 좋다고 했습니다. 그래서 여자가 테이블에 올라가자 남자는 여자의 발부터 주무르기 시작했습니다. 엄지발가락 주위를 주무르더니 그의 선생으로 보이는 여자를 돌아보며 말하더군요.

"움푹 들어간 것이 느껴지는데요. 여기가 뇌하수체입니까?"

여자가 말했습니다.

"아니에요, 뇌하수체는 움푹 들어간 느낌이 들지 않아요."

그때 내가 말했습니다.

"거기는 뇌하수체와 너무 멀어요."

그들은 나를 바라보더니 여자가 말하더군요.

"이건 반사학*reflexology*이에요."

그래서 나는 눈을 감고 명상하는 척했습니다.

이것은 나를 당황하게 한 작은 예에 불과합니다. 나는 ESP와 PSI(투시, 텔레파시, 염력 등의 초일상적 현상)도 조사했고, 최근에는 유리 겔러라는 사람을 만나보기도 했습니다. 그는 열쇠를 손가락으로 문질러서 휠 수 있다는 사람인데, 나는 그의 초청으로 독심술과 열쇠 휘는 것을 보러 호텔 방으로 따라갔습니다. 그의 독심술은 성공하지 못 했어요. 나는 내 마음을 읽을 수 있는 사람이 있다고 생각하지 않습니다. 내 아들이 들고 있는 열쇠를 유리 겔러가 문질렀지만, 아무 일도 일어나지 않았습니다. 그는 물속에서 하면 더 잘된다고 하더군요. 그래서 모두 욕실에 들어가서 수도를 틀어놓고 그 밑에 열쇠를 대고, 손가락으로 문지르게 했습니다. 아무 일도 없었습니다. 그래서 나는 이 현상을 탐구할 수 없었습니다.

그러나 그때부터 나는 우리가 믿는 다른 것들은 어떤지 생각해보기 시작했습니다. 그리고 옛날의 마법사에 대해 생각해 봤습니다. 실제로 아무 일도 일어나지 않는다는 것을 알아봄으로써 사실을 검증하는 것은 아주 쉬웠을 것입니다. 그래서 나는 훨씬 더 많은 사람들이 믿는 것, 예를 들어 우리가 알고 있는 바른 교육 방법 따위에 대해 생각해 보았습니다. 독서 방법과 수학 공부 방법 등에는 큰 학파들이 있습니다. 그러나 자세히 살펴보면, 읽기 능력을 향상시키기 위해 이 사람들의 방법을 사용해도 점수는 계속 내려가거나, 또는 거의 올라가지 않습니다. 이것은 마법사의 처방이 듣지 않는 것과 같습니다. 자기들의 방법이 잘 들으리라는 걸 그들이 어떻게 아는가? 이것은 조사를 해봐야 마땅합니다. 또 다른 예로는 범죄자를 다루는 방법이 있습니다. 명백히 우리는 범죄자를 다루는 방법을 통해 범죄를 줄이는 일에 아무런 진보도 이루지 못했습니다. 이론은 많지만 진보가 없습니다.

그러나 이런 것들이 과학적이라고 불립니다. 우리는 이것들을 연구합니다. 그리고 상식을 가진 보통사람들이 이런 사이비 과학에 끌려 다닙니다. 아이들에게 읽기를 가르치는 방법에 대해 좋은 생각을 가진 교사가 있어도, 다른 방법으로 가르치라는 학교 체제의 압력을 받습니다. 학교 체제는 교사의 방법이 반드시 옳은 것은 아니라는 생각을 강요하기도 합니다. 또는 나쁜 아이의 부모가 이런저런 방법으로 가르쳐 보다가, 결국 포기하고 평생 죄의식에 사로잡히기도 합니다. '올바르게' 가르치지 않았다는 전문가의 말 때문에 말입니다.

그래서 우리는 제대로 이루어지지 않는 이론을 마땅히 조사해봐야 하고, 과학 아닌 과학을 조사해봐야 합니다.

그런 것들을 널리 찾아내는 방법을 생각해본 결과, 다음과 같은 방법을 생각해냈습니다. 칵테일 파티에서 여주인이 와서 "왜 당신들은 직업 이야기만 해요?"라고 하거나, 아내가 다가와서 "또 쓸데없는 얘기나 하는군요?" 할 때, 여러분은 스스럼없이 아무도 모르는 얘기를 꺼내는 수가 있습니다.

나는 이 방법을 써서 내가 잊어버렸던 화제를 몇 가지 더 찾아냈습니다. 그 화제 가운데 여러 형태의 심리치료 효능이라는 것도 있었습니다. 그래서 나는 도서관을 뒤져가며 연구를 했는데, 할 말이 너무 많아서 여기에서 다 할 수 없을 정도입니다. 나는 몇 가지 사소한 것만 얘기하겠습니다. 더 많은 사람들이 믿는 것에 초점을 맞추겠어요. 혹시 내년에 기회가 있으면 이 모든 주제에 대해 연속 강의를 해야 할 것 같습니다. 그건 많은 시간이 걸릴 테니까요.

내가 언급한 교육이나 심리학적 연구는 내가 카고 컬트*Cargo Cult*(화물 숭배) 과학이라고 부르고 싶은 것의 예라고 할 수 있습니다. 남태평양에는 카고 컬트 의식을 행하는 사람들이 있습니다. 전쟁 중에 비행기가 좋은 물건을 많이 싣고 착륙하는 것을 본 그들은 지금도 다시 그런 일이 일어나기를 바랍니다. 그래서 그들은 활주로 비슷한 것을 만들어놓고, 활주로 양쪽에 불을 지펴 놓았습니다. 관제탑 같은 오두막집도 만들어놓고, 이 오두막에 들어앉은 사람은 나무 조각 두 개로 헤드폰을 만들어 머리에 썼는데, 이 사람은 관제사입니다. 그리고 그들은 비행기가 착륙하기를 기다립니다. 그들은 모든 형식을 제대로 갖추었어요. 그 형식은 완벽합니다. 그것은 전과 완전히 똑같아 보입니다. 그러나 제대로 작동되지 않습니다. 비행기는 착륙하지 않지요. 나는 이런 것들을 카고 컬트 과학이라고 부릅니다. 왜냐하면 그들은 겉보기에 과학 탐구의 모든 지침과 형태를 따르고 있지만, 필수적인 것을 빠뜨리고 있습니다. 그래서 비행기가 착륙할 수 없습니다.

이제 물론 그들이 무엇을 빠뜨렸는지 여러분에게 말하는 것이 내 의무입니다. 하지만 그것은 어렵습니다. 남태평양의 섬사람들에게 어떻게 해야 비행기가 착륙할 수 있는지를 가르쳐주는 것만큼이나 어렵지요. 이어폰의 모양을 개선하라고 가르치는 것처럼 단순한 것이 아닙니다. 그러나 내가 보기에 카고 컬트 과학이 일반적으로 빠뜨리는 것이 하나 있습니다. 그것은 우리 과학자가 여러분이 학교에서 과학을 공부할 때 배웠기를 바라는 것이기도 합니다. 우리는 결코 이것을 명시적으로 말하지 않고, 다만 모든 과학 탐구의 예를 통해 여러분 스스로 이해하기만을 바랍니다. 그러므로 지금 이것을 입 밖에 내어 분명하게 말한다는 것은 흥미로운 일입니다. 여러분이 이해하기를 바라는 것은 일종의 과학적 성실성이라는 것입니다. 전적으로 정직한 과학적 사고의 한 원칙인 과학적 성실성은 일종의 반대 태도를 갖는 것입니다.

예를 들어 여러분이 어떤 실험을 하고 있다면, 여러분의 설명을 지지하는 결과뿐만 아니라 반박하는 결과도 모두 보고해야 합니다. 여러분의 결과를 설명할 수 있는 다른 원인들, 몇 가지 다른 실험으로 여러분이 제거했다고 생각한 것들, 그리고 그것들이 어떻게 주효했는지 등을 모두 보고하여 다른 사람들도 그것들이 제거되었다는 것을 분명히 알도록 해야 합니다.

여러분의 해석에 의문을 던질 수 있는 세부 사항도, 여러분이 알고 있다면 마땅히 보고해야 합니다. 최선을 다해서, 여러분이 틀렸거나 틀릴 수 있는 것들을 설명해야 합니다. 예를 들어 어떤 이론을 만들어서, 이것을 선전하거나 발표할 때, 이론과 일치하는 것만이 아니라 일치하지 않는 사실도 밝혀야 합니다. 그보다 더 미묘한 문제도 있습니다. 여러 생각을 결합해서 하나의 정교한 이론을 만들 때, 그리고 그것이 들어맞는다는 것을 설명할 때, 그 이론을 만들 때 들어맞았던 것들 이상을 설명할 수 있어야 합니다. 다시 말해서 완성된 이론이라면 추가로 다른 것도 예측할 수 있어야 합니다.

요약하면, 모든 정보를 밝혀서 다른 사람들이 자신의 기여도를 심판할 수 있게 해야 합니다. 특정한 방향으로 유리한 정보만 밝혀서는 안 됩니다.

이런 생각을 가장 쉽게 설명하는 방법으로, 예를 들어 광고와 비교해볼 수 있습니다. 어젯밤에 나는 웨슨 식용유가 음식에 스며들지 않는다는 광고를 들었습니다. 그것은 사실이고, 부정직한 것도 아닙니다. 하지만 내가 말하고 싶은 것은 단순히 부정직하지 않아야 한다는 문제가 아닙니다. 그것은 과학적 성실성이 필요한 문제인 것입니다. 이 두 가지는 수준이 다릅니다. 이 광고 문구에 덧붙여야 할 사실은, 적절한 온도에서 사용하면 모든 식용유가 음식에 스며들지 않는다는 것입니다. 그리고 다른 온도에서 사용하면 모든 식용유가, 웨슨 식용유를 포함해서, 스며든다는 것입니다. 그러므로 기존 광고가 전달한 것은 사실을 일부 포함하고 있을 뿐 사실 자체가 아닙니다. 우리는 사실을 다루어야 합니다.

우리가 경험으로부터 배우는 것은, 진실이 밝혀지기 마련이라는 것입니다. 다른 사람이 여러분의 실험을 반복해서 여러분이 옳은지 그른지 판정할 것입니다. 자연 현상은 여러분의 이론과 일치하거나 일치하지 않을 것입니다. 비록 여러분이 일시적인 명성과 열광적인 지지를 얻을지라도, 이런 일을 매우 세심하게 하지 않으면 과학자로서 좋은 명성을 얻지는 못할 것입니다. 이러한 성실성, 자기를 속이지 않는 주의력, 그것이야말로 대부분의 카고 컬트 과학이 갖지 못한 것입니다.

카고 컬트 과학의 난점은 물론 주제 자체가 지닌 난점 때문이기도 하고, 그 주제에 과학적 방법을 적용할 수 없다는 난점 때문이기도 합니다. 그렇기는 하지만 그것이 유일한 난점이 아님을 주목해야 합니다. 비행기가 착륙하지 않는 이유, 바로 그것을 주목해야 합니다.

우리는 경험으로부터 자신을 속이지 않는 방법을 많이 배웠습니다. 예를 하나 들겠습니다. 밀리컨*Robert Andrews Millikan*(1868~1953. 1923년 기본 전하와 광전효과에 대한 연구로 노벨상을 받았다. 1911년 전하량을 결정하는 유명한 기름방울 실험을 했다—옮긴이주)은 기름방울을 떨어뜨리는 실험으로 전자의 전하량을 측정했는데, 그가 얻은 답은 현재 우리가 알고 있는 것과 다릅니다. 그 값은 조금 빗나갔는데, 그가 사용한 공기의 점성 값이 부정확했기 때문입니다. 밀리컨 이후, 전자의 전하량 측정의 역사를 보면 재미있는 것을 알 수 있습니다. 측정한 값을 시간의 함수로 그려 보면, 처음에 밀리컨의 값보다 약간 커지고, 다음에 약간 더 커지고, 다음에 또 약간 더 커지고, 마침내 현재 알고 있는 더 큰 값으로 확정될 때까지 계속 커집니다.

왜 그들은 새로운 값이 더 크다는 걸 금방 알아내지 못했을까요? 이 역사를 과학자들은 부끄러워해야 합니다. 과학자들이 다음과 같은 식으로 한 것이 분명하기 때문입니다. 즉, 밀리컨의 값보다 너무 큰 값이 나오자, 과학자들은 뭔가 틀렸다고 생각해 버렸던 것입니다. 그래서 잘못된 이유만 찾으려고 했지요. 밀리컨의 값과 비슷하게 나오면, 그리 자세히 살피지 않았습니다. 그래서 그들은 너무 큰 값을 버렸고, 다른 일도 그런 식으로 했습니다. 오늘날 우리는 이처럼 자기를 속이는 것에 대해 잘 알고 있습니다. 그래서 이제 우리에게는 그런 질병이 없습니다.

그러나 이렇게 우리 자신을 속이지 않는 방법을 배워온 역사, 전적으로 과학적 성실성을 획득해온 기나긴 역사를 유감스럽게도 어떤 과목에서도 가르치지 않습니다. 우리는 단지 은연중에 여러분이 이것을 익히기만 바랍니다.

제1원칙은 스스로를 속이지 말라는 것입니다. 가장 속이기 쉬운 사람은 자기 자신입니다. 그러므로 여러분은 여기에 아주 주의해야 합니다. 스스로를 속이지만 않는다면, 다른 과학자들을 속이지 않는 것도 쉬운 일입니다. 그 다음부터는 평소대로 정직하면 됩니다.

과학자에게 필수적인 것은 아니지만 한 가지 덧붙이고 싶은 것이 있습니다. 여러분이 과학자로서 말할 때는 보통사람도 속여서는 안 된다는 것입니다. 나는 지금 여러분이 과학자가 아닌 보통사람으로서 아내를 속이거나, 애인을 속이는 따위의 일을 말하는 것이 아닙니다. 그런 문제는 여러분 자신과 성직자에게 맡기겠습니다. 내가 지금 말하려는 것은, 여러분이 과학자로 처신할 때 해야 하는 것입니다. 그것은 거짓말을 하지 않는 특별한 종류의 성실성, 여러분이 어떻게 틀렸을 수 있는지를 최선을 다해 보여주는 성실성이 바로 그것입니다. 그것은 과학자로서 가질 의무며, 다른 과학자들에 대해서뿐만 아니라 보통사람들에 대해서도 그렇게 해야 한다고 나는 생각합니다.

예를 들어, 라디오에 출연할 한 친구와 얘기하다가 나는 조금 놀랐습니다. 그 친구는 우주론과 천문학을 연구하는데, 이런 연구의 응용에 대해 어떻게 설명해야 할지 고심하고 있었습니다. 내가 말했지요.

"응용 가능성이 없지." 그러자 그가 말했습니다.

"그래, 하지만 그렇게 말하면 그들이 이런 연구를 더 하도록 지원하지 않을 거야."

나는 이것도 부정직의 일종이라고 생각합니다. 과학자를 대표해서 말할 때 여러분은 일반인에게 여러분이 무엇을 하고 있는지 설명해야 하고, 그 상황에서 그들이 연구를 지원하지 않기를 바란다면, 그것은 어쩔 수 없는 일입니다.

이 원칙의 한 예는 이렇습니다. 여러분이 어떤 이론을 시험해 보겠다고 마음먹었다면, 또는 어떤 생각을 설명하고 싶다면, 결과가 어떻게 나오든 그대로 발표하겠다는 마음을 항상 지녀야 한다는 것입니다. 우리가 결과를 있는 그대로 발표하기만 한다면, 우리는 좋은 논의를 할 수 있습니다. 우리는 양쪽 결과를 모두 발표해야 합니다. 예를 들어 다시 광고를 생각해 봅시다. 만약 어떤 특정한 담배가 어떤 특정한 성질을 갖는다고 합시다. 예를 들어 니코틴 함량이 적다고 합시다. 그 회사는 이것이 건강에 좋다는 뜻이라고 널리 발표합니다. 그들은 타르 함량이 다르다거나, 담배에는 뭔가 다른 것도 문제가 된다는 말을 하지 않습니다. 다시 말해서, 발표 가능성은 어떤 결과가 나오느냐에 달려 있습니다. 이렇게 되어서는 안 됩니다.

정부 자문에 응할 때도 이것이 중요하다고 나는 말합니다. 상원의원이 자기 주에 어떤 특정 공사가 필요한지 여러분에게 자문을 구했다고 합시다. 여러분은 다른 주에 그 공사를 하는 것이 더 좋을 거라고 판단합니다. 여러분이 그러한 결과를 발표하지 않는다면, 그것은 과학적인 조언을 한 것이 아닙니다. 여러분은 이용당한 것입니다. 조언이 우연히 정부나 정치인에게 유리한 방향으로 나왔다면, 그들은 이것을 자기들에게 유리하게 써먹을 수 있습니다. 반대 결과가 나왔다면, 그들은 이것을 발표조차 하지 않습니다. 이것은 과학적 조언을 하는 것이 아닙니다.

카고 컬트 과학의 특징을 더 잘 보여주는 다른 종류의 오류가 있습니다. 내가 코넬에 있을 때, 나는 심리학을 전공하는 학생들과 자주 얘기했습니다. 한 여학생이 이런 실험을 하고 싶다고 말하더군요. 자세한 것은 기억나지 않지만, 특정한 환경 X에서 생쥐들이 A라는 행동을 하는 것을 누군가가 발견했습니다. 이 학생은 환경을 Y로 바꿔도 생쥐들이 A 행동을 하는지 알아보고 싶어했습니다. 그래서 학생은 Y 환경에서 실험해도 쥐들이 여전히 A 행동을 하는지 알아보자고 제안했습니다.

나는 이 학생에게, 먼저 다른 사람이 한 실험을 자기 실험실에서 재현해보는 것이 좋겠다고 말했습니다. 조건 X에서 결과 A를 똑같이 얻을 수 있는지 알아보고, 그 다음에 Y로 조건을 바꿔서 A가 바뀌는지 알아보라고요. 그래야만 이 학생은 자기 통제 아래 진정한 차이를 밝혀낼 수 있게 될 것입니다.

이 학생은 내 말을 듣고 아주 기뻐하며 지도교수를 찾아갔습니다. 그런데 교수의 대답은 안 된다는 것이었어요. 그 실험은 이미 누군가가 한 것이고, 시간 낭비를 할 필요가 없다는 것입니다. 이것은 1935년 무렵의 일이었습니다. 당시의 일반적인 풍조는, 심리학 실험을 재현하지 않고 단지 조건을 바꿔서 무슨 일이 일어나는지 보는 것이었습니다.

오늘날 물리학의 유명한 분야에서도 똑같은 일이 일어날 위험이 있습니다. 나는 미국 국립 가속기 연구소에 있는 큰 가속기로 중수소를 연구하는 실험가의 말을 듣고 충격을 받았습니다. 그는 중수소와 보통 수소의 결과를 비교하기 위해, 보통 수소에 대한 다른 사람의 실험 결과를 사용해야 했는데, 이 실험은 다른 장치로 한 것이었습니다. 내가 왜 그렇게 했는지 물으니까, 장치 사용 시간을 얻을 수 없었기 때문이라고 대답했습니다. 이 비싼 장치를 쓸 수 있는 시간이 제한되어 있었습니다. 그 비싼 장비를 유지하는 자금을 얻으려면 계속 새로운 결과가 나와야 하는데, 다른 장치로 이미 실험이 이루어진 보통 수소 실험에서는 새로운 것을 기대할 수 없었던 것입니다. 가속기 담당자는 새로운 결과를 갈망했습니다. 그런 식으로 그들은 목적한 실험의 가치 자체를 파괴하고 있었습니다. 실험가들은 자기 일을 과학적 성실성의 요구에 맞추어 완성하는 것이 어려울 때가 자주 있습니다.

그러나 심리학의 모든 실험이 그런 것은 아닙니다. 예를 들어 실험 쥐가 여러 가지 미로를 통과하게 하는 실험 등이 있었습니다. 명확한 결과는 별로 없었지요. 그러나 1937년에 영이라는 사람이 아주 흥미로운 실험을 했습니다. 그는 긴 복도 양쪽에 여러 개의 문을 달고, 한쪽에서는 쥐가 나오게 하고 반대쪽 문 뒤에는 음식을 두었습니다. 그는 쥐가 어디에서 출발하든 출발한 곳에서 세 번째에 있는 문으로 들어가도록 훈련할 수 있는지 알아보려고 했습니다. 결과는 아니었습니다. 쥐는 즉시 전에 음식이 있던 문으로 달려갔습니다.

문제는 이것입니다. 쥐가 어떻게 알았는가? 복도는 아주 아름답고 균일한 모습인데 어떻게 과거의 문을 알아보았을까요? 분명 그 문은 다른 문들과 차이가 있었을 것입니다. 그래서 그는 세심하게 문짝에 모두 색을 칠하고, 문의 모양도 완전히 똑같이 만들었습니다. 그러나 생쥐는 이번에도 알아맞혔습니다. 그래서 그는 생쥐가 음식 냄새를 맡을지도 모른다고 생각했고, 화학약품을 써서 실험할 때마다 냄새를 지웠습니다. 그런데도 쥐들은 알아맞혔습니다. 그래서 그는 쥐가 사람처럼 실험실의 전등 따위를 보고 알아내는지도 모른다고 생각했습니다. 그래서 이번에는 복도에 뚜껑을 덮었는데도 여전히 알아맞혔습니다.

마침내 그는 쥐가 달릴 때 마루가 울리는 소리를 듣고 알 수도 있다고 생각했습니다. 그는 복도 바닥을 모래로 바꿔서 그 소리를 제거했습니다. 이렇게 해서 그는 가능한 단서를 하나씩 제거해서 쥐를 속이고, 쥐들로 하여금 세 번째 문으로 들어가도록 가르칠 수 있었습니다. 그가 이 조건을 하나라도 없애면 쥐들은 곧 그것을 알아차렸습니다.

과학적인 관점에서 볼 때 이것은 1등급의 실험입니다. 이것은 쥐 실험을 의미 있게 한 실험입니다. 왜냐하면 추측이 아니라, 쥐가 사용하는 진짜 단서를 찾았기 때문입니다. 그리고 이것은 쥐 실험에서 주의 깊게 모든 것을 통제하려면 어떤 조건을 사용해야 하는지 정확하게 지적한 실험이었습니다.

나는 이 연구 이후의 역사를 추적해 보았습니다. 다음 실험도, 그다음 실험도, 영의 실험을 언급한 것은 없었습니다. 그들은 영이 밝혀낸 방법, 복도에 모래를 까는 등의 방법을 사용하지 않았고, 주의 깊게 실험하지도 않았습니다. 그들은 예전과 똑같은 방법을 사용했고, 영의 위대한 발견에는 아무 관심도 보이지 않았습니다. 그가 생쥐에 대해 아무것도 발견한 것이 없다는 이유로 그의 논문은 인용되지 않았습니다. 사실, 그는 생쥐에 대해 뭔가 발견하기 위해 해야 할 일들을 완전히 밝혀냈습니다. 그러나 이런 실험에 전혀 관심을 기울이지 않는 것이 카고 컬트 과학의 특징입니다.

또 하나의 예가 라인과 다른 사람들이 한 ESP 실험입니다. 여기에 대해서 많은 사람들이 비판했고, 실험 당사자들도 자기들의 실험을 비판했습니다. 그들은 실험 기술을 개선해서 효과는 점점 줄어들었고, 점차 효과가 사라졌습니다. 모든 초심리학자들은 재현 가능한 실험, 다시 실험해도 통계적으로 같은 결과가 나오는 실험을 찾고 있습니다. 그들은 수백만 마리의 쥐를, 아니 이번에는 사람을 달리게 했고, 여러 가지 일을 해서 특정한 통계적 결과를 얻었습니다. 하지만 다음에 또 해보면 그 결과를 다시 얻을 수 없었습니다. 그러자 이번에는 재현 가능한 실험에 대한 요구가 불필요하다고 주장하는 사람이 나타납니다. 이것이 과학일까요?

이 사람은 초심리학 연구소 소장직 사임 연설에서 새로운 관례에 대해 말하기도 했습니다. 그리고 앞으로 그들이 해야 할 일은 PSI 결과를 두드러지게 나타내는 학생들만 훈련시키는 것이라고 말했습니다. 의욕도 있고 관심도 있지만 우연한 결과만 얻는 학생들에게 시간을 낭비하지 않기 위해서라는 것입니다. 교육에서 이런 방침은 매우 위험합니다. 학생들에게 특정 결과를 얻는 방법만 가르치고, 과학적 성실성을 지니고 실험하는 방법을 가르치지 않는 것 말입니다.

그래서 나는 바랍니다. 시간이 없어서, 한 가지 희망만을 말하겠습니다. 여러분이 어디를 가든, 내가 말한 과학적 성실성을 유지할 자유가 있는 곳에 머물기를 바랍니다. 조직에서 자금 지원 따위를 통한 압력을 느낀다면, 자기 지위를 유지하기 위한 필요성 때문에 성실성을 잃게 됩니다. 여러분이 자유를 누리기를 기원합니다. 마지막으로 한 가지만 더 조언을 드리겠습니다. 여러분이 말해야 할 것을 명확히 알지 못한다면 절대로 강연을 하겠다고 말하지 마십시오.

10
하나 둘 셋을 세는 것만큼 쉽다

숫자와 시간의 신비를 풀기 위해, 자기 자신, 양말, 타자기, 동료 학생들을 도구삼아 파인만이 조숙하게 학생 시절에 했던 실험에 대한 재미난 이야기다.

파 라커웨이에서 살던 어린 시절, 내게는 버니 워커라는 친구가 있었다. 우리는 둘 다 집에 '실험실'이 있어서 여러 가지 '실험'을 하곤 했다. 열한두 살 무렵, 토론을 하다가 한번은 내가 이렇게 말했다.

"그렇지만 생각한다는 것은 속으로 자기에게 말하는 것에 불과해."

"그럴까?" 버니가 말했다.

"자동차 크랭크축의 모양이 괴상하게 생겼다는 거 알아?"

"그래. 그런데 왜?"

"좋아. 그러면 그게 어떻게 생겼는지 너 자신에게 말하듯이 내게 말해봐."

그래서 나는 사고가 언어적이기만 한 것이 아니라 시각적일 수도 있다는 것을 버니에게 배웠다.

훗날 대학에 들어가서 나는 꿈에 관심을 가졌다. 눈을 감고 잠들었는데도 빛이 실제로 망막을 때리듯 사물이 현실감 있게 보이는 이유가 궁금했던 것이다. 어떤 다른 방법으로, 어쩌면 뇌 자체의 작용으로 망막의 신경세포가 실제로 자극을 받는 것일까? 아니면 뇌에 '판단부'가 있어서 꿈꾸는 동안 이게 과잉작용을 하는 것일까? 뇌가 어떻게 작용하는지 관심이 컸지만, 심리학에서는 만족스러운 답을 얻을 수 없었다. 심리학은 꿈의 해석 따위에만 관심을 갖고 있었다.

프린스턴 대학원생 시절에 아리송한 심리학 논문이 발표되어 한바탕 토론이 벌어진 적이 있었다. 저자는 뇌의 '시간 감각'을 제어하는 것이 철의 화학반응이라고 단정했다. 나는 혼자 생각했다.

'그는 대체 어떤 방법으로 그걸 알아냈다는 것일까?'

그의 방법은 다음과 같았다. 그의 아내가 열이 자주 오르락내리락하는 만성 열에 시달리고 있어서, 그는 아내의 시간 감각을 실험해 보겠다는 생각을 하게 되었다. 그는 아내가 시계를 보지 않고 초를 세게 해서, 아내가 60까지 세는 시간이 얼마나 걸리는지 알아보았다. 그는 아내, 그 불쌍한 여자에게 하루 종일 숫자를 세게 했다. 아내는 열이 올랐을 때 빠르게 세고, 열이 내렸을 때 느리게 셌다. 그래서 그는 아내가 열이 없을 때보다 열이 있을 때, 뇌에서 '시간 감각'을 지배하는 것이 빠르게 작용한다는 생각을 하게 되었다.

그 심리학자는 매우 '과학적인' 사람이어서, 화학반응 속도가 주위 온도에 따라 변한다는 것을 알고 있었다. 온도 변화의 정도는 어떤 공식으로 알아낼 수 있는데, 반응 에너지에 따라 그 값이 달라진다는 것도 알고 있었다. 그는 아내가 숫자를 세는 속도를 측정했고, 온도에 따라 속도가 어떻게 변하는지 알아냈다. 그 다음에 그는 그 변화와 같은 양상을 보이는 화학반응을 찾아보았다. 그는 철의 화학반응이 가장 비슷하다는 것을 알아냈다. 그래서 그는 아내의 시간 감각이 체내의 철분 화학반응 속도에 지배된다고 추론했다.

내가 보기에 그것은 엉터리 추론이었다. 그의 긴 추론 과정에는 틀렸을 여지가 너무 많았다. 그러나 질문 자체는 흥미로운 것이었다. 무엇이 '시간 감각'을 결정하는가? 우리가 일정한 속도로 수를 셀 때, 이 속도를 결정하는 것은 무엇인가? 그리고 어떻게 하면 시간 감각을 바꿀 수 있는가?

나는 이것을 연구하기로 작정했다. 나는 초를 세어보는 것부터 시작했다. 물론 시계를 보지 않고, 60까지 천천히, 일정한 박자로 수를 셌다. 하나, 둘, 셋, 넷, 다섯… 예순까지 세는 데 48초밖에 걸리지 않았다. 하지만 이것은 문제될 게 없었다. 정확하게 1분을 세는 것이 중요한 게 아니라, 일정한 속도로 세는 것이 중요했다. 다시 해보니 또 48초였다. 그 다음에는 47, 48, 49, 48, 49…초였다. 그래서 나는 꽤 일정한 속도로 셀 수 있음을 알았다.

이번에는 수를 세지 않고 그냥 가만히 있다가 1분이 지났을 때를 추측해 보았는데, 이번엔 매우 불규칙했다. 아주 제멋대로였다. 그래서 나는 그냥 추측만으로 1분을 맞추는 것은 정확도가 크게 떨어진다는 것을 알았다. 그러나 수를 세면 꽤 정확하게 시간을 맞출 수 있었다.

나는 일정한 속도로 수를 셀 수 있음을 알았기 때문에, 다음 질문은 이와 같았다. 이 속도는 무엇에 영향을 받는가?

어쩌면 심장 박동과 관계가 있을지도 모른다. 그래서 나는 계단을 뛰어 올라갔다 내려왔다, 올라갔다 내려왔다 해서 심장 박동이 빨라지게 했다. 그런 다음 방으로 뛰어가서 침대에 몸을 던지고 60까지 세어보았다. 나는 또 계단을 뛰어 오르내리면서 60까지 세어보기도 했다. 한 친구는 내가 계단을 오르내리는 것을 보고 웃으며 말했다.

"뭐 하는 거야?"

나는 대답을 할 수 없었다. 이 경험으로 나는 속으로 수를 세고 있을 때 말을 할 수 없다는 걸 알았다. 나는 말없이 계단을 뛰어 오르내리기를 계속했다. 아마 바보처럼 보였을 것이다.

대학원생들은 나를 바보 바라보듯 하곤 했다. 한번은 한 친구가 내 방에 들어와서 나를 보았다. 하필 그때 '실험'을 하는 동안 방문을 잠근다는 것을 깜빡했다. 나는 두꺼운 양털 코트를 입은 채 한겨울에 활짝 열어젖힌 창 밖으로 몸을 내밀고 한 손으로 그릇을 들고 다른 손으로는 내용물을 휘젓고 있었다. "방해하지 마! 방해하지 마!" 내가 말했다. 나는 젤리를 저으면서 자세히 관찰하고 있었다. 젤리가 차가울 때 계속 저어도 굳는지 알고 싶었던 것이다.

어쨌든 계단을 오르내리고 침대에 뛰어들기를 수없이 반복한 끝에 알고 보니, 이런! 심장 박동은 아무 상관이 없었다. 계단을 뛰어다니느라 열이 났기 때문에, 온도도 마찬가지로 상관이 없다는 생각이 들었다. 운동한다고 체온이 올라가는 것은 아니라는 사실을 알았어야 했지만. 사실 나는 세는 속도에 영향을 주는 것을 아무것도 찾지 못했다.

계단을 오르내리는 것이 따분해진 다음에는 뭔가 일을 해야 할 때 수를 세었다. 예를 들어 세탁물을 맡길 때 세탁 신청서의 빈 칸을 채워야 한다. 윗도리 몇 벌, 바지 몇 벌 등으로. 나는 수를 세면서도 '바지' 칸에 '3'을 써넣고 '웃도리' 칸에 '4'를 써넣을 수 있었지만, 양말은 그럴 수 없었다. 양말이 너무 많았기 때문이다. 내 '계산기'는 60까지 세면서 동시에 양말 숫자를 셀 수는 없었다. 36, 37, 38, 양말이 많기도 하군, 39, 40, 41… 이 양말 수를 어떻게 세지?

나는 양말을 기하학적 형태로 놓으면 된다는 걸 알았다. 예를 들어 사각형으로, 각 모서리에 한 켤레씩 놓으면 모두 네 켤레(8개)가 된다. 나는 그렇게 양말을 늘어놓으며 셈을 계속했다. 신문 기사의 줄도 그렇게 셀 수 있었다. 줄들을 묶음으로 만들어 세 줄, 세 줄, 세 줄, 한 줄이면 열 줄. 그 다음에는 세 덩어리, 세 덩어리, 세 덩어리, 한 덩어리이면 100줄. 나는 신문 기사의 줄을 세면서 60까지 셌다. 60까지 다 세었을 때 나는 신문 기사의 줄을 세어온 형태를 기억해서 이렇게 말할 수 있었다. "60까지 세는 동안 신문 기사를 113줄 셌다." 기사를 읽는 동안에도 60까지 셀 수 있었고, 속도에는 변화가 없었다! 사실 나는 수를 세면서 뭐든지 할 수 있었다. 물론 크게 소리 내서 세는 경우는 예외였다.

책 내용을 타이핑하면서 센다면? 이것도 할 수 있었다. 하지만 세는 속도에 영향이 있었다. 나는 흥분했다. 마침내, 세는 속도에 영향을 주는 것을 찾았다! 나는 이것을 더 자세히 연구했다.

나는 이렇게 진행했다. 간단한 단어는 비교적 빠르게 타자한다. 그러면서도 속으로 19, 20, 21, 하면서 계속 타자한다. 27, 28, 29, 하면서 타자를 계속하다가, 어, 이건 무슨 단어야? 아, 그거군, 하고 나서 계속 30, 31, 32, 이렇게 진행된다. 그런데 60까지 세는 데 걸린 시간이 더 길다.

좀더 관찰하고 검토한 뒤에, 무슨 일이 일어났는지 알게 되었다.

그러니까, '뇌를 더 써야 할' 어려운 단어가 나오면 세는 것을 잠시 멈추었던 것이다. 셈이 느려진 것이 아니라, 이따금씩 셈이 일시적으로 정지된다. 60까지 세는 것이 거의 자동이 되어서, 처음에는 정지된 것을 느끼지 못했다.

나음 날 아침 식사를 마치고, 식탁에 앉은 친구들에게 이 실험 결과를 보고했다. 나는 수를 세면서 할 수 있는 모든 일에 대해 말했다. 내가 전혀 할 수 없었던 일은 수를 세면서 말하는 것이었다.

그러자 존 터키라는 친구가 말했다.

"나는 네가 읽을 수 있다는 걸 믿을 수 없어. 그리고 네가 왜 말을 할 수 없다는 것인지 모르겠어. 나는 수를 세면서 말을 할 수 있어. 내기를 걸어도 좋아. 네가 수를 세면서 읽을 수 있다는 게 말도 안 된다는 것에도 내기를 걸겠어."

그래서 내가 시범을 보였다. 친구들이 내게 책을 건네주었고, 나는 속으로 수를 세면서 그걸 읽었다. 60까지 세고 나서 내가 말했다.

"끝." 정상 속도인 48초 걸렸다.

그리고 내가 읽은 내용을 말했다.

터키는 매우 놀라워했다. 이번에는 터키가 했다. 우리가 몇 차례 터키의 정상 속도를 확인한 후, 그가 말하기 시작했다.

"메리에게는 새끼 양이 한 마리 있었지. 나는 하고 싶은 말을 뭐든 할 수 있어. 그건 수를 세는 것과 상관이 없다구. 나는 네가 왜 못 한다는 건지 알 수가 없어. 어쩌구저쩌구, 종알종알."

그러다가 마침내, "끝!"

그는 자기 속도를 정확하게 지켰다! 나는 믿기지 않았다!

우리는 한동안 논의한 끝에 뭔가를 발견했다. 터키는 다른 방법으로 수를 셌던 것이다. 그는 숫자가 적힌 테이프가 지나가는 것을 상상했다. "메리에게는 새끼 양이 한 마리 있었지"라고 말하는 동안 그는 숫자 테이프가 지나가는 것을 머릿속으로 그린 것이다! 자, 이제 분명해졌다. 그는 테이프가 지나가는 것을 보기 때문에 읽지 못한다. 나는 수를 셀 때 속으로 '말'을 하기 때문에 말을 할 수 없다!

이 발견 다음에, 나는 수를 세는 동안 큰 소리로 읽는 방법, 우리 둘 다 할 수 없었던 것을 궁리해 보았다. 뇌에서 보는 부분이나 말하는 부분을 방해하지 않는 기능을 사용해야 하기 때문에 손가락을 써 보기로 했다. 이것은 촉감과 관련된 것이니까.

나는 곧 손가락으로 수를 세면서 큰 소리로 읽는 데 성공했다. 그러나 나는 모든 과정을 신체적 활동의 도움 없이 완전히 머리로만 하고 싶었다. 그래서 크게 소리 내어 읽는 동안 손가락의 움직임을 느끼려고 해보았다.

나는 전혀 성공하지 못했다. 충분히 연습하지 않은 탓이라고 생각했지만, 그것은 불가능한지도 모른다. 그렇게 할 수 있는 사람을 아직 만나지 못했다.

이 경험으로 터키와 나는 사람들이 똑같은 일, 하나 둘 셋을 세는 것만큼 쉬운 일을 해도 머릿속에서 일어나는 일은 사람마다 다르다는 것을 알게 되었다. 그리고 우리는 뇌가 어떻게 작용하는지를 객관적으로 실험할 수 있다는 것을 알게 되었다. 다른 사람에게 어떻게 수를 세느냐고 물어볼 필요도 없고, 수를 세는 사람이 자기 자신을 관찰할 필요도 없었다. 그가 수를 세는 동안 무엇을 할 수 있고 무엇을 할 수 없는지 관찰하기만 하면 되는 것이다. 이 관찰을 속여 넘길 수 있는 방법은 없다. 어떤 속임수도 통하지 않는다.

우리는 이미 머릿속에 들어 있는 개념으로 자기 생각을 설명한다. 한 개념은 다른 개념을 기초로 하고 있다. 이 개념은 저 개념을 통해 이해되고, 저 개념은 또 다른 개념을 통해 이해된다. 개념이란 수를 세는 것에서 비롯한 것인데, 사람마다 수를 세는 방법이 다르다!

나는 자주 이 점에 대해 생각한다. 베셀 함수를 적분하는 방법 따위의 어려운 수학 기법을 가르칠 때면 특히 그렇다. 나는 베셀 방정식을 볼 때 문자들이 여러 색깔로 보인다. 왜 그런지는 모른다. 강의를 할 때면 얀케와 엠데의 책에 나오는 베셀 함수가 어렴풋한 그림으로 떠오른다. 구면 베셀 함수 j는 밝은 황갈색으로, 노이만 함수 n은 뽀얀 청보라색으로, x는 짙은 갈색으로 주위를 날아다닌다. 학생들에게는 대체 그것이 어떻게 보이는지 궁금하다.

11
미래의 컴퓨터

나가사키에 원자폭탄이 투하된 지 40년 만에, 맨해튼 프로젝트의 주요 일원이었던 파인만은 일본에서 강연을 하게 되었다. 물론 이번 강연은 전쟁과는 무관한 것이었다.

이날 주제는 파인만을 컴퓨터 세계의 노스트라다무스가 되게 만든 '컴퓨터 크기의 궁극적인 최소 크기에 대한 예언' 등을 포함하여, 미래의 컴퓨터는 어떻게 작동할지에 관한 것이었다. 이들 주제들은 15년이 지난 오늘날에도 세계 유수의 과학자들이 여전히 활발하게 연구하는 분야들이다.

이번 장은 일부 독자들에게는 약간 어려울 수도 있다. 그렇지만 이 강연은 파인만의 매우 중요한 업적의 일부이기 때문에 조금 시간이 걸리더라도 꼭 읽어보기 바란다. 이 강연의 마지막 부분에서 파인만은 그가 애착을 가졌던 한 개념에 관해서 간단히 논하는데, 이는 나노테크놀러지 혁명의 시발점이 되었다.

서론

평소 그토록 존경했던 니시나 교수님과 같은 과학자를 기념하는 이 자리에서 강연을 하게 된 것은 저에게 너무도 기쁘고 영광스러운 일입니다. 일본에 와서 컴퓨터에 관해 강연을 한다는 것이 부처님 앞에서 설법을 하는 것과 같은 것이 아닌지 몰라서 걱정이 앞섭니다만, 저 역시 컴퓨터에 관해서 많은 생각을 해왔고, 강연 초청을 받았을 때, 이보다 더 좋은 주제가 떠오르지 않더군요.

우선 말하고 싶은 것은 제가 무엇을 논하지 않을지에 관한 것입니다. 나는 미래의 컴퓨터들에 대해서 말하고 싶습니다. 그러나 미래의 가장 중요할 몇몇 컴퓨터 기술의 발전에 대해서는 언급하지 않을 것입니다. 예를 들면, 좀더 똑똑한 컴퓨터를 개발하려는 연구들이 활발히 이루어지고 있습니다. 이런 컴퓨터들은 오늘날처럼 복잡한 프로그래밍과 같은 수고 없이도 정보의 입출력이 가능해서 사람들이 사용하기가 훨씬 더 편리할 것입니다. 사람들은 종종 이를 인공지능이란 말로 표현합니다만, 저는 이런 명칭을 좋아하지 않습니다. 어쩌면 지능이 없는 기계가 지능이 있는 기계보다 더 우수할지도 모르는 겁니다.

또 다른 문제는 프로그램 언어의 표준화입니다. 오늘날에는 너무나 많은 컴퓨터 언어들이 존재하는데, 어쩌면 이 가운데 하나만을 사용하는 것이 좋을지도 모릅니다. 하지만 앞으로도 더 많은 표준 언어들이 생길 것이기에, 여기 일본에서 이런 말 하기가 망설여지기는 합니다. 이미 네 가지 이상의 여러 가지 프로그래밍 언어들을 가지고 있는 지금, 무엇을 표준화하려는 시도는 오히려 더 많은 표준을 만들게 될 것입니다!

미래에 해결할 만한 또 다른 문제는 자동 디버깅 프로그램에 관한 것입니다. 이에 대해서도 저는 아무런 언급을 하지 않을 것입니다. 다 아시다시피, 디버깅이란 어떤 프로그램이나 기계에서 오류를 찾아내 수정하는 것을 말하며, 실제로 프로그램이 복잡해질수록 디버깅은 엄청나게 어려워집니다.

기술 개선을 위한 또 하나의 방법은, 반도체의 2차원적 표면에 모든 것을 설계하는 대신에 3차원적 입체로 설계를 하는 것입니다. 이는 모든 것을 한번에 만드는 대신 한층, 한층 단계별로 반도체를 만듦으로써 가능할 것입니다. 또 다른 중요한 기술은 반도체의 불량 부분을 찾아내, 이 부분을 사용하지 않고 나머지 부분만 작동할 수 있게 하는 기술입니다. 현재는, 커다란 반도체를 만들었을 때 한 군데라도 불량이 나면 반도체 전체를 버립니다. 그런데 불량 나지 않은 부분을 활용할 수 있다면 훨씬 더 경제적일 것입니다. 지금까지 말씀드린 것은 제가 미래의 컴퓨터들에 관한 여러 가지 현실적인 문제들을 안다는 것을 보여드리기 위해서였습니다.

그러나 오늘 제가 말하고자 하는 것은 이런 것들이 아닙니다. 제가 논하고 싶은 것은 물리 법칙의 한계 내에서 이론적으로 구현 가능한 몇 가지 기술들에 관한 것입니다.

저는 컴퓨터를 만드는 데 몇 가지 기술적 가능성에 관해 세 개의 주제로 나누어 언급할 것입니다. 첫째는 이미 많은 연구가 진행되고 있어서, 아마도 곧 실현될 기술인 병렬 처리 컴퓨터에 관한 것입니다. 좀더 먼 미래의 문제로는 컴퓨터의 전력 소비에 관한 문제가 있습니다. 현시점에서는 이것이 컴퓨터 설계에 근본적인 제약을 가져오는 듯이 보이나, 저는 단지 기술적인 문제에 불과하다고 생각합니다. 마지막으로 크기에 관해서 말할 것입니다. 컴퓨터란 작게 만들면 작게 만들수록 더 유리합니다. 제가 논하고픈 문제는 이론적으로는 과연 얼마나 더 작게 만들 수 있느냐는 것입니다. 하지만 이런 기술들 가운데 과연 어떤 것이 실제로 미래에 실현될지에 대해서는 논하지 않겠습니다. 이런 문제는 복잡한 경제 사회적인 요인들로 인해 좌우될 수 있는데, 이에 대해서 예언하고 싶지는 않습니다.

병렬 컴퓨터

첫 번째 주제는 병렬 컴퓨터에 관한 것입니다. 오늘날 거의 모든 범용 컴퓨터들은 폰 노이만 *John von Neuman* (1903~1957. 컴퓨터 창시자 가운데 한 사람으로 인정받는 헝가리 출신의 미국 수학자)이 설계한 구조를 따르고 있습니다. 이런 컴퓨터는 자신이 가진 모든 정보를 저장하는 커다란 기억장치와 모든 계산들을 수행하는 중앙처리장치로 구성되어 있습니다. 우리가 기억장치의 두 지점에 저장된 숫자들을 뽑아서 중앙처리장치로 보내면, 이 장치는 두 숫자를 더해서 기억장치의 새로운 지점으로 결과를 보냅니다. 이렇듯, 컴퓨터에는 쉬지 않고 매우 빠르게 작업을 수행하는 중앙처리장치 하나와, 마치 엄청나게 빠른 서류함과 같은, 그리고 중앙 처리 장치에 비해 가끔씩만 사용되는 기억장치가 있습니다. 만약에 두 개 이상의 중앙처리장치가 있어 계산을 동시에 수행한다면, 작업이 더 빨라질 것은 아주 자명해 보입니다.

 그러나 문제는, 한 중앙처리장치가 필요한 정보를 다른 중앙처리장치가 기억장치로부터 이미 읽어들이고 있다면, 상황이 매우 복잡해진다는 데 있습니다. 각 중앙처리장치의 작업이 서로 충돌할 수 있기 때문입니다. 이러한 이유로 여러 개의 중앙처리장치를 병렬적으로 동시에 작업시키는 것은 매우 어려운 문제로 알려져 있습니다.

 이러한 방향의 연구는 '벡터 프로세서' 라고 부르는 대형 범용 컴퓨터에서 약간 진척을 보고 있습니다. 서로 다른 많은 데이터들에 대해서 똑같은 작업을 하고 싶을 때, 여러 중앙처리장치들을 사용하여 이러한 작업들을 동시에 수행하게 하는 것이죠. 기계번역 프로그램이 이러한 벡터 방법이 유용한 때를 스스로 판단해서 프로그램을 실행하도록 해서, 예전 프로그램을 새로 작성하지 않고도 병렬 컴퓨터에서 쓰일 수 있게 했으면하고 바라는 거죠. 이러한 방법은 크레이 컴퓨터와 일본의 '수퍼 컴퓨터' 등에서 사용되었습니다. 물론 다른 방법들도 있습니다. 그 가운데 하나는, 그리 복잡하지 않지만 너무 단순하지도 않은 방법으로서, 컴퓨터 여러 대를 일정한 형식으로 서로 연결하는 겁니다. 그런 다음, 각각의 컴퓨터들이 주어진 한 문제의 일부분씩을 해결하게 만드는 것입니다. 각각의 컴퓨터는 독립적인 개체고 서로 필요로 하는 정보들을 주고받을 수 있게 하는 겁니다. 이런 방식은 칼텍(캘리포니아 공과대학)의 '카즈믹 큐브' 에서 사용되었는데, 이러한 활용은 여러 가능성 가운데 하나일 뿐입니다. 실제로 많은 사람들이 지금 그런 컴퓨터들을 만들고 있습니다.

 또 다른 방법은, 매우 간단한 중앙처리장치를 기억장치 곳곳에 아주 많이 배치하는 것입니다. 각각의 처리장치는 메모리에서 할당된

부분만을 다루고, 이들이 정교하게 서로 연결되어 하나의 시스템을 이룹니다. 이런 예로서, MIT 대학의 '커넥션 머신' 이 있습니다. 그것은 64,000개의 처리장치를 가지고 있고, 각 16개의 처리장치가 하나의 단위로서, 다른 16개 단위의 처리장치와 서로 정보를 주고받을 수 있게 연결될 수 있는 4,000개의 단위 개체로 이루어져 있습니다.

특정 매질 내에서 파동의 이동과 같은 과학 문제들은 병렬 계산 방법으로 매우 쉽게 다룰 수 있습니다. 이는 어느 특정 순간에 매질의 한 부분에서 일어나는 모든 물리적 현상이 단지 매질내의 주변 부분에 대한 압력과 응력에 대한 수치만 알고 있다면 국부적으로 계산될 수 있기 때문입니다. 따라서 매질을 여러 작은 부분들로 나누어서 각각의 부분들에 대한 계산을 따로따로 병렬적으로 수행하면 됩니다. 각 부분들의 경계에서 일어나는 일들은 물론 각 부분들의 계산에 포함되어야 합니다. 실제로 거의 모든 종류의 수많은 문제들이 병렬 방식으로 처리될 수 있다는 것이 판명되었습니다. 어떤 문제가 많은 양의 계산을 필요로 할 만큼 복잡하기만 하다면, 병렬 처리방식이 계산 속도를 현저히 높일 수 있습니다. 물론 이러한 적용은 과학 문제에만 국한된 것은 아닙니다.

2년 전을 기억하십니까? 모두 병렬 프로그래밍이 어렵다고들 했지요. 이미 예전에 짜여진 일반적인 프로그램을 가지고 병렬 처리 방식의 컴퓨터에서 효과적으로 작동하게 만드는 작업은 너무도 어려워서 사실 거의 불가능해 보였습니다. 사실 이런 방식은 틀렸던 겁니다. 이미 예전의 컴퓨터용으로 짜여졌던 일반 방식의 프로그램들은 포기해야 합니다. 우리는 새로운 기계 구조를 염두에 두고 병렬 처리 방식을 효과적으로 활용할 수 있도록 프로그램을 완전히 새로 작성해야 합니다. 이전 프로그램들로 하여금 병렬 컴퓨터에서 효과적으로 작동하게 하는 것은 가능하지 않습니다. 반드시 새로 만들어야만 합니다. 하지만 상업적인 관점에서는 엄청난 비용이 드는 일이기 때문에 반대도 큽니다.

그러나 대부분의 매우 복잡한 프로그램은 과학자들 또는 상업적인 것에는 별 관심이 없는 우수한 프로그래머들이 사용하는 경우가 많습니다. 이들은 컴퓨터 공학을 즐기기 때문에, 자신들의 프로그램을 처음부터 다시 작성해서라도, 더욱 효율적이게 만드는 수고를 아끼지 않습니다. 그래서 앞으로 일어날 일을 굳이 예견하자면, 우선은 가장 복잡하고 거대한 프로그램들이 새로운 방식으로 다시 프로그램될 것입니다. 그리고 점차적으로 모든 이들이 조금씩 따라가기 시작해서, 결국 더 많은 프로그래머들이 이러한 방식으로 프로그램을 하겠죠. 어느 순간이 되서는 새 방식을 따르지 않고는 프로그래머로서 활동하는 것이 아마 불가능해질 겁니다.

에너지 손실 줄이기

제가 논하고 싶은 두 번째 주제는 컴퓨터에서 사용하는 에너지에 관한 것입니다. 컴퓨터에 냉각 장치가 필요하다는 것은 컴퓨터 설계에 있어서 당연히 커다란 제한을 가져옵니다. 단지 컴퓨터를 식히는 데만도 꽤 많은 노력이 필요합니다. 하지만 저는 이 문제가 단지 현재의 조잡한 기술 때문일 뿐 근본적인 문제는 아니라고 말하고 싶습니다.

그림 1

　컴퓨터 내에서 한 조각의 정보는 특정한 두 레벨의 전압을 가질 수 있는 하나의 전선으로 제어됩니다. 이것을 '1비트'라고 부르고, 이 정보를 바꾸기 위해서 우리는 전압을 한 수치에서 다른 수치로 바꾸어야 합니다.

　물에 비유해서 설명해 보겠습니다. 우리는 통에 물을 가득 채움으로서 한 상태를 나타내고, 물을 완전히 비움으로서 또 다른 한 상태를 나타냅니다. 물론 이는 비유에 불과합니다. 여러분이 전기학에 친숙하다면, 좀 더 정확하게 전기적으로 생각해볼 수도 있습니다. 어쨌든 물의 경우에는 통 꼭대기로부터 물을 쏟아 부음으로써 한 상태에 다다르고, 또 통 바닥의 밸브를 열어 물이 모두 쏟아져 나오게 함으로써, 다른 상태에 도달합니다.(그림 1) 이 경우에는 통 속으로 떨어지는 물의 위치 에너지 손실에서 오는 에너지 손실이 있습니다. 실제로 전압과 전하의 경우에도 똑같은 일이 일어납니다.

　이는 마치 베넷이 설명했듯이, 가속기를 밟아 차를 출발시키고, 브레이크를 걸어서 차를 멈추는 것과 같습니다. 가속을 했다가 브레이

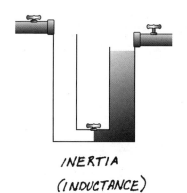

INERTIA

(INDUCTANCE)

그림 2

크를 밟으면, 밟을 때마다 우리는 에너지를 잃습니다. 자동차의 경우에는 에너지를 더 효율적으로 사용하기 위해서, 자동차 동력장치에 플라이휠(회전하는 무거운 바퀴로서 회전운동으로 에너지를 저장하고 있을 수 있음—옮긴이주)을 연결합니다. 그러니까 차가 멈출 때, 플라이휠이 더 빨리 돌면서 에너지를 저장하고 있다가, 다시 차를 출발시킬 때 차바퀴에 연결되어 동력으로 쓰이는 거죠.

물의 경우로 비유를 하자면 U자 모양의 관을 사용해서 그림 2와 같은 방식으로 연결하는 겁니다. 오른쪽 부분에 물을 가득 채우고, 가운데 밸브를 닫아 왼쪽은 비워둔 상태로 시작합니다. 이 상태에서 밸브를 열면 물이 반대쪽으로 이동할 것입니다. 이때 적절한 시점에 밸브를 닫아, 물을 모두 왼쪽에 가두어둘 수 있습니다.

이제 원 상태로 되돌리고 싶으면, 다시 밸브를 열었다가 적절한 시점에 밸브를 잠그면 됩니다. 이럴 경우, 물이 원래 높이만큼 올라가지 않아서 에너지 손실이 약간 생기겠지만, 물을 조금 보태주면 쉽게 에너지 손실을 보충할 수 있습니다. 그래도 직접 물을 채우는 방법보

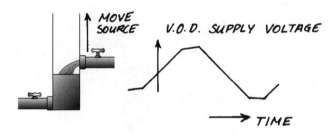

VARIABLE VOLTAGE SUPPLY
("HOT CLOCKING")
ENERGY LOSS · TIME = CONSTANT.

그림 3

다 에너지 손실이 훨씬 적습니다. 이 방법은 물의 관성을 이용한 것이고, 전기의 경우에는 인덕턴스를 이용하는 것에 해당합니다. 하지만 오늘날 우리가 사용하는 실리콘 트랜지스터를 사용해서 반도체에 인덕턴스를 사용하는 것은 매우 어렵습니다. 그래서 이런 방법은 오늘날 반도체 기술에는 별로 현실성이 없지요.

또 다른 방법은 물 주입구를 물표면 바로 위에 오도록 하는 겁니다. 그러니까 물을 주입하는 동안 계속해서 물 주입구를 조금씩 들어올려서(그림 3), 물을 주입하는 과정에서 일어나는 에너지 손실을 최소화하는 겁니다. 마찬가지로 물을 뺄 때도, 배출구를 통 꼭대기에서 바닥 쪽으로 서서히 낮추어줘서 열 발생을 통한 에너지 손실을 최소화할 수 있습니다.

실제로 일어나는 에너지 손실은 물을 채우는 동안 우리가 물 표면에서 물 주입구를 얼마나 가깝게 유지할 수 있느냐에 달려 있습니다. 이는 전기의 경우에는 시간에 따라 변하는 전압 공급에 해당됩니다.

$$\text{ENERGY} \cdot \text{TIME FOR TRANSISTOR}$$

$$= kT \cdot \frac{\text{LENGTH}}{\substack{\text{THERMAL} \\ \text{VELOCITY}}} \cdot \frac{\text{LENGTH}}{\substack{\text{MEAN FREE} \\ \text{PATH}}} \cdot \substack{\text{NUMBER} \\ \text{OF} \\ \text{ELECTRONS}}$$

$$\text{ENERGY} \sim 10^{9-11} \, kT$$

$$\therefore \text{DECREASE SIZE} : \substack{\text{FASTER} \\ \text{LESS ENERGY}}$$

그림 4

만약 우리가 시간에 따라 전압을 올리거나 낮추는 공급 장치를 사용할 수 있다면, 이와 같은 방법을 사용할 수 있습니다.

물론 전압 공급 장치 내에서도 에너지 손실이 있습니다. 그러나 전압 공급 장치의 경우에는 인덕턴스를 이용해서 에너지 손실을 최소화하는 것이 어렵지 않습니다. 전압 공급이 반도체 작동의 동기화 (클록킹) 신호에 따라서 전압의 레벨을 조절하기 때문에 이러한 방법을 '핫 클록킹*hot clocking*' 이라고 부릅니다. 이 경우에는 전압 공급 장치 회로의 동기화를 위해서 새로운 클록킹 신호를 사용할 필요가 없습니다.

위에서 말한 두 번째, 세 번째 장치는 천천히 작동할수록 에너지 소비량이 줄어듭니다. 세 번째 장치에서 물 주입구 높이를 너무 빠르게 움직이면, 물 표면과 거리가 점점 벌어져 물이 빠른 속도로 떨어질 겁니다. 그러면 더 많은 에너지 손실이 발생하죠. 따라서 제대로 작동하려면 천천히 하는 수밖에 없습니다. 마찬가지로 U자 관도, 물이 양쪽으로 왔다 갔다 하는 속도보다 빨리 밸브를 열었다 잠갔다 할 수 없으면 무용지물일 것입니다. 그러므로 제가 구상한 장치들은 비교적 느리게 작동해야만 합니다. 에너지 손실을 줄이긴 했지만, 장치를 더 느리게 만든 거죠. 실제로, 회로가 한 번 작동할 때 발생하는 에너지 손실 양에 회로가 한 번 작동하는 데 걸리는 시간을 곱하면, 회로의 작동 속도에 따라 수치가 변하지 않고 항상 일정합니다.

트랜지스터의 경우에, 에너지 손실량에 회로의 1회 작동 시간을 곱한 수치는 다음 여러 변수들을 서로 곱한 수치와 같습니다. (그림 4)

1. 온도에 비례하는 열 에너지, kT
2. 트랜지스터의 소스(전하 공급원)와 드레인(배출구) 사이의 길이를 내부 전자의 속도(열에너지 속도는 $\sqrt{3kT/m}$)로 나눈 값
3. 트랜지스터 내에서 전자들의 평균 충돌 거리를 단위로 표현한 트랜지스터의 길이
4. 작동 중인 트랜지스터 내에 존재하는 총 전자의 수

이러한 변수들에 적정한 수치를 대입하여 계산해보면, 오늘날 트랜지스터가 사용하는 에너지는 열 에너지 kT의 10억 배에서 100억 배, 또는 그 이상임을 알 수 있습니다. 트랜지스터가 한 번 작동할 때마다 그만큼씩 에너지를 소비하는 겁니다. 아주 엄청난 양이죠. 따라서 트랜지스터 크기를 줄이는 일은 상당히 중요합니다. 트랜지스터 크기를 줄이면, 소스(전하 공급원)와 드레인(배출구) 간의 길이를 줄일 수 있고, 트랜지스터 내의 총 전자수를 줄여서, 결과적으로 에너

지 소비를 훨씬 줄일 수 있습니다. 또한 크기가 작으면 전자들이 움직여야하는 총 거리가 줄어들어 트랜지스터를 작동시키는데 걸리는 시간이 줄어듭니다. 결과적으로 작은 크기의 트랜지스터 작동 속도가 훨씬 빠르게 되죠. 이 밖에도 트랜지스터를 작게 만들수록 여러 면에서 유리합니다. 이를 위해 많은 연구가 진행되고 있다는 것은 두말할 나위도 없겠지요.

하지만 트랜지스터 길이(전하 공급원부터 배출구까지 길이)보다 전자의 평균 충돌거리가 더 길어진 만큼 트랜지스터 크기가 작아진다면 어떻게 될까요? 이런 경우에는 트랜지스터가 제대로 작동하지 않는다고 알려졌습니다. 더 이상 우리 생각대로 작동하지 않는 거죠.

하지만 이런 현상은 나로 하여금 음속 장벽을 연상시킵니다. 예전에 비행기는 음속 이상의 속도로 날 수 없다고 생각했죠. 비행기를 통상적인 방법으로 설계한 다음에 방정식에 음속을 대입하면, 프로펠러도 더 이상 돌지 않고, 날개도 양력을 얻지 못하는 등 아무것도 제대로 작동하지 않는다고 나오는 것입니다.

그렇지만 현재 비행기는 음속 이상의 속도로 날 수 있습니다. 그러니까 상황이 바뀌면 어떤 물리 법칙을 적용하는 것이 옳은지를 밝혀내고, 새로운 방정식을 기반으로 기계를 설계하면 됩니다. 이전 방정식이 새로운 상황에서 적용될 거라고 기대할 수는 없습니다. 새로운 상황에서는 거기에 맞는 새로운 방정식이 적용될 것입니다. 저는 전자들의 평균 충돌거리보다 더 작은 단위에서도 작동할 수 있는 트랜지스터나 컴퓨터 회로를 설계할 수 있다고 확신합니다. 물론 이론적으로 가능하다는 거지, 실제로 그런 장치를 제작하는 것에 대해 말하는 것은 아닙니다. 따라서 이제는 이러한 장치들을 최대한 작게 설계했을 때 어떤 일이 벌어지는지에 대해서 논의해 보겠습니다.

크기 줄이기

세 번째 주제는 컴퓨터 회로의 크기에 관한 것이며, 지금부터는 순전히 이론적으로만 논하겠습니다. 우선, 아주 작은 세계에 관해서 생각할 때, 가장 먼저 주의해야 할 것은 브라운 운동(분자들의 끊임없는 무작위적 충돌 때문에 생기는 입자들의 요동. 식물학자 로버트 브라운이 1828년에 최초로 언급했고, 1905년에 앨버트 아인슈타인이 〈물리학 연보*Annalender Physik*〉에 발표한 논문에서 이것을 설명했다)입니다. 모든 입자들은 제자리에 있지 않고 끊임없이 요동을 치죠.

그렇다면 어떻게 회로를 제어해야 할까요? 게다가 회로가 제대로 작동한다 해도, 가끔가다 역행해 버리지는 않을까요? 우리가 이러한 전자 시스템의 동력원으로 2볼트의 전압을 사용한다면, 일반적인 회로에서 그 정도 사용하죠, 이는 보통 실내온도의 열 에너지보다 80배나 됩니다. 이런 상황에서, 그러니까 80배의 열 에너지 때문에 회로가 거꾸로 작동할 확률은, 즉 전류가 역류할 확률은 e^{-80}, 곧 10^{43}분의 $1(10^{-43})$입니다. 이것은 무엇을 뜻할까요?

자, 이렇게 생각해 봅시다. 트랜지스터 10억 개를 가진 컴퓨터가 하나 있는데, 물론 아직 이런 컴퓨터는 없죠, 각 트랜지스터가 1초 동안 100억(10^{10})번 작동한다고 치면, 한 번 작동하는 데 걸리는 시간은 100억(10^{10})분의 1초가 되는 거죠. 따라서 이 컴퓨터가 10억(10^9)초 동안, 즉 약 30년 동안 계속해서 작동한다면, 트랜지스터는 총 10^{28}

BROWNIAN MOTION

$$2 \ VOLT \ = \ 80 \ kT$$
$$PROB. \ ERROR \ e^{-80} \ = \ 10^{-43}$$

$$10^9 \ TRANSISTORS$$
$$10^{10} \ CHANGES \ / \ SEC. \ EACH$$
$$10^9 \ SECONDS \ (30 \ YEARS)$$

$$10^{28}$$

그림 5

번 작동합니다. 이때 트랜지스터 하나가 거꾸로 작동할 확률은 겨우 10^{43}분의 1에 불과하므로, 열진동 때문에 오류가 생길 일은 30년 동안 한 번도 없는 겁니다. 그 정도 오류 빈도로도 만족할 수 없다면, 2.5볼트를 사용해서 오류 빈도를 더 낮출 수도 있죠. 하지만 그보다 우주선cosmic ray이 우연히 트랜지스터를 지나가면서 일으키는 오류가 훨씬 먼저 발생할 겁니다. 따라서 이보다 더 완벽하게 만들 이유는 없겠죠.

어쨌거나 훨씬 더 많은 것이 가능합니다. 저는 〈사이언티픽 아메리칸〉 이번 호에 게재되었던 C. H. 베넷과 R. 란다우어의 〈계산 장치의 근본적인 물리적 한계〉(사이언티픽 아메리칸Scientific American 1985년도 7월호)를 인용하겠습니다. 컴퓨터 내의 트랜지스터 같은 부품들이 대체로 제대로 작동하지만 종종 거꾸로 작동한다 해도, 즉 전류가 역류한다고 해도, 제대로 작동하는 컴퓨터를 만들 수 있습니다. 각각의 계산은 제대로 행해지거나 역행할 수 있습니다. 계산이 제대로 한

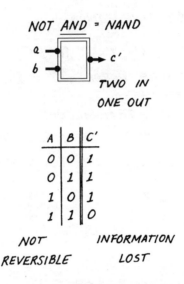

그림 6

방향으로 진행되다가 가끔 역행하고, 다시 또 원래 방향으로 수행되는 거죠. 다만 계산이 순행하는 빈도가 역행하는 빈도보다 자주 있다면, 그리고 충분히 기다리기만 한다면 언젠가 컴퓨터가 계산을 모두 끝낼 것입니다.

트랜지스터와 같은 간단한 회로를 여러 개 배열해서 모든 종류의 계산을 할 수 있다는 것은 이미 알려졌습니다. 조금 더 논리적이고 추상적인 방식으로 생각하자면, 예를 들어 NAND 게이트 여러 개만을 연결해도 모든 계산을 수행할 수 있습니다(NAND 게이트는 NOT 게이트와 AND 게이트를 직렬로 연결한 회로, 즉 NOT-AND 게이트). NAND 게이트는 입력단자 두 개와 출력단자 한 개를 가지고 있습니다. (그림 6)

잠시 NOT 게이트는 접어두고 AND 게이트를 생각해 봅시다. AND 게이트란 입력단자 두 개가 모두 1일 때만 1을 출력하고, 그 밖

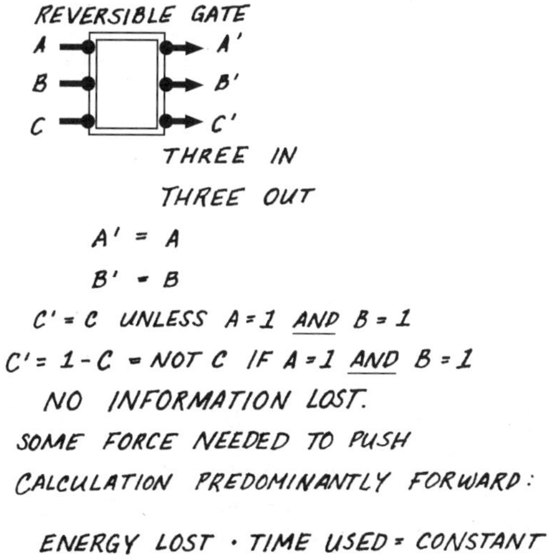

REVERSIBLE GATE

THREE IN
THREE OUT

A' = A
B' = B
C' = C UNLESS A = 1 AND B = 1
C' = 1-C = NOT C IF A = 1 AND B = 1
NO INFORMATION LOST.
SOME FORCE NEEDED TO PUSH
CALCULATION PREDOMINANTLY FORWARD:

ENERGY LOST · TIME USED = CONSTANT

그림 7

의 경우에는 0을 출력하는 회로죠. NOT-AND란 그 반대를 의미합니다. 그러니까 입력단자 두 개가 모두 1일 때만 0을 출력하고 그 밖에는 1을 출력합니다. 다만 논리적 1에 해당되는 전압은 0입니다. 그림 6은 이러한 NAND 게이트의 입출력을 표시한 표를 보여줍니다. A와 B는 입력 수치고, C는 출력 수치입니다. 만약 A와 B가 전부 1이라면 출력은 0이고, 그 밖에는 전부 1을 출력하죠.

하지만 이런 장치는 비가역적입니다. 정보를 잃어버리죠. 즉 거꾸로 작동했을 때, 출력 수치만을 가지고 원래 입력 수치를 알아낼 수 없다는 것이죠. 이러한 회로는 역행했다가 다시 원래 방향으로 작동하면서 정상적으로 작동할 수는 없겠죠. 자세히 말하면, 만약 우리가 출력 수치가 1이라는 것을 알고 있을 때 과연 원래 입력 수치가 A=0, B=1인지, A=1, B=0인지, A=0, B=0인지 알 방법이 없다는 것이죠.

따라서 역행할 수가 없습니다. 이러한 회로는 비가역적 회로입니다.

베넷의 놀라운 업적은, 프레드킨 역시 독자적으로 발견했는데, 이와는 다른 종류의 회로, 즉 가역적인 회로를 사용해서 계산을 수행할 수 있다는 것을 발견한 것입니다. 나는 그들의 생각을 바탕으로 해서 가역적인 NAND 게이트라 불릴 만한 것을 고안해 냈습니다. 이 회로는 입력단자와 출력단자 모두 세 개씩 가지고 있습니다. (그림 7) 출력단자들 중 두 개, A′와 B′는 각각 입력단자 A, B와 똑같은 수치를 갖습니다. 세 번째 출력은 다음과 같이 작동합니다. A와 B가 모두 1일 때 C′는 C와 반대되는 값을 갖고, 그 밖의 경우 C′는 C와 같은 값을 갖습니다.

말하자면, A와 B가 모두 1인 경우에 한해서는 C가 1이라면 C′는 0이 되고, C가 0이라면 C′는 1이 됩니다. 그리고 A나 B가 0인 경우, C가 1이면 C′는 1이 되고, C가 0이라면, C′도 0이 됩니다. 이러한 게이트 두 개를 직렬로 연결해 놓는다면, A와 B 값은 바뀌지 않고 그대로 출력단자(A″, B″)로 전달됩니다. 만약 C 값이 각 게이트마다 두 번 다 바뀌지 않고 출력되면 최종 출력(C″)도 원래 입력 값(C)과 같게 되죠. 만약 C 값이 각 게이트에서 변경된다면(A와 B가 둘 다 1인 경우), C 값은 두 번 바뀌게 되므로 여전히 초기 입력 값과 같은 값을 출력하게 되죠. 따라서 이러한 게이트는 정보를 잃어버리지 않고 역행할 수 있습니다. 출력 값만을 가지고 입력 값을 알 수 있는 거죠.

이러한 게이트로 구성된 장치는 만약 모든 요소가 제대로 된 방향으로 흐를 때 계산을 수행합니다. 그러나 설사 작동이 순행과 역행을 반복하더라도 충분히 순행하기만 하면 결국에는 제대로 계산을 끝내는 거죠. 왔다 갔다 하더라도 끝까지만 계산이 진행되면 되는 것입니다. 이는 마치 기체에서 주변 원자들에게 사방으로 부대낌을 당하는 작은 입자와 같은데, 평균적으로는 결국 어느 방향으로도 움직이지 않죠. 그러나 한쪽으로 아주 조금만이라도 밀어준다면, 이런 입자는 약간의 브라운 운동에도 불구하고 천천히 유동하면서 한쪽으로 움직이기 시작해서 반대쪽 끝까지 다다르게 되죠.

따라서 위와 같은 컴퓨터도 역시 약간만 회로를 한쪽 방향으로 밀어준다면 계산을 수행할 것입니다. 비록 계산이 순행과 역행을 반복하여서 그다지 부드럽게 진행되지는 않겠지만 결국은 계산을 끝낼 것입니다. 기체중의 입자와 마찬가지로, 한 쪽 방향으로 아주 살짝만 밀어준다면, 손실되는 에너지는 아주 적습니다. 그러나 작업이 모두 끝나는 데는 오랜 시간이 걸리겠죠.

그런데 우리가 서둘러야 해서, 입자를 세게 밀어준다면 에너지 손실이 아주 커집니다. 컴퓨터의 경우도 마찬가지죠. 대신에 우리가 느긋해서 회로를 아주 천천히 작동시킨다면, 손실되는 에너지는 무시해도 좋을 만큼 적어집니다. 각 단계마다 발생하는 손실이 kT 보다도 적을 수 있겠죠. 걸리는 시간이 길어지게 하는 대신 원하는 만큼 에너지 소비를 줄일 수 있습니다. 하지만 여러분이 서둘러야 한다면 에너지를 많이 소비하는 수밖에 없습니다. 그리고 계산을 끝내는 데 드는 총 에너지 소비와 계산을 끝내는 데 드는 총 시간을 곱한 수치는 언제나 일정합니다.

이러한 가능성을 염두에 두고, 컴퓨터를 얼마나 작게 만들 수 있는지 생각해 봅시다. 컴퓨터에서 비트를 나열해 2진법으로 숫자를 나타낸다는 것은 모두들 잘 아실 겁니다. 그런데 각각의 원자가 하나의 비트로서 0과 1을 나타낸다면, 원자 배열로도 숫자를 표시할 수 있습니

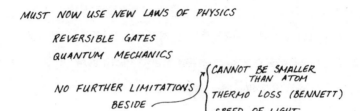

그림 8

다. 사실은 원자 하나는 두 개 이상의 상태를 가질 수 있기 때문에, 필요한 원자 수를 줄일 수도 있습니다. 하지만 원자 한 개당 1비트를 사용하는 것만으로도 충분합니다! 따라서 지적인 유희 차원에서 비트를 원자 단위로 표현하는 컴퓨터를 만드는 것이 가능한지 생각해 봅시다.

예를 들면 원자의 스핀 값이 업*up*일 때 1이라고 하고 스핀 값이 다운*down*일 때 0이라고 할 수 있겠죠. 그리고 이곳저곳에서 비트 값을 바꿔주는 트랜지스터 역할은 원자 상태를 바꿔주는 원자 상호간의 작용으로 대체할 수 있습니다. 가장 간단한 방법으로 일종의 3원자 상호작용이 이러한 기본 게이트가 될 수 있을 겁니다. 다시 한 번 언급하지만, 커다란 물체에 적용되는 물리법칙을 가지고 이러한 장치를 설계한다면 제대로 작동하지 않을 것입니다. 원자의 운동을 지배하는 양자역학 법칙을 사용해야만 합니다. (그림 8)

그러므로 우리는 현재 컴퓨터 내부의 총 게이트보다 얼마나 적은 원자를 배열해서 컴퓨터로 만들 수 있는지 양자역학적으로 먼저 살펴봐야 합니다. 이것은 이미 이론적으로 연구되어 실제로 어떤 배열이 적용될 수 있는지가 밝혀졌습니다. 양자역학 법칙들이 가역적이기

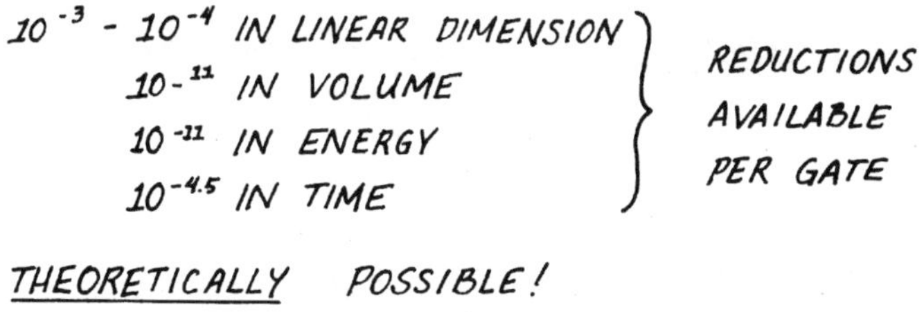

$10^{-3} - 10^{-4}$ IN LINEAR DIMENSION

10^{-11} IN VOLUME

10^{-11} IN ENERGY

$10^{-4.5}$ IN TIME

} REDUCTIONS AVAILABLE PER GATE

THEORETICALLY POSSIBLE!

그림 9

때문에 우리는 베넷과 프레드킨이 고안한 가역적 논리 게이트를 사용해야만 합니다. 다행히 양자역학 법칙들은 베넷 씨가 열역학적으로 고안한 이러한 설계에 또 다른 제약을 더하지는 않습니다. 물론 실용적인 부분에서는 각 비트가 원자 하나 크기는 되어야 한다는 것과 트랜지스터가 원자 서너 개로 이루어져야 한다는 제약이 있기는 합니다. 제가 고안한 양자역학적 게이트는 원자 세 개로 구성되어 있습니다. 저는 현재 기술 수준이 원자 비트 단계에 다다르기 전에는 원자핵에 비트를 기록하려 하지는 않으려고 합니다.

이제 우리에게 남겨진 제약은 세 가지입니다. (a) 원자의 크기에 따른 회로 크기의 제한, (b) 베넷이 계산했듯이 작동 시간에 따른 에너지 소비량의 제약, (c) 그리고, 제가 미처 언급을 못 했는데, 속도에 대한 제약이 있습니다. 빛보다 빠른 속도로 신호를 보내는 방법은 없기 때문이죠.

이들이 컴퓨터 설계에 있어서 제가 아는 유일한 제약입니다.

우리가 어떻게 해서든 원자 단위의 컴퓨터를 만들면 이러한 컴퓨터는 (그림 9) 폭이 현재 우리가 알고 있는 가장 작은 반도체보다도 천배에서 만 배는 더 작을 겁니다. 이는 이러한 컴퓨터의 부피가 오늘날 컴퓨터보다 천억(10^{11}) 배 정도 더 작다는 뜻이죠. 트랜지스터 크기가 오늘날 트랜지스터 크기의 10^{11}분의 1정도이기 때문입니다. 트랜지스터 하나를 작동하는 데 드는 에너지 역시 10^{11}배 정도로 줄게 되고, 계산의 한 단계를 수행하는 데 드는 시간 역시 적어도 10,000분의 1 정도로 줄어들 것입니다. 따라서 오늘날 컴퓨터에는 아직 개선의 여지가 많고, 이런 작업은 컴퓨터를 직접 설계하시는 여러분들에게 맡기겠습니다. 에자와 씨께서 제 말을 번역하는데 이보다는 더 많은 시간이 들 것이라고 생각해서, 미처 더 말할 내용을 준비하지 못했습니다. 고맙습니다! 이제 질문 있으면 받겠습니다.

질문과 답

질문: 1비트의 정보를 원자 하나에 저장할 수 있다고 하셨는데요, 쿼크 한 개에도 같은 양의 정보를 저장할 수 있는지 궁금합니다.

대답: 담을 수 있습니다. 하지만 우리는 쿼크를 제어할 수 없으니 그것은 비현실적인 방법이 될 겁니다. 여러분은 제가 말한 것도 현실성이 없다고 생각할지 모르지만, 저는 그렇게 생각하지 않습니다. 제가 원자에 대해서 말한 것은 언젠가는 우리가 원자를 하나 하나 다루고 제어할 수 있다고 믿기 때문입니다. 쿼크의 경우에는 서로간의 작용에서 너무 엄청난 양의 에너지가 관련되기 때문에, 방사능 같은 문제가 발생할 수 있어서 매우 위험합니다. 하지만 제가 말한 원자 에너지는 화학 에너지나 전기 에너지처럼 매우 친숙한 것이고, 지금 당장은 터무니없어 보일지 모르지만, 현실성이 있다고 봅니다.

질문: 교수님께서는 컴퓨터가 작으면 작을수록 좋다고 하셨는데, 제 생각에는 장치들이 그것보다는 더 커야 될 것 같습니다만….

대답: 버튼을 누르기엔 우리 손가락이 너무 크다고 생각하시는 겁니까?

질문: 네, 그렇습니다.

대답: 물론 옳은 말씀입니다. 하지만 저는 로봇이나 다른 장치에 들어가는 내장 컴퓨터를 말하는 것입니다. 저는 입력장치에 대해서는 언급을 하지 않았습니다. 입력이 보는 것이나, 듣는 것이나, 또는 버튼을 누르는 것이거나 말입니다. 저는 원리적으로 계산이 어떻게 이루어지는가에 대해서 말했지, 출력이 어떤 형태로 이루어져야 하는지에 대해서 말하지는 않았습니다. 대부분의 경우 입출력이 인간의 크기를 무시하고는 효과적으로 이루어질 수 없다는 것은 사실입니다. 이미 우리의 커다란 손가락으로는 누르기 어려운 버튼을 가진 컴퓨터들도 있지요. 하지만 오랜 시간이 걸리는 정밀한 계산 문제들은 아주 작은 컴퓨터로 적은 에너지를 들여 빠르게 해결할 수 있습니다. 저는 이런 컴퓨터에 대해서 말했던 것입니다. 단지 두 숫자를 더하는 것과 같은 간단한 문제가 아니라 더 복잡한 문제들 말입니다.

질문: 저는 하나의 원자 규모의 회로에서 다른 원자 규모의 회로로 정보를 이송하는 방법에 대해 묻고 싶습니다. 만약에 우리가 양자역학이나 또는 다른 자연적인 상호작용을 이용한다면, 이러한 장치는 자연 그 자체에 매우 가까울 것입니다. 예를 들어 우리가 컴퓨터 모의실험을 한다면, 즉 자석의 임계현상을 연구하기 위해 몬테카를로 모의실험을 한다면, 교수님이 말씀하신 원자 규모의 컴퓨터는 자석 자체와 매우 비슷해질 것입니다. 여기에 대해 어떻게 생각하십니까?

대답: 그렇습니다. 우리가 만드는 모든 것은 자연이지요. 우리는 자연을 우리의 목적에 맞게 배열해서 특정 목적을 위한 계산을 수행합니다. 자석 내에서도 어떠한 관계들이 존재합니다. 말하자면 어떠한 계산이 수행 중이라고 말할 수도 있겠지요, 마치 태양계가 그렇듯 말입니다. 그러나 그러한 계산은 우리가 특정 시점에 하고 싶은 그런 계산이 아닐 겁니다. 우리가 필요로 하는 장치는 자신의 자기장 문제를 푸는 시스템이 아니라, 프로그램을 우리가 조정해서 우리가 풀기 원하는 문제를 풀게 하는 장치입니다. 제가 풀고 싶은 문제가 행성의 운동을 계산하는 문제가 아닌 이상에야, 이런 경우에는 단지 태양계를 관찰만 하고 있으면 됩니다, 태양계를 저의 컴퓨터로 사용할 수 없겠죠.

이전에 우스개로 쓴 재미난 글을 본 적이 있습니다. 먼 미래에 항공역학 계산을 할 수 있는 새로운 방법이 개발되었다고 합니다. 그 시대의 정밀한 컴퓨터를 사용하는 대신, 그 사람은 정지된 비행기 날개에 바람을 보내는 장치를 발명한 것입니다. 즉, 풍동 장치를 다시 발명한 것이죠!

질문: 최근에 신문을 보니, 우리 뇌 속에 있는 신경계의 작동은 현재 전자회로보다 훨씬 느리고, 신경계의 최소 단위의 크기는 훨씬 더 작다고 합니다. 교수님께서 지금 말씀하신 컴퓨터가 뇌 속의 신경계와 공통점이 있다고 보십니까?

대답: 뇌와 컴퓨터는 그 요소들이 다른 요소들의 제어로 작동될 수 있다는 점에서 분명히 유사성이 있습니다. 신경 신호는 다른 신경을 제어하거나 작동시키는데, 이때 신경은 종종 하나 이상의 신경 신호를 받아들입니다. AND 게이트나 이보다 더 일반적인 게이트에 따라

신호를 해석하는 거죠. 그렇다면 뇌 속의 세포 하나가 자신의 상태를 한 번 바꾸는데 사용되는 에너지는 얼마일까요? 정확한 수치는 저도 모르겠습니다. 뇌 세포가 한 번 작동하는 데 걸리는 시간은 미래의 원자 단위의 컴퓨터는 고사하고, 오늘날 우리가 사용하는 컴퓨터보다도 훨씬 깁니다. 하지만 뇌의 연결 체계는 컴퓨터보다 훨씬 더 정교합니다. 트랜지스터가 기껏해야 두세 개의 다른 트랜지스터에 연결되어 있는 것에 비해, 뇌 속에 있는 신경 하나는 수천 개의 다른 신경과 연결되어 있죠.

뇌의 활동을 관찰해보면, 어떤 면에서는 뇌가 컴퓨터보다 훨씬 더 우수하지만 어떤 면에서는 컴퓨터가 뇌보다 훨씬 우수하다는 것을 알게 됩니다. 이는 사람들로 하여금 더 우수한 컴퓨터를 만드는 자극을 주었습니다. 흔히 공학자들은 뇌가 어떻게 작동하는지를 알아내서, 적어도 그렇다고 생각해서, 그런 방식으로 작동하는 기계를 설계합니다. 이러한 새 기계는 실제로도 문제없이 잘 작동합니다. 그러나 강조하건대, 이러한 컴퓨터가 실제로 뇌가 어떻게 작동하는지에 대해서 가르쳐주는 것은 아무것도 없고, 또한 우수한 컴퓨터를 만들기 위해서 뇌를 흉내 낼 필요도 전혀 없습니다. 예를 들면, 비행기를 만들기 위해서 새의 날갯짓과 깃털 모양을 연구할 필요가 없는 것과 같은 이치죠. 여기에 대해서 좀더 얘기해보죠.

우리 두뇌는 컴퓨터에 비해서 매우 약한 면이 있습니다. 숫자 몇 개를 불러보겠습니다. 하나, 둘, 셋…, 아 이게 아니라, 이치, 산, 시치, 산, 니, 고, 니, 고, 이치, 하치, 이치, 니, 쿠, 산, 고. 제가 불러드렸던 숫자를 순서대로 다시 말하실 수 있습니까? 컴퓨터는 수만 개의 숫자를 외운다든지, 또는 그 합을 구한다든지 하는, 우리가 못하는 여러 가지 일을 할 수 있습니다. 반면에, 저는 어떤 사람 얼굴을 힐끔 보고 나서, 제가 아는 사람인지 아닌지 금방 말할 수 있습니다. 하지만 우리는 아직도 컴퓨터가 사람 얼굴을 알아볼 수 있게 하는 방법을 모릅니다. 여러 가지 얼굴을 가지고 아무리 훈련을 시켜도 그렇습니다.

또 다른 흥미로운 예는 체스 두는 컴퓨터입니다. 이 방에 있는 사람 거의 모두보다도 더 체스를 잘 두는 컴퓨터를 만들 수 있다는 것은 참으로 놀라운 일이지요. 하지만 컴퓨터는 수많은 가능성들에 대해 모든 계산을 미리 함으로써 체스를 잘 둡니다. 가능한 모든 수를 다 조사해서 결정을 내리는 거죠. 컴퓨터는 수백만 개의 가능성을 다 염두에 두지만, 사람은 다른 방법을 씁니다.

패턴을 인식하는 것이죠. 사람은 기껏해야 30, 40개의 수만을 염두에 두고 수를 결정합니다. 그래서 바둑은 규칙이 더 간단한데도, 바둑 두는 컴퓨터는 그다지 우수하지 못합니다. 한 수마다 둘 수 있는 수가 너무 많고, 또한 너무 많은 요소들을 확인해야 되기 때문에, 여러 수를 미리 내다보지 못하는 거죠. 따라서 패턴을 인식하고 무엇을 할지 결정하는 것은 아직도 컴퓨터 공학자들이, 이들은 스스로 컴퓨터 과학자라고 말하지만, 매우 어려워하는 문제입니다. 이 문제는 미래의 컴퓨터 문제에서 아주 중요한 문제며, 어쩌면 제가 언급한 문제들보다도 더 중요할지도 모릅니다. 바둑 잘 두는 컴퓨터를 만드십시오!

질문: 저는 어떠한 새로운 계산 방식도, 그런 계산 방식을 이용하는 장치나 프로그램을 설계할 수 없다면 쓸모없다고 생각합니다. 저는 보존 논리회로에 관한 프레드킨의 논문에 매료되기는 했습니다만,

그러한 장치에서 돌아가는 간단한 프로그램을 만들려다가 포기하고 말았습니다. 너무 복잡해져서 말이지요. 제 생각에 우리는 일종의 무한퇴행에 빠져들 것 같아요. 그 이유는, 어떤 프로그램을 만드는 과정이 프로그램 자체보다 더 복잡하고, 그래서 자동 진행 프로그램을 만들려고 하면 그 프로그램은 또 더 복잡하거든요. 특히 이런 경우에는 프로그램이 하나의 소프트웨어로 따로 분리된 것이 아니라 하드웨어 내에 회로로 내장되기 때문에 더욱 복잡해질 거라고 생각합니다. 저는 이론적인 문제뿐만 아니라 실현 가능에 대한 문제 역시 근본적인 문제라고 생각합니다.

대답: 문제를 잘못 이해하신 것 같군요. 무한퇴행이란 없습니다. 단지 일정한 복잡성을 갖게 되는 것뿐입니다. 프레드킨이 말하고자 하던 컴퓨터나 제가 말하는 양자역학 컴퓨터는 둘 다 프로그램되어 어떤 작업이라도 할 수 있는 보편적인 컴퓨터입니다. 회로로 내장된 프로그램만 수행하는 것이 아닙니다. 일반적인 컴퓨터보다 더 많은 회로가 내장되지도 않고 입력으로 정보를 받아들여서, 프로그램도 입력의 일부입니다, 주어진 임무를 실행하는 것입니다. 물론 회로가 내장되어 있기는 하지만 보통 컴퓨터와 마찬가지로 어떤 문제든 해결할 수 있습니다. 현재로선 불확실한 것들이 많이 있기는 하지만 저는 하나의 알고리듬을 찾아냈습니다.

만약에 여러분이 비가역적인 컴퓨터용으로 만든 프로그램, 보통 프로그램을, 저에게 준다면 자동 번역 방식으로, 그 프로그램을 가역적인 컴퓨터용으로 바꿀 수 있습니다. 번역된 프로그램이 비효율적이고 더 길기는 합니다. 하지만 필요하기만 하다면 이런 프로그램은 얼마든지 더 효율적으로 만들 수 있습니다. 현재로서는 적어도 제가 비가역적인 컴퓨터용으로 만들어진 $2n$ 단계를 사용하는 프로그램을 $3n$ 단계를 사용하는 가역적 컴퓨터용으로 변환할 수 있다는 것을 압니다. 물론 훨씬 더 길다는 것은 압니다. 하지만 저는 가장 효율적인 방법을 찾으려한 것은 아니고, 단지 그런 작업이 가능하다는 것만을 보이려했을 뿐입니다. 지는 질문하신 분이 언급한 무한퇴행은 일어나지 않을 것이라고 거의 확신합니다. 하지만 아직은 모르는 일이죠. 현재로서는 완전히 확실하지는 않으니까요.

질문: 하지만 그러한 가역적인 컴퓨터가 너무 느리게 작동해서 대부분의 효용성이 다 사라지는 것은 아닐까요? 저는 이점에 대해서 매우 회의적입니다만.

대답: 물론 이런 컴퓨터들이 더 느리기는 하지만 동시에 훨씬 더 작기도 합니다. 물론 꼭 필요하지 않다면, 굳이 가역적으로 만들 필요는 없겠죠. 에너지 소비를 엄청나게 줄이려하지 않는 이상에야, 가역적인 컴퓨터를 만들 이유는 없습니다.

사실 이렇게 에너지 소비를 엄청나게 줄이는 것은 우스운 일이기도 합니다. 단지 kT의 80배 정도만 되는 에너지를 가지고도 비가역적 컴퓨터를 작동하는데 충분하기 때문입니다. 80배라는 수치만 해도 오늘날의 비가역적 컴퓨터를 작동하는데 필요한 10억(10^9)kT, 100억(10^{10})kT보다는 훨씬 적은 수치죠. 비가역적 컴퓨터를 만들면서도 아직 에너지 소비를 천만(10^7)배나 줄일 여지가 남아 있습니다. 그렇습니다. 현재로선 이렇게 하는 것이 물론 옳은 것이겠죠. 하지만 저는 실용적인 것을 따지는 것이 아니라, 단지 이론적으로는 어디까지 가능한지 생각해보는 데서 지적인 즐거움을 누리는 것뿐입니다. 그러다가 보니까 kT의 몇 분의 일 만큼의 에너지만 갖고도 원자 단위의 작은 컴퓨터를 만들 수 있다는 것을 발견했습니다.

하지만 그러기 위해서는 가역적인 물리 법칙들을 사용해야 합니다. 커다란 물체의 경우에는 열이 모든 방향으로 분산되어 다시는 한곳으로 모아질 수 없기 때문에 필연적으로 비가역적입니다. 아주 작은 기계를 만들 때는, 많은 원자로 이루어진 방열체를 사용하지 않는 이상, 모든 것을 가역적으로 해야만 합니다. 실용적인 관점에서는 장치가 약간 비가역적이 된다고 해도 100억(10^{10})개의 원자로 이루어진 납 조각 하나를, 그래도 실제로는 상당히 조그마한 거죠, 이런 컴퓨터에 부착하는 것조차도 꺼리게 될 날이 오지는 않을 것입니다. 따라서 실용적인 측면에서 앞으로 아주 오랜 시간 동안은, 어쩌면 영원히, 비가역적인 회로만 사용하게 될 것이라는 점에서는 의견에 동의합니다. 하지만 반면에 모든 곳에서 인간의 상상의 한계를 넓히는 일이 과학적 탐험의 일부라고 생각합니다. 이러한 활동이 각 단계에서는 비록 하찮아 보이고 쓸모없어 보이기는 하지만, 종종 대단한 발명으로 이어지기도 하지요.

질문: 불확정성 원리로부터 오는 제한은 없습니까? 교수님께서 말씀하신 가역적인 컴퓨터 방식에서는 에너지나 회로 작동 시간에 있어서 어떤 근본적인 제한은 없습니까?

대답: 그게 바로 제가 말하고 싶던 겁니다. 양자역학에서 오는 더 이상의 제약은 없습니다. 우리는 비가역적으로 손실된, 또는 사용된 에너지, 즉 기계 작동에서 발생하는 열과, 작동 장치가 가지게 되는 재생될 수 있는 에너지를 조심스럽게 구분해야 합니다. 시간과 재생될 수 있는 에너지 사이에는 어떤 상관성이 있습니다. 하지만 재생될 수 있는 에너지는 그다지 중요하지 않습니다. 그것은 우리가 기계내의

모든 원자들에 정지 에너지 mc^2을 더해야 하는가라는 문제와 비슷합니다. 에너지 손실에 시간을 곱한 값, 이것 말고 다른 어떠한 제한도 없습니다. 만약 계산을 엄청나게 빠르게 하고 싶다면 회로에 에너지를 공급해야 하는 것은 사실입니다. 하지만 이러한 에너지는 각 계산 단계마다 손실될 필요는 없습니다. 이 에너지는 관성에 의해서 계속 흘러가기 때문에 재생될 수도 있는 것이죠.

대답(질문 없이): 별 실용성 없어 보이는 생각 하나를 더 소개할까 합니다. 사실 누군가가 묻기를 기다렸는데, 아무도 질문하시지 않는군요. 그래서 그냥 말하겠습니다.

어떻게 원자를 특정 장소에 배열해서 이러한 작은 기계를 만들 수 있을까요? 아직은 원자 몇 개 단위의, 아니 원자 몇 백 개 단위만큼의 작은 기계도 존재하지 않습니다. 하지만 오늘날에도 실리콘을 제작할 때 움직일 수 있도록 아주 조그맣게 세포 단위 크기로 만들지 못할 이유가 없습니다. 그리고 여러 종류의 화학 물질을 분사할 수 있는 조그만 분사기를 여기저기에 설치할 수도 있을 겁니다. 우리는 이런 아주 조그마한 기계장치를 만들 수 있습니다. 그리고 이러한 기계장치는 우리가 만드는 컴퓨터 회로 등으로 쉽게 조작할 수 있습니다.

이제 단지 지적인 즐거움 차원에서 몇 마이크론(1/1,000mm) 정도로 조그마한 기계장치를 상상해 봅시다. 여기에는 톱니바퀴와 전선, 실리콘 연결장치가 달려 있는데, 이것들로 아주 커다란 기계장치를 만들어도 현재 기계처럼 딱딱하게 움직이지 않고 마치 백조의 목과 같이 유연하게 움직일 것입니다. 결국 백조의 목도 아주 조그만 기계장치라고 할 수 있는 세포들이 서로 연결되어서 부드럽게 움직이는 것이니까요. 우리라고 그렇게 하지 못할 이유가 어디 있습니까?

12
리처드 파인만, 우주를 세우다

미국 과학진흥협회가 후원한 미발표 인터뷰에서, 파인만은 과학에 몸담아온 생애를 회고했다. 노벨상 수상자들이 가득 모인 곳에서 했던 떨리는 첫 강의, 최초의 원자폭탄 개발에 초대받은 것과 그의 반응, 카고 컬트 과학에 대한 얘기가 나온다.

어떤 기자가 꼭두새벽에 전화를 걸어 노벨상 수상 소식을 전해주었을 때 파인만은 이렇게 말했다. "아침에 전화해도 되잖소."

나레이터: 멜 파인만은 뉴욕 시의 한 제복회사 세일즈맨이었습니다. 기다리던 아들 리처드가 태어난 것은 1918년 5월 11일이었지요. 그리고 47년 후 리처드 파인만은 노벨 물리학상을 받았습니다. 아버지 멜 파인만은 여러 방식으로 아들의 업적에 많은 영향을 주었다고 리처드 파인만은 말합니다.

파인만: 제가 태어나기 전에 아버지는 어머니에게 이렇게 말했습니다.

"이 아이가 아들이라면 과학자가 될 거요."

요즘의 여성해방 운동을 생각하면 이런 말을 할 수 없지만, 그때는 그렇게 말했어요. 그러나 아버지는 저에게 과학자가 되라고 말한 적이 한번도 없습니다…. 저는 이치를 음미하는 방법을 배웠습니다. 어떤 강요도 없었어요…. 나중에 제가 좀 나이가 들자, 아버지는 저를 데리고 숲을 거닐며 동물과 새들을 보여주었어요. 별과 원자 등 온갖 것들에 대해서도 얘기해 주었지요. 그런 것들에 대한 아버지의 이야기는 아주 재미있었습니다. 아버지는 세계에 대해 나름의 태도를 지니고 계셨는데, 세계를 바라보는 그런 태도는 직접 과학 훈련을 받지 않은 사람치고는 아주 과학적이었습니다.

나레이터: 리처드 파인만은 1950년부터 지금까지, 패서디나에 소재한 캘리포니아 공대 물리학 교수로 재직 중입니다. 그는 학생을 가르치며 한편으로는 우리의 우주를 구성하는 작은 물질에 관한 이론을 만드는 데 시간을 바치고 있습니다. 그는 물리학자로 살면서도 틈틈이 시적인 상상력을 발휘하여 여러 가지 이색적인 영역을 탐구했습니다. 원자탄 제작에 관련된 수학, 바이러스의 유전학, 극저온에서 일어나는 헬륨의 성질 등이 그것입니다. 그의 노벨상 수상 업적인 양자전기역학 이론 덕분에 수많은 물리학 문제들을 이전보다 더 직접적이고 더 효율적으로 풀 수 있게 되었습니다. 그런데 그러한 장기간의 업적들 또한 아버지와 함께 오랫동안 숲 속을 산책한 덕분이었다고 파인만은 말합니다.

파인만: 아버지는 나름대로 세상 이치를 바라보는 방식을 지니고 계셨습니다. 아버지는 이렇게 말씀하시곤 했지요.

　"우리가 화성인이라고 하자. 우리는 지구로 내려와서 이상한 생명체가 뭔가를 하고 있는 걸 보았다. 우리는 무슨 생각을 할까? 예를 들어, 우리는 잠을 자지 않는다고 하자. 우리는 화성인이고, 우리의 의식은 쉬는 법이 없다. 그런데 이 생명체는 매일 하루 여덟 시간쯤 눈을 감고 거의 움직이지도 않지. 우리는 아주 궁금해서 이렇게 물을 거야. '너희들은 그동안 뭘 느끼지? 무슨 생각을 하는 거지? 한동안 잘 돌아다니고, 분명하게 생각을 하기도 하는데, 그러다 어떤 일이 일어나는 거야? 갑자기 생각이 멈추나? 아니면 생각이 좀더 계속되며 조금씩 느려지다가 멈추나? 정확히 어떻게 사고가 멈추는 거야?'"

나중에 저는 여기에 대해 많은 생각을 했습니다. 대학 시절 여기에 대한 해답을 얻기 위한 실험도 했습니다. 잠들 때 우리의 사고 기능은 어떻게 되는가?

나레이터: 어린 시절 파인만 박사는 전기 기술자가 되려고 했습니다. 또 물리학을 공부해서 세상을 위해 좋은 일을 하려고 했지요. 오래지 않아, 무엇이 사물들을 움직이는지, 우주의 운행 뒤에 숨어 있는 이론적이고 수학적인 원칙이 무엇인지가 진정으로 더욱 흥미롭다는 것을 알게 되었습니다. 그의 정신은 그의 실험실이 되었습니다.

파인만: 어렸을 때 제가 실험실이라고 부른 곳은 장난을 치는 곳이었습니다. 라디오나 광전지 따위를 만드는 곳이었지요. 대학에 가서 실험실이라고 부르는 곳을 가보고 저는 깜짝 놀랐습니다. 그곳은 뭔가를 아주 진지하게 측정하도록 되어 있는 곳이었습니다. 제 실험실에서는 그처럼 지긋지긋한 측정을 한 적이 한번도 없어요. 그저 빈둥거리며 물건을 만들었지요. 어렸을 때의 제 실험이란 그런 것이었고 실험을 항상 그런 식으로만 생각했어요. 저는 그런 식으로 계속해 나가

겠다고 생각했지요. 실험을 하다보면 풀어야 할 문제가 생겼어요. 라디오를 고칠 때도 그랬습니다.

예를 들어, 저항을 구해다가 전압계 몇 개에 직렬로 연결해서 라디오가 여러 범위에서 작동하도록 해야 했죠. 그런 것들이 제가 풀어야할 문제였지요. 그래서 저는 공식을 찾기 시작했어요. 전기 공식 말입니다. 한 친구가 가진 책에 전기 공식이 나와 있었어요. 저항 사이의 관계도 나와 있었지요. 전력은 전류의 제곱 곱하기 전압이다, 전압 나누기 전류는 저항이다, 따위의 공식이 예닐곱 개쯤 있었어요. 그것들은 다 관련이 있는 것처럼 보였어요. 실제로 그 공식은 모두 독립적인 것이 아니었습니다. 하나가 다른 것에서 나올 수 있었어요. 그래서 저는 그것들을 가지고 놀았고, 학교에서 배운 대수로 그것을 이해할 수 있었어요. 그래서 이런 일에 수학이 중요하다는 것도 깨달았지요.

그래서 저는 점점 더 물리와 관련된 수학에 흥미를 느꼈습니다. 수학 자체도 제게는 아주 매력적이었어요. 저는 평생 수학을 사랑했습니다….

나레이터: 리처드 파인만은 매사추세츠 공대를 졸업한 후 남서쪽으로약 640km 거리에 있는 프린스턴 대학에 들어가 박사 학위를 받았습니다. 프린스턴 대학에서 공식적으로 첫 강의를 한 것은 24세 때였는데, 매우 중요한 강연이었습니다.

파인만: 대학원생이었을 때 저는 휠러*John Archibald Wheeler*(1911~. 통일장 이론에 대한 새로운 접근을 제시했으며, '블랙홀'이라는 말을 만들었다) 교수님의 연구조교로 있었습니다. 우리는 빛이 어떻게 작용

하는지, 다른 곳에 있는 원자들 간의 상호작용은 어떻게 일어나는지에 관한 새로운 이론을 연구했습니다. 당시에 그것은 매우 흥미로운 이론이었습니다. 그래서 그곳의 세미나를 맡고 있던 위그너*Eugene P. Wigner*(1902~1995. 대칭 원리의 연구를 통해 원자핵과 소립자 이론에 대한 공헌으로 1963년 노벨 물리학상을 받았다) 교수님이 우리에게 세미나를 하라고 했어요. 휠러 교수님은 제가 젊고 세미나 경험이 없기 때문에 좋은 기회라고 말했어요. 그래서 저는 처음으로 전문적인 강연을 하게 되었습니다.

제가 강연 준비를 하고 있을 때 위그너 교수님이 제게 와서, 이번 연구는 아주 중요하므로 특별히 파울리 교수님을 초청했다고 말하더군요. 그 위대한 물리학자가 취리히에서 찾아오는 것이었습니다. 세계에서 가장 위대한 수학자 폰 노이만, 유명한 천문학자 헨리 노리스 러셀, 그리고 근처에 사는 앨버트 아인슈타인도 특별 초청되었다고 하더군요. 제가 완전히 겁을 먹은 것을 보고 위그너 교수님은 이렇게 덧붙였어요.

"그렇다고 너무 초조해하지 말게. 걱정할 필요 없어. 먼저, 러셀 교수님이 주무신다고 나쁘게 생각하지 말게. 그 분은 세미나 할 때 항상 주무시거든. 그리고 파울리 교수님이 고개를 끄덕인다고 좋아하지 말게. 그 분은 항상 끄덕이거든. 경련 증세가 있어서."

그렇게 저를 안심시켰지만, 그래도 저는 걱정이 되었어요. 그래서 휠러 교수님은 질문에 대한 대답은 다 자기가 맡을 테니까 저는 그냥 강연만 하라고 했어요.

저는 그때를 생생히 기억합니다. 그런 첫 강연을 한다는 게 어떤 것인지 상상이 가시죠? 그건 마치 불 속으로 뛰어드는 것과 같았습니다. 저는 일찍 가서 칠판에 방정식들을 적어 놓았는데, 칠판 전체가 방정식으로 가득 찼어요. 사람들은 그렇게 많은 방정식을 원치 않습니다. 그보단 개념들을 더 잘 이해하기를 바라죠. 제가 강연하려고 일어섰을 때 청중들 속에는 위대한 사람들이 즐비하게 앉아 있었습니다. 저는 겁에 질렸어요. 봉투에 넣어간 보고서를 꺼내던 제 손이 아직도 생생하게 떠오릅니다. 부들부들 떨리고 있었어요. 일단 보고서를 꺼내고 강연을 시작하자, 이상한 일이 일어났습니다.

그 놀라운 일은 그때 이후 항상 일어났습니다. 제가 물리학에 대해 말할 때는, 물리학에 대한 사랑이 넘쳐서 오로지 물리학만 생각합니다. 저는 제가 어디에 있는지 염려하지 않습니다. 어떤 것에 대해서도 염려하지 않지요. 그래서 모든 것이 다 잘 되어갔습니다. 저는 최선을 다해 주제를 설명해 나갔습니다. 거기에 누가 있는지는 생각하지 않았지요. 오로지 제가 설명하려는 문제에 대해서만 생각했어요. 그리고 마침내 질문을 받을 시간이 되었지만 휠러 교수님이 대답할 테니까 저는 걱정할 필요가 없었습니다. 파울리 교수님이 일어섰습니다. 그 분은 아인슈타인 교수님 옆에 앉아 있었죠. 파울리 교수님이 이렇게 말했습니다.

"저는 이 이론이 옳을 거라고 생각하지 않습니다. 여차저차하고 이러저러하기 때문입니다. 그렇지 않습니까, 아인슈타인 교수님?"

아인슈타인 교수님이 대답했습니다.

"노오오오!"

내 평생 그렇게 멋진 '노'는 들어본 적이 없습니다

나레이터: 평생 수학과 이론물리학의 세계에서 산다고 할지라도, 매

우 실용적인 요구를 만족시켜 주길 바라기 마련인 바깥세상이 따로 있다는 것을 파인만이 알게 된 것은 프린스턴 대학에서였습니다. 당시 세계는 전쟁 중이었고, 미국은 막 원자폭탄을 개발하기 시작했습니다.

파인만: 바로 그 무렵, 밥 윌슨이 내 방에 와서 그 프로젝트 얘기를 했는데, 원자폭탄용 우라늄을 만들려고 한다는 겁니다. 그는 세 시 정각에 모임이 있다면서, 이건 비밀이지만, 그 비밀이 뭔지 알게 되면 저도 참여하지 않고는 배기지 못할 거라는 걸 자기가 잘 아니까 제게는 말해도 괜찮다는 거예요. 제가 말했습니다.

"내게 비밀을 말한 것은 실수한 겁니다. 나는 참여하지 않겠어요. 나는 내 연구나 계속할 겁니다. 내 학위 논문 연구 말입니다."

그는 방을 나가면서 말했어요.

"우리는 정각 세 시에 모임을 가질 거야."

아직은 오전이었어요. 저는 방안을 서성거리며 생각했지요. 원자 폭탄이 독일 수중에 들어가면 어떻게 될까? 온갖 생각이 떠올랐어요. 저는 폭탄을 개발하는 일이 재미있고도 중요한 일이라고 판단했습니다. 그래서 세 시 모임에 갔고, 학위 논문 연구를 중단하게 되었어요.

폭탄을 만들기 위해서는 우라늄 동위원소를 분리해야 한다는 것이 문제였습니다. 우라늄에는 두 가지 동위원소가 있는데, 그 중 우라늄 235가 활성 우라늄인데, 우리는 이것을 분리해야 했습니다. 윌슨은 이미 분리 방법을 생각해 냈습니다. 그것은 이온 빔을 만들어 이온들을 뭉치는 방법이었는데, 두 동위원소의 속도는 같은 에너지에서 조금 다릅니다. 그래서 이온들을 작은 덩어리로 뭉치게 해서 긴 관으로 보내면, 하나가 다른 것보다 더 빨리 가기 때문에 이런 방법으로 우라늄 동위원소를 분리해낼 수 있습니다. 이것이 그가 세운 계획이었어요. 그때 저는 이론을 맡았습니다. 제가 원래 하기로 한 일은 그 장치가 현실성 있게 설계되었는지, 그게 작동 가능한지를 알아보는 것이었어요. 거기에는 공간 전하 등 여러 가지 문제가 많았는데, 저는 그것이 가능하다고 추론했어요.

나레이터: 윌슨의 우라늄 분리 방법이 이론적으로 가능하다고 파인만이 밝히기는 했지만, 원자폭탄을 만들기 위한 우라늄 235의 분리에는 결국 다른 방법이 사용되었습니다. 그렇긴 하지만 원자폭탄 개발의 심장부인 뉴멕시코 로스앨러모스 캠프의 실험실에서 파인만은 수준 높은 이론을 이용해 할 일이 많았습니다. 전쟁이 끝난 뒤 그는 코넬 대학의 핵 연구소에 부임했습니다. 요즘 그는 원자폭탄을 만들기 위해 그가 한 일에 대해 착잡한 감정을 지니고 있습니다. 그는 옳은 일을 한 것일까요, 잘못된 일을 한 것일까요?

파인만: 제가 참여하기로 결정한 시점에서는 딱히 어떤 잘못이 있다고는 생각지 않습니다. 저는 숙고해 보았고, 나치가 그걸 가지면 매우 위험하다고 생각한 것은 옳았습니다. 잘못은 독일이 패전한 후에 있었습니다. 아주 나중에, 3년이나 4년 뒤의 일이죠. 그때 우리는 아주 열심히 일하고 있었습니다. 저는 중단하지 않았어요. 저는 그 일을 시작하게 된 당초의 동기가 사라졌다는 것을 따져보지 않았어요. 그래서 저는 커다란 교훈을 배웠습니다. 뭔가 아주 강한 이유로 어떤 일을 시작했으면, 이따금 당초 동기가 아직도 유효한지 돌아보아야 한다는 것입니다. 제가 결정할 당시에는 그것이 옳았다고 생각합니다. 하지만 거기에 대해 두 번 다시 생각하지 않고 계속해 나간다는

것은 잘못이었습니다. 제가 한번이라도 돌이켜 생각해 보았다면 어떻게 되었을지 모르겠습니다. 그래도 계속하겠다고 결정했을지도 모르지요. 하지만 결정을 내리게 했던 당초 조건이 달라진 다음에도 돌이켜 생각해보지 않은 것은 실수였습니다.

나레이터: 파인만 박사는 코넬에서 활기차게 5년을 보낸 다음, 다른 동부 사람들처럼 캘리포니아에 마음이 끌렸고, 똑같이 활기찬 환경을 지닌 캘리포니아 공대에도 마음이 끌렸습니다. 여기에는 다른 이유도 있었습니다.

파인만: 무엇보다도, 이티카의 날씨가 좋지 않았어요. 다음으로, 저는 나이트클럽에 가는 일 따위를 꽤 좋아합니다.

제가 코넬에서 개발한 이론으로 여기에 와서 연속 강의를 해달라고 밥 배처가 초청했어요. 그래서 저는 강의를 했지요. 그가 말하더군요. "내 차를 빌려줄까?" 저는 즐겼습니다. 밤마다 차를 끌고 나가 할리우드와 선셋 대로에서 재미있게 놀았지요. 그리고 뉴욕 주 위쪽에 있는 소도시 이티카보다 날씨도 좋고 지평선도 넓은 이곳으로 옮겨오게 되었습니다. 그것은 그리 어렵지 않았어요. 또 실수도 아니었습니다. 실수가 아닌 또 다른 결정을 한 거죠.

나레이터: 캘리포니아 공대 교수로서, 파인만 박사는 이론물리학부의 리처드 체이스 톨먼 교수로 봉직하고 있습니다. 1954년에 그는 앨버트 아인슈타인 상을 받았고, 1962년에는 원자력 위원회로부터 '원자력의 개발, 사용, 통제에 관한 특별한 업적'으로 E. O. 로렌스 상을 받았습니다. 마침내 1965년에는 과학상 가운데 가장 위대한 노벨

상을 받았지요. 그는 이 상을 일본의 신이치로 도모나가와 하버드 대학의 줄리안 슈윙거와 공동으로 수상했습니다. 파인만 박사는 노벨상 수상 소식이 무례한 잠 깨우기였다고 말합니다.

파인만: 꼭두새벽에 전화가 울렸는데, 전화를 건 친구는 자기가 어떤 방송사 기자라더군요. 서는 잠을 설치게 되어 몹시 화가 났습니다. 화가 난 건 자연스러운 반응이었어요. 반쯤 잠이 깨어 화가 난 상태가 어떤지 아시겠지요. 그 친구가 말하더군요.

"선생님께서 노벨상을 수상하게 되셨다는 것을 알려드리려고 전화했습니다."

그래서 내가 말했지요.

"아침에 전화해도 될 텐데요."

저는 잠자는 중이었다고 말하고 전화를 끊었습니다. 아내가 말했어요.

"무슨 일이에요?" 내가 말했지요.

"내가 노벨상을 받는대나?" 아내가 말했어요.

"에이, 지금 누굴 놀리는 거예요?"

저는 자주 아내를 속이려고 해봤지만 한번도 성공하지 못했습니다. 제가 속이려 할 때마다 들키고 말았는데, 이번에는 아내가 헛짚었지요. 아내는 제가 농담한다고 생각했어요. 아내는 어떤 술 취한 학생이 건 전화였거니 생각했던 겁니다. 아내는 믿지 않았어요. 10분 후 또 다른 신문사에서 전화를 걸어왔기에 이렇게 말했어요.

"알고 있습니다. 나 좀 내버려 둬요."

그리고는 아예 전화기 코드를 뽑아 버렸지요. 푹 자고 나서 여덟 시쯤 다시 꽂아놓을 작정이었어요. 그런데 저는 잠들 수가 없었고, 아내도 마찬가지였어요. 일어나서 이리저리 서성거리다가, 결국 코드를 꽂아놓고 전화를 받기 시작했어요.

그 후 며칠 지나지 않아서 택시를 탄 적이 있었습니다. 운전기사가 말을 걸기에 저도 말을 했어요. 제 문제를 털어 놓았지요. 자꾸 물어 보는 사람들에게 어떻게 설명해야 좋을지 모르겠다고요. 그가 말하더군요.

"선생님 인터뷰를 들은 적이 있는데요. 텔레비전에서 말예요. '노벨상을 받은 업적을 2분 안에 설명해 주시겠습니까?' 라는 질문을 받으셨죠 아마? 선생님은 답변을 하려고 끙끙거리시더군요. 나라면 이렇게 대답했을 겁니다. '이봐요, 2분 안에 설명할 수 있다면 그게 노벨상감이 되겠소?'"

그래서 다음부터 저는 그렇게 대답했어요. 누군가 저에게 물으면 항상 그렇게 말하죠. 이봐요, 그걸 그렇게 쉽게 설명할 수 있다면 그게 노벨상감이 되겠소? 정중하지 않지만 그래도 꽤 재미있는 대답입니다.

나레이터: 앞에서 말했듯이, 파인만 박사는 새롭게 떠오르는 분야인 양자전기역학의 이론 개발 업적으로 노벨상을 수상했습니다. 그 이론은 파인만 박사가 말했듯이 '그 밖의 모든 것에 대한 이론' 입니다. 핵에너지와 중력에 적용되지는 않지만, 전자와 광자라고 부르는 빛알갱이의 상호작용에 적용됩니다. 전기가 흐르는 방식, 자기 현상, X선이 만들어져서 다른 형태의 물질과 상호작용하는 방식을 이해하는데 기초가 되는 이론이지요. 양자전기역학에서 '양자'는 1920년대 중반에 나온 이론, 모든 원자의 핵을 둘러싸고 있는 전자는 특정한 양

자 상태 또는 에너지 준위에 제한되어 존재한다는 이론을 인정한다는 걸 나타냅니다. 전자들은 그런 준위에서만 존재할 수 있고 중간에는 존재할 수 없습니다. 이러한 양자화한 에너지 준위는, 다른 무엇보다도 원자와 마주친 빛의 세기에 따라 결정됩니다.

파인만: 이론물리학에서 아주 중요한 방법 가운데 하나는 이미 알려진 이론을 잊어버릴 수 있는 능력입니다. 언제 내팽개쳐야 하는지도 잘 알아야 합니다. 전기, 자기, 양자역학과 그밖에 제가 아는 거의 모든 것들을 저는 이 방법을 개발하는 과정에서 배웠습니다. 제가 노벨상을 받게 된 것도 그 방법 덕분이었지요. 1947년에 보통사람들의 이론, 제가 변화시켜서 바로잡으려 했던 보통 이론이 꽤 문제가 있어서 저는 바로잡으려고 했습니다.

그런데 그것을 제대로 하려면 잊어야 할 것이 뭐고 잊지 말아야 할 것이 뭐라는 것을 베테가 먼저 알아냈습니다. 제대로 하려면, 실험치와 맞는 값을 얻을 수 있어야 하는데, 베테가 제게 몇 가지 제안을 했어요. 저는 이 무렵 그의 이론을 시험해보며 655가지의 다른 형태로 써보았기 때문에 전기역학에 대해 꽤 많은 것을 알고 있었습니다. 저는 그가 원하는 것을 어떻게 해내야 할지 알아냈지요. 계산을 매우 유연하고 편리하게 조직하고 통제하는 방법을 알아냈고, 또 그렇게 할 수 있는 강력한 방법도 가지고 있었습니다. 다시 말해서, 옛날 이론에서 제 이론을 발전시키기 위해 장치를 개발했던 겁니다. 지금은 당연히 했어야 할 일인 것처럼 들리지만, 당시에 저는 그렇게 생각하지 않았어요. 저는 제 장치가 대단히 강력하다는 걸 알게 되었고, 과거의 그 누구보다도 더 빨리 옛 이론을 다룰 수 있었습니다.

나레이터: 다른 많은 것 외에도, 파인만 박사의 양자전기역학 이론은 물질을 서로 붙잡고 있는 힘에 대한 새로운 통찰을 가능케 했습니다. 그리고 이 이론은 우주의 모든 것을 구성하는 무한히 작고 수명이 짧은 입자들의 성질을 더 잘 이해할 수 있게 했습니다. 물리학자들이 자연의 구조 속으로 점점 더 깊이 들어감에 따라, 한때는 단순한 것이 훨씬 더 복잡해지기도 하고, 한때는 아주 복잡해 보이던 것들이 아주 단순해지기도 한다는 것을 알게 되었습니다. 그들의 도구는 강력한 원자 분쇄기인데, 이 분쇄기는 원자 입자들을 점점 더 작은 파편으로 쪼갭니다.

파인만: 처음 시작할 때 우리는 우선 물질을 바라보고 여러 가지 현상을 봅니다. 바람과 파도와 달 등의 온갖 현상을. 그리고 우리는 현상을 재구성하려고 합니다. 바람의 운동은 파도 따위의 운동과 같은가? 그러면서 우리는 점차 아주 많은 것들이 서로 비슷하다는 것을 알게 됩니다. 그것은 우리가 생각하는 것만큼 다양하지 않습니다. 우리는 이 모든 현상들을 연구해서 밑바탕에 깔린 원리를 알게 됩니다. 그 중에서도 가장 쓸모 있는 원리는, 사물이 더 작은 다른 사물들로 이루어졌다는 것이라고 할 수 있습니다.

예를 들어, 우리는 만물이 원자로 이루어져 있음을 알아냈습니다. 그래서 원자의 성질을 이해하게 되면 아주 많은 것을 이해하게 됩니다. 처음에 원자는 단순한 것으로 여겨졌지만, 물질이 보여주는 모든 다양한 현상을 설명하려면 원자가 좀더 복잡해야 한다는 것이 밝혀졌고, 92개의 원자가 있다는 것도 밝혀졌습니다. 사실 원자의 숫자는 훨씬 더 많습니다. 원자들의 무게가 서로 다르기 때문입니다. 그런 다음 문제가 되는 것은, 원자의 다양한 성질을 이해해야 한다는 것입니다. 원자 자체에도 구성 요소가 있다는 것을 이해한다면, 예컨대 핵 주위를 전자들이 돌고 있는 것을 원자라는 식으로 이해한다면 원자의 성질도 이해할 수 있다는 것을 우리는 알게 됩니다. 그리고 서로 다른 모든 원자들은 서로 다른 수의 전자를 가지고 있습니다. 이 체계는 아름답고 통일된 모습으로 작용합니다.

모든 원자는 전자의 수만 달랐지 똑같은 것이었습니다. 그러나 알고 보니 핵도 달랐습니다. 그래서 우리는 핵을 연구하기 시작합니다. 그래서 러더포드 등이 핵을 충돌시키는 실험을 해보니 수많은 다른 핵이 있었습니다. 1914년 이후, 사람들은 핵이 복잡하다는 것을 처음으로 발견했습니다. 그러나 핵에도 구성 요소가 있다면 핵도 이해할 수 있음을 깨달았습니다. 핵은 양성자와 중성자로 이루어져 있습니다. 그리고 그들은 어떤 힘으로 상호작용하며 서로 붙들고 있습니다. 핵을 이해하기 위해 우리는 그 힘을 좀더 잘 이해해야 합니다. 우연찮게 원자의 경우에도 어떤 힘이 있는데, 그 힘은 전기력이고, 우리는 전기력을 알고 있습니다. 그러므로 전자의 밖에는 전기력이라는 것도 있고, 우리는 전기력을 빛의 광자로 나타냅니다. 빛과 전기력을 하나로 통합해서 광자라고 부릅니다. 따라서 외부 세계, 말하자면 핵의 바깥 세계에는 전자와 광자가 있습니다. 전자의 행동에 관한 이론이 바로 양자전기역학이고 저는 이걸로 노벨상을 받았습니다.

하지만 이제 우리는 핵으로 들어가야 합니다. 우리는 핵이 양성자와 중성자로 이루어져 있을 수 있음을 알고 있는데, 거기에는 이상한 힘이 있습니다. 다음 문제는 바로 이 힘을 이해해야 한다는 것입니다. 그래서 나온 여러 가지 제안 가운데 유카와(1907~1981. 중간자의 존재를 예측한 공로로 1949년 노벨 물리학상을 받았다)의 이론이 있습니다.

핵 속에 또 다른 입자가 있을 수 있다는 이론이지요.

그래서 양성자와 중성자를 높은 에너지로 충돌시키는 실험을 했는데, 실제로 새로운 것이 나왔어요. 그게 중간자였습니다. 그래서 유카와의 이론이 옳아 보였습니다. 우리는 실험을 계속했습니다. 그랬더니 엄청나게 다양한 입자가 나왔습니다. 양성자와 중성자를 충돌시켰더니 한 종류의 광자가 아니라 400종류나 되는 입자가 나왔습니다. 람다 입자와 시그마 입자 등, 그들은 모두 달랐습니다. 또 파이 중간자와 K 중간자 등도 나왔습니다.

그러다가 우연히 뮤온도 발견했습니다. 하지만 뮤온은 겉보기에 중성자나 양성자와는 관계가 없습니다. 적어도 전자와 가지는 관계 이상으로 밀접하지는 않습니다. 그것은 어디로 가는지 우리가 이해하지 못하는 이상한 부분입니다. 뮤온은 전자와 똑같고 더 무겁다는 것만 다릅니다. 바깥에 있는 전자와 뮤온은 다른 것들과 강하게 상호작용하지 않습니다. 다른 것들을 우리는 강한 상호작용을 하는 입자 곧 하드론이라고 부릅니다. 여기에 양성자와 중성자가 포함되고, 이 둘을 세게 부딪쳤을 때 생기는 온갖 것들이 하드론에 포함됩니다. 그래서 이제 문제가 되는 것은, 이 모든 입자들의 성질을 어떤 조직화된 형태로 표현하는 것입니다.

이것은 아주 큰 게임이고, 우리 모두 여기에 매달리고 있습니다. 이것을 고에너지 물리학 또는 기본입자 물리학이라고 합니다. 대개 기본입자 물리학이라고 하지만, 핵 속의 400가지나 되는 구성 요소가 기본적이라고는 아무도 믿을 수 없습니다. 이것들 자체가 더 기본적인 다른 구성 요소로 이루어져 있을 가능성이 있는 것입니다. 사실은 그럴 가능성이 더 높아 보입니다. 그래서 한 가지 이론이 개발되었는데 그것이 바로 쿼크 이론입니다. 쿼크 이론에 따르면, 양성자나 중성자 같은 것들은 쿼크 세 개로 이루어져 있습니다.

나레이터: 아직은 아무도 쿼크를 본 사람이 없습니다. 이것은 몹시 안타까운 일인데, 쿼크는 우주를 구성하는 모든 복잡한 원자와 분자를 만드는 기본 벽돌이라고 할 수 있습니다. 그 이름은 파인만 박사의 동료인 머리 겔만이 별 뜻 없이 몇 년 전에 지은 것입니다. 그런데 놀랍게도 아일랜드의 소설가 제임스 조이스가 이미 30년 전에 그의 책 〈피네건의 경야〉에서 이 이름을 예견했습니다. 그 구절은 이렇습니다. 'three quarks for Muster Mark.' (실제로 겔만은 쿼크라는 이름을 조이스의 소설에서 따왔다고 한다. 〈피네건의 경야*Finnegan's Wake*〉('Wake'는 초상집에서의 밤샘이라는 뜻)는 현대문학에서 가장 난해하기로 악명 높고, 유럽의 모든 언어가 뒤섞여 있다. 'quark'는 새 울음의 고어투라고 한다. 이 구절을 번역하면 이렇게 된다. '마크 왕을 위해 세 번 쿼크.'—옮긴이주) 더 큰 우연의 일치로, 파인만 박사의 설명에 따르면, 우주 속의 입자들을 구성하는 쿼크는 세 개씩 같이 다닌다고 합니다. 쿼크를 탐색하는 물리학자들은 쿼크 성분이 나오기를 기대하며 양성자와 중성자를 매우 높은 에너지로 충돌시키는 작업을 하고 있습니다.

파인만: 여기까지는 모두 옳습니다. 그런데 쿼크 이론을 방해하는 것 가운데 하나는 아주 이상한 것입니다. 소립자가 쿼크로 이루어져 있다면, 양성자 두 개를 충돌시킬 경우 가끔이라도 쿼크 세 개를 얻어야 합니다. 우리가 지금 얘기하는 쿼크 모델에서, 쿼크는 아주 이상한 전하량을 가집니다. 우리가 아는 모든 입자는 정수 전하를 가집니다. 대개 +1이거나 −1이거나 0입니다.

그러나 쿼크 이론에 따르면 쿼크는 −1/3 또는 +2/3와 같은 전하를 가집니다. 그러한 입자가 존재한다면 그것은 금방 알 수 있습니다. 쿼크가 거품 상자(방사선의 궤적 관측용 원자핵 실험 장치—옮긴이주)에 남기는 궤적이 훨씬 작을 테니까요. 예를 들어 전하가 1/3이라 합시다. 그러면 이것은 궤도를 돌면서 보통의 입자보다 1/9배(제곱으로) 작은 수의 원자들을 휩쓸고 지나갑니다. 그래서 보통 입자보다 거품 수가 1/9로 적습니다. 그래서 이건 바로 알 수 있습니다. 만약 옅게 그려진 궤적이 보인다면, 그건 뭔가 잘못된 것입니다. 그래서 사람들은 이런 궤적을 찾고 또 찾았지만, 아직 발견하지 못했습니다. 바로 이것이 심각한 문제 가운데 하나입니다.

사실은 이것이 신나는 일이지요. 우리는 제대로 가고 있는 것일까? 답은 멀리 있는데 완전한 암흑 속을 헤매고만 있는 것은 아닐까? 아니면 그것을 가까이에서 냄새 맡고 있는데 딱히 맞추지는 못하고 있는 것일까? 우리가 제대로 맞춘다면, 우리는 어느 날 갑자기 실험이 왜 다르게 보이는지 이해하게 될 것입니다.

나레이터: 강력한 원자 분쇄기와 거품 상자를 동원한 실험을 통해, 세계가 쿼크로 이루어져 있다는 것을 알게 되면 어떻게 될까요? 우리가 그것을 실용적으로 수용하게 될 가능성도 있을까요?

파인만: 하드론과 뮤온 등을 이해하는 문제는, 현재 어떠한 실용적 응용 가능성도 없다고 봅니다. 지난날 응용 가능성이 없다고 했다가 나중에 응용하게 된 경우는 많습니다. 그렇기 때문에 많은 사람들이 결국에는 뭔가 용도를 찾게 될 거라고 말합니다. 솔직히 말해서, 앞으로 전혀 응용 가능성이 없다고 말하는 사람은 어리석어 보입니다.

그런데도 나는 어리석음을 각오하고, 이것은 전혀 응용되지 못할 거라고 말하겠습니다. 그 응용의 미래를 내다보기에는 내가 너무 우둔합니다. 그러면 왜 그걸 하느냐구요?

세상에는 응용만 있는 것이 아닙니다. 세계가 무엇으로 되어 있는지 이해하는 것은 흥미로운 일입니다. 인간으로 하여금 망원경을 만들게 한 것도 그 같은 흥미 때문이었습니다. 우주의 나이를 발견하는 것이 무슨 쓸모가 있겠습니까? 멀리서 폭발하는 퀘이사를 발견한다는 건 또 무슨 쓸모가 있겠습니까? 대체 천문학이라는 게 무슨 쓸모가 있을까요?

전혀 쓸모가 없습니다. 하지만 그것은 재미있습니다. 그것은 제가 추구하는 세계 탐구와 같은 종류의 탐구며, 제가 가진 호기심과 같은 종류의 호기심입니다. 인간의 호기심이 필요한 것이라고 말한다면, 그런 의미에서는 호기심을 만족시키려는 시도도 실용적이라고 할 수 있습니다. 이것이 내가 현재 세상을 보는 방식입니다. 경제적인 의미에서 그것이 실용적 가치가 있을 거라는 보장을 할 수는 없습니다.

나레이터: 과학 자체와, 그것이 우리에게 주는 의미에 대해, 파인만 박사는 철학화하기를 망설입니다. 그렇지만 그는 무엇이 과학이고 무엇이 과학이 아닌지에 대해서만큼은 흥미롭고도 도발적인 생각을 서슴없이 제시합니다.

파인만: 처음 그러했던 것처럼 지금도 과학은 늘 그러하다고 말하고 싶습니다. 과학은 무엇인가에 대한 이해 추구입니다. 과학은 자연에서 어떤 일이 일어나는가에 대한 참된 원리를 기초로 하는 것이며, 과학은 그런 원리에 대한 이론의 타당성을 판단하는 것입니다. 만약 리

센코가 500세대 동안 쥐의 꼬리를 자르면 꼬리 없는 쥐가 태어난다고 말했다고 합시다. 그가 이런 말을 했는지 안 했는지 나는 모릅니다. 그냥 존스 씨가 그렇게 말했다고 칩시다. 그래서 실제로 해보았더니 안 된다면 그것은 옳지 않습니다. 그런 원칙, 참과 거짓을 실험이나 경험을 통해 분별한다는 그런 원칙, 그 원칙과 모순되지 않는 지식의 결과물, 그것이 바로 과학입니다.

우리는 실험 외에도, 일반화하려는 인간의 엄청난 지적 시도를 과학에 도입합니다. 그러므로 과학은 어쩌다 실험으로 옳다고 밝혀진 것들의 단순한 축적이 아닙니다. 과학은 쥐의 꼬리를 잘랐을 때 어떤 일이 일어나는지 등에 관한 단순한 사실들의 집합이 아닌데, 왜냐하면 이런 것들은 너무 많아서 머리속에 담아둘 수가 없을 것이기 때문입니다. 우리는 아주 많은 일반화를 발견했습니다. 예를 들어 그것이 쥐와 고양이에게 옳다면, 그것이 포유류에게 옳다고 말합니다. 그 다음에 우리는 이것이 식물에도 옳다는 것을 발견합니다. 그리고 마침내 획득 형질은 유전되지 않는다는 것이 어느 정도까지 생명의 특성임을 알게 됩니다. 이것은 확실하게, 실제로, 또는 절대적으로 옳다고는 할 수 없습니다. 우리는 나중에 세포가 미토콘드리아 따위를 통해 정보를 운반할 수 있음을 보여주는 실험 결과를 알게 되고, 우리의 지식 체계는 변경됩니다. 모든 원칙은 최대한 넓어야 하고, 최대한 일반적이어야 하고, 그러면서도 실험과 완전히 조화되어야 합니다. 이것은 도전입니다.

알다시피, 경험으로부터 사실을 얻는 문제는, 아주 아주 쉬운 것 같습니다. 그냥 해놓고 바라보기만 하면 됩니다. 그러나 인간은 약해서, 실제로 그냥 해놓고 바라본다는 것이 생각만큼 쉽지가 않습니다.

예를 들어 교육을 생각해 봅시다. 어떤 친구가, 사람들이 수학을 가르치는 것을 보았습니다. 그리고 이렇게 말합니다. "내게 더 좋은 생각이 있다. 나는 장난감 컴퓨터를 만들어서 그걸로 수학을 가르치겠다." 그래서 그는 아이들을 데리고 그렇게 해봅니다. 아주 많은 아이들에게 해보지는 못할 겁니다. 한 학급을 시험적으로 맡아서 해보는 정도겠지요.

아무튼 그는 자기가 하는 일을 사랑합니다. 몰입합니다. 자기가 하는 일이 무엇인지 완벽하게 이해합니다. 아이들은 이것이 뭔가 새로운 것임을 알고 덩달아 재미있어 합니다. 아이들은 아주 아주 잘 배우고, 그래서 다른 아이들보다 정규 수학을 더 잘 배웁니다. 그래서 아이들에게 수학 시험을 보게 합니다. 그래서 이것이 하나의 사실로 등록됩니다. 이 방법으로 수학 교육을 개선할 수 있다고. 그러나 이것은 사실이라고 할 수 없습니다. 왜냐하면 이 방법을 발명한 특별한 사람이 가르쳤기 때문입니다. 우리가 진짜로 알고 싶은 것은, 이 방법을 기록한 책을 평균적인 교사에게 주었을 때의 결과입니다. 세계 도처에 수많은 교사가 있는데, 대다수는 평균적인 교사일 것입니다. 평균적인 교사가 책을 가지고 거기에 나온 방법대로 가르쳤을 때 결과가 나아졌는가? 그래야만 이것은 사실이라고 할 수 있습니다.

우리는 교육에 대해, 사회학이나 심지어는 심리학에 대해, 사실이라고 주장하는 온갖 진술을 듣지만, 그 모든 것을 나는 사이비 과학이라고 말합니다. 그들은 통계를 내고, 그것을 매우 주의 깊게 했다고 주장합니다. 그들은 실험을 했다지만 실제로는 통제되지 않은 실험을 합니다. 통제된 실험을 하면 그 결과가 반복되지 않습니다. 그들은 엉터리 실험 결과를 보고합니다. 주의 깊게 이루어진 과학이 계속 성공적이었기 때문에, 그와 비슷한 것을 함으로써, 그들은 얼마간 명예를 얻는다고 생각합니다.

이런 예가 있습니다. 솔로몬 군도의 원주민들은 전쟁 중에 군인들을 위해 온갖 물자를 실어 나르는 비행기를 보았지만 이해하지는 못했습니다. 그래서 지금 그들은 비행기 숭배 의식을 가지고 있습니다. 그들은 활주로 비슷한 것을 만들어놓고 활주로를 따라 불을 지펴 유도등을 흉내 냅니다. 이 불쌍한 원주민들은 나무 상자 안에 앉아 나무로 만든 이어폰을 끼고 대나무 막대 안테나도 달고, 고개를 끄덕끄덕합니다. 그들은 나무로 레이더 돔도 만들어놓고, 비행기가 자기들에게 화물을 싣고 오길 바랍니다. 그들은 행동을 모방하고 있습니다. 이것이 바로 사람들이 한 일입니다. 현대의 많고 많은 분야에서 행해지는 수많은 활동들이 이런 식의 과학입니다. 마치 곡예비행 같습니다. 그것을 과학이라고 합니다. 예를 들어 교육학*the science of education*이라는 것은 전혀 과학이 아닙니다. 하는 일은 아주 많습니다. 나무 비행기를 깎자면 할 일이 많겠지요.

그러나 그렇게 한다고 해서 실제로 뭔가를 발견하는 것은 아닙니다. 형벌학, 교도소 개선, 또는 사람들이 왜 범죄를 저지르는가에 대한 이해도 마찬가지입니다. 세상을 보십시오. 우리는 이런 일들을 현대적으로 이해함으로써 점점 더 많은 것을 이해하는 듯합니다. 교육에 대해 더 많이 이해하고, 범죄에 대해 더 많이 이해합니다. 그러나 시험 성적은 계속 내려가고 교도소에 수감되는 사람들이 늘어납니다. 젊은이들은 계속 범죄를 저지릅니다. 우리는 결코 뭔가를 이해한 것이 아닙니다. 지금처럼 과학을 모방한 방법으로 뭔가를 발견하려는 것은 제대로 된 시도가 아닙니다.

우리가 어떻게 해야 할지만 안다면 이들 분야에서도 과학적 방법이 유효할 것인가? 그건 나도 모르겠습니다. 과학은 그런 면에서 특히 약합니다. 뭔가 다른 방법이 있겠지요. 예를 들어, 과거의 생각이나 오랜 경험을 가진 사람들의 말에 귀를 기울이는 것이 좋을지 모릅니다. 과거에 주의를 기울이지 않아도 좋은 경우는, 다른 독립적인 정보 출처가 있고 그것을 따라야겠다고 결정했을 때만 그러합니다. 그러나 과거에 그 주제에 대해 생각한 사람의 지혜를 무시할 경우 주의해야 합니다. 그들이 비과학적으로 어떤 결론에 도달했다 할지라도, 그들은 현대인 못지않게 옳을 수 있습니다. 현대인도 똑같이 비과학적으로 결론에 도달할 수 있습니다.

자, 어떻습니까? 이만하면 나도 철학자라고 할 수 있을까요?

나레이터: 이 글은 〈과학의 미래〉 시리즈, 노벨 수상자와 가진 인터뷰 녹음 시리즈입니다. 여러분은 캘리포니아 공과대학의 리처드 파인만 박사의 말씀을 들으셨습니다. 이 시리즈는 미국 과학진흥협회의 지원 아래 제작되었습니다.

13
과학과 종교의 관계

이 글은 일종의 사고실험이다. 파인만은 과학자와 종교인의 생각을 대표하는 가상 토론자들을 상정하고 과학과 종교에서 일어나는 일치와 불일치를 논한다.

이 글은 근본적으로 다른 두 가지 진리 추구 방법 사이에 벌어지고 있는 현재의 활발한 논쟁을 20년 앞서 예견한 것이다. 또 종교인들이 신에 대한 믿음을 근거로 도덕을 가질 수 있는 것처럼, 무신론자가 과학을 근거로 도덕을 가질 수 있는지를 논하고 있다. 실용적인 파인만으로서는 보기 드물게 철학적인 주제를 논한 글이다.

오늘날과 같은 전문화 시대에, 한 분야를 철저히 아는 사람은 흔히 다른 분야에 잘 모르기 마련이다. 그런 이유로, 서로 다른 인간 활동들 사이의 관계에 대한 커다란 문제점에 대해 점점 더 공적인 토론을 하지 않게 되고 말았다. 과거에는 이런 주제에 대해 활발하게 토론했다는 것을 돌아보면 과거가 부러워진다. 우리도 그처럼 자극적인 논쟁을 즐겨야 마땅하다. 우리에게는 과학과 종교의 관계와 같은 해묵은 문제가 여전히 남아 있다. 오늘날에도 과거 어느 때 못지않게 어려운 딜레마를 안고 있다고 나는 믿지만, 그 딜레마가 공개적으로 토론되지 않는 것은 전문화의 한계 때문일 것이다.

그러나 나는 오랫동안 이 문제에 관심을 지녀왔던 터라 지금 이 자리에서 그것을 논해보고 싶다. 이 논의가 진행할수록 종교에 대한 나의 명백한 무지와 몰이해가 더욱 분명하게 드러날 것이다. 그 점을 감안해서 이 논의는 다음과 같이 전개하려고 한다. 즉, 한 사람이 아니라, 여러 분야의 전문가를 포함한 여러 토론자들이 이 문제를 논하는 것으로 가정하겠다. 여러 분야의 과학자와 종교 전문가들이 여러 측면에서 이 문제를 논의하는 형식을 취하겠다. 각자 자기 관점을 말한다면, 각 관점은 논의가 계속됨에 따라 합쳐지거나 수정될 수 있을 것이다. 발언 순서는 제비뽑기로 결정해서, 내가 제일 먼저 뽑혔다고 하자.

나는 토론자들에게 먼저 이런 문제를 제기하고 싶다. 한 젊은이가 종교적인 가정에서 자랐는데, 과학을 공부한 결과 의심이 생겼다. 그의 아버지가 믿는 신을 의심하게 되었는데 어쩌면 더 이상 신을 믿지 않게 될지도 모른다. 이런 일은 드문 일이 아니다. 자주 일어나는 일이다. 통계를 내본 것은 아니지만, 많은 과학자들이 자기 아버지가 믿는 신을 실제로 믿지 않는다고 나는 믿는다. 실제로 과학자 가운데 반 이상이 그렇다고 본다. 다시 말해서, 그들은 전통적인 의미의 신을 믿지 않는다.

신에 대한 믿음이 종교의 핵심 특징이기 때문에, 내가 제기한 이 문제는 과학과 종교의 관계에 대한 문제를 가장 극명하게 드러낸다. 이 젊은이는 왜 믿지 않게 되는가?

우리가 들을 수 있는 첫 번째 대답은 매우 간단하다. 그러니까 그는 과학자로 교육 받았고, 내가 방금 지적했듯이, 과학자들은 다 진심으로 무신론자이기 때문이다. 그런 악은 다른 사람에게 파급된다. 그러나 여러분이 이 관점을 덥석 받아들인다면, 그것은 여러분이 과학에 대해 아는 것이 내가 종교에 대해 아는 것보다 적기 때문일 수 있다.

이와 달리, 어설프게 아는 것이 병이라는 대답을 할 수 있다. 이 젊은이는 배운 게 많지 않으면서도 모든 걸 다 안다고 생각한다. 그러나 곧 그는 성숙해서 미숙한 오만을 떨쳐버리고 세계가 더 복잡하다는 걸 깨닫게 되고, 신이 존재해야 한다는 것을 다시 이해하게 될 것이다.

이런 대답을 나는 반드시 옳다고는 보지 않는다. 스스로 성숙했다고 생각하면서도 여전히 신을 믿지 않는 과학자가 많다. 사실, 나중에 설명하겠지만, 젊은이들은 모든 걸 다 안다고 생각하지 않는다. 오히려 정반대다.

가능한 세 번째 대답은, 이 젊은이가 과학을 바르게 이해하지 못했다는 것이다. 나는 과학이 신이 없음을 증명한다고 생각하지 않는다. 내가 보기에 그것은 불가능하다. 그것이 불가능하다면, 과학을 믿는 것과 신을 믿는 것 사이에 모순이 없을 가능성이 있지 않겠는가?

그렇다. 거기에는 모순이 없다. 신을 믿지 않는 과학자가 반수 이상이지만, 과학과 신 둘 다를 완벽하게 모순 없이 믿고 있는 과학자도 적지 않다. 그러나 이처럼 과학과 신의 양립 가능성이 없지 않지만, 모순 없이 양립하는 차원에 이르기는 그리 쉬운 게 아니다. 그래서 나는 두 가지를 논하고 싶다. 양립이 왜 쉽지 않은가? 그리고 모순 없는 양립에 이르려는 시도는 가치 있는 일인가?

내가 '신을 믿는다'고 말할 때, 이 말에는 항상 이런 수수께끼가 깔려 있다. 신이란 무엇인가? 내가 말하는 신은 일종의 인격신이다. 그러니까 서구 종교에서 말하는 인격신으로서, 기도의 대상이고, 우주를 창조하고 인간을 도덕적으로 이끌어주는 존재다.

학생들이 과학을 배울 때, 과학과 종교를 결합하려는 데에는 두 가지 어려움이 따른다. 의심하는 것이 과학의 지상명령이라는 것, 이것이 첫 번째 어려움이다. 의심과 불확실성은 과학의 진보에 절대적으로 필요하다. 의심과 불확실성을 내적 본성의 근본적인 한 부분으로 간직하고 있어야 한다. 지식의 진보를 위해 우리는 항상 겸허해야 하며, 우리가 모르는 게 있다는 것을 용납해야 한다. 모든 의심을 떨쳐버릴 만큼 확실하게 증명되는 것은 아무것도 없다. 우리가 호기심을 지니고 탐구하는 것은 답을 알기 때문이 아니라 모르기 때문이다. 과학에서 더 많은 정보를 얻을수록 진리를 발견하는 것이 아니다. 이것 또는 저것의 가능성이 더하거나 덜하다는 것을 알게 될 뿐이다.

다시 말해서, 더 깊이 탐구할수록 우리가 알게 되는 것은, 과학이 옳은 것과 그른 것에 대해 진술하는 것이 아니라는 것이다. 과학은 우리에게 알려진 것의 확실성 정도를 진술할 뿐이다. '여차저차한 것이 옳을 가능성은 옳지 않을 가능성보다 아주 대단히 더 높다.' 또는 '이러저러한 것은 거의 확실하지만 여전히 약간의 의심의 여지가 있다.' 또는 그 반대의 경우, '우리는 확실히 모른다'고도 진술할 수 있다. 과학의 모든 개념은 잣대의 양극단 사이에 새겨진 눈금들이지, 양극단인 절대적 거짓이거나 절대적 참이 아니다.

과학뿐만 아니라 다른 분야에서도 이런 생각을 받아들이는 것이 필요하다고 나는 믿는다. 무지를 인정한다는 것은 아주 값진 것이다. 우리가 살아가며 어떤 결정을 내릴 때, 그 결정이 반드시 옳은 결정이라는 것을 알고 결정을 내리는 것은 아니다. 우리는 최선을 다한다고 생각할 뿐이다. 최선을 다하는 것, 그것이 우리가 해야 할 일이다.

불확실성의 태도

우리는 실제로 불확실성 속에 살고 있음을 모두가 알고 있다고 나는 생각한다. 그렇다면 우리는 마땅히 그 사실을 받아들여야 한다. 우리가 여러 가지 질문에 대한 답을 모른다는 것을 안다는 것은 값진 일이다. 이런 정신적 태도, 불확실성의 태도는 과학자에게 필수적인 것이고, 학생들이 가장 먼저 배워야 할 정신적 태도다. 이것은 사고의 습관이 된다. 일단 습관이 되면 더 이상 물러서는 일은 없게 된다.

일단 그렇게 되면, 젊은이는 모든 것을 의심하기 시작한다. 무엇이든 절대적 진리로 받아들일 수 없기 때문이다. 그래서 '신이 존재하는가?'라는 질문은 '신이 존재한다는 것은 얼마나 확실한가?'로 바뀌게 된다. 아주 미묘한 이 변화는 커다란 한 획을 긋는 변화며, 과학과 종교의 갈림길이 된다. 진정한 과학자는 다시는 예전처럼 믿지 못한다. 신을 믿는 과학자가 있다고 할지라도, 그 과학자는 종교인과 같은 방식으로 신을 생각하지 않을 것이다. 종교가 과학과 양립하려면 스스로 다음과 같이 말할 수 있어야 할 것이다. "나는 신이 존재한다고 거의 확신하며 조금 의심한다." 이것은 "나는 신이 존재한다는 것을 안다"는 것과 아주 다르다. 참으로 신이 존재한다는 지식, 종교인이 지니고 있는 절대적 확신 따위를 과학자가 지닐 수 있다는 것을 나로서는 믿을 수 없다.

물론 이러한 의심의 과정이 항상 신의 존재에 관한 질문을 공격함으로써 시작하는 것은 아니다. 대개 내세와 같은 특수한 교리, 또는 예수의 생애에 대한 종교적 교의 등이 가장 먼저 조사 대상이 된다. 그러나 우직하게 핵심 문제에 뛰어들어, 신의 존재 자체를 의심하는 극단적인 견해를 논하는 것이 훨씬 더 흥미롭다.

일단 절대성을 제거하고 불확실성의 정도 문제로 넘어가게 되면, 전혀 다른 결론에 이를 수 있다. 많은 경우 신이 존재한다는 것이 거의 확실히 옳다는 결론에 이른다. 그러나 다른 한편으로 더러는, 그 젊은이의 아버지가 주장하는 신에 대한 이론을 정밀 조사한 결과, 그 이론이 거의 확실히 틀렸다고 주장할 수도 있다.

신에 대한 믿음과 과학적 사실

학생들이 과학과 종교를 결합하려고 할 때 겪는 두 번째 어려움은 다음과 같은 질문에서 비롯한다. 종교 형태의 신을 믿는 것은 매우 비합리적이고 터무니없는 것이라고 본다는 결론에 흔히 이르는 이유는 무엇인가? 그 이유는 학생이 배우는 과학적인 것, 사실들 혹은 부분적인 사실들과 관계가 있을 것이다.

예를 들어 우주의 크기는 대단히 인상적이다. 우리는 티끌 같은 지구 위에 살고, 지구는 태양 주위를 도는데, 한 은하계에는 평균 1천억 개의 태양이 있고, 우주에는 이런 은하계가 10억 개나 있다(최근에는 우주에 1천억 개의 은하계가 있다고 한다—옮긴이주).

또한, 인간과 다른 동물 사이에는 밀접한 생물학적 관계가 있고,

생명의 한 형태는 다른 형태와 밀접한 관계가 있다. 인간은 이 장대한 진화의 드라마에서 뒤늦게 등장한 것인데, 과연 나머지 생명체는 모두 인간의 창조를 위한 발판에 지나지 않는 것인가?

그리고 또한, 원자라는 게 있어서 만물을 구성하고 있는데, 원자는 불변의 법칙을 따른다. 아무것도 이 법칙을 벗어나지 못한다. 별들도 같은 재료로 이루어져 있고, 동물도 같은 재료로 이루어져 있다. 동물은 단지 신비스럽게도 살아 있는 것처럼 보이도록 복잡하게 구성되었을 뿐이다. 인간도 마찬가지다.

인간을 넘어서서 우주를 묵상한다는 것, 인간이 없는 우주가 무엇을 의미하는지를 생각한다는 것은 위대한 모험이다. 기나긴 우주 역사의 거의 모든 시간에 인간은 존재하지 않았고, 광활한 우주의 거의 모든 공간에 인간은 존재하지 않는다. 마침내 이런 객관적인 관점을 얻게 될 때, 물질의 신비와 장엄함을 음미하게 되고, 이어 객관적인 시선을 인간에게 돌려 인간을 물질처럼 보게 되고, 나아가 생명을 우주의 가장 심오한 신비로 보게 되고, 글로 씌어진 적이 별로 없는 체험을 하게 된다. 이것은 대개 한바탕 웃음으로 끝난다. 이 웃음은 이해하려는 노력이 부질없음을 기뻐하는 것이다. 이러한 과학적 관점은 경외와 신비로 끝난다. 우리는 불확실성의 언저리에서 망연자실한다. 그러나 이 경외와 신비는 너무나 심오하고 너무나 인상적이어서, 우주가 단지 인간의 선악 투쟁을 지켜보기 위한 신의 무대로 배열되었을 뿐이라는 이론은 부적절해 보인다.

우리가 선택한 한 학생도 이와 같은 체험을 했다고 치자. 예를 들어 개인적인 기도가 신의 귀에 들리지 않는다는 신념을 갖게 되었다고 하자. 나는 신의 실재를 반박하려는 것이 아니다. 기도가 무의미하다고 생각하게 된 사람이 왜 많은지 그 이유를 생각해보고 공감해보자는 것뿐이다. 물론 이렇게 의심한 결과, 의심하기는 이윽고 도덕의 문제로 접어들게 된다. 그가 배운 종교에서 도덕 문제는 신의 말씀과 연관되어 있었기 때문이다. 신이 존재하지 않는다면, 신의 말씀이란 무엇인가? 그러나 놀랍게도, 이런 의심에도 궁극적인 도덕 문제는 그리 손상되지 않는다고 나는 생각한다. 처음에 이 학생은 몇 가지 사소한 것이 틀렸다고 판단할 수 있지만, 나중에는 흔히 자기 의견을 취소함으로써 근본적으로 다른 도덕적 관점을 갖기에 이르지는 않는다.

이 학생은 도덕적 개념이 신과 결부될 필요가 없는 독자성을 갖고 있는 것으로 여기게 된다. 결국 예수의 신성을 의심하면서도, 이웃이 자기에게 하지 않으면 좋을 것을 이웃에게 하지 않는 것이 좋다고 굳게 믿을 수 있는 것이다. 이 두 관점을 동시에 갖는 것은 얼마든지 가능하다. 그리고 무신론자인 동료 과학자들이 사회적 역할을 잘해나가고 있다는 것도 여러분이 알아주기를 바란다.

공산주의와 과학의 관점

'무신론'이라는 말은 '공산주의'라는 말과 밀접한 관계가 있다. 그래서 말이 나온 김에, 공산주의 관점이 과학의 관점과 대조적이라는 말을 덧붙이고 싶다. 공산주의의 경우 모든 질문에 대한 해답이 주어져 있다는 의미에서 그러하다. 도덕적 문제뿐만 아니라 정치적 문제에 대해서도 토론이나 의심도 없이 해답이 주어진다. 과학의 관점은 공산주의의 관점과 정반대다. 다시 말해서, 모든 질문은 의심되고 토론되어야 한다. 우리는 모든 것을 철저히 논의해야 한다. 관찰하고, 검토하고, 답을 변화시켜 나가야 한다. 이런 생각에는 민주주의가 훨씬 더 근접해 있다. 토론과 수정의 가능성이 있기 때문이다. 우리는 고착된 방향으로 배를 띄우지 않는다. 사상의 학정 아래에서는 배가 고착된 방향으로 나아간다. 무엇이 옳은지 정확히 알고 있고, 모든 사람이 결단성 있게 행동함으로써 이것은 그럴듯해 보인다. 잠시 동안은. 그러나 곧 배는 잘못된 방향으로 향하고, 아무도 방향을 바꿀 수 없다. 그러므로 민주주의 사회에서 삶의 불확실성이 상대적으로 훨씬 더 과학적이라고 할 수 있다.

과학은 많은 종교 사상에 상당한 충격을 주지만, 도덕적 내용에는 영향을 주지 않는다. 종교에는 여러 측면이 있어서, 온갖 질문에 대답한다. 예를 들어, 만물은 어디에서 왔는가, 그것은 무엇인가, 인간이란 무엇인가, 신과 신의 특성은 무엇인가, 등에 대해 답한다. 이것을 종교의 형이상학적인 측면이라고 하다. 아울러 종교는 어떻게 행동할 것인가와 같은 문제에 대해서도 답한다. 의식을 치를 때 어떻게 행동할 것인가, 어떤 의식을 치를 것인가에 대해서도 답한다. 도덕적으로 어떻게 살아야 하는가를 우리에게 말해준다. 즉, 종교는 도덕적인 질문에 답한다. 종교는 도덕적, 윤리적 규범을 준다. 이것은 종교의 윤리적 측면이라고 하자.

그런데 도덕적 가치를 부여받아도 인간은 매우 취약한 존재라는 것을 우리는 알고 있다. 인간은 도덕적 가치를 항상 되새김으로써 자신의 양심에 따라 행동해야 한다. 단순히 바른 양심을 가지기만 하면 되는 것이 아니라, 옳다고 생각하는 일을 행할 수 있는 강인한 힘도 가져야 한다. 그러한 도덕적 관점을 따를 수 있도록 종교는 인간에게 반드시 힘과 평안과 영감을 주어야 한다. 이것은 종교의 영적 측면이다. 종교는 도덕적 명령 수행을 위한 영감을 줄 뿐만 아니라, 예술을 비롯한 온갖 위대한 사상과 활동을 위한 영감도 준다.

상호연관

이 세 가지 종교의 측면은 서로 연관되어 있다. 그래서 전체적 관점에서 종교 체계의 한 측면을 공격하는 것은 체계 전체를 공격하는 것이라고 생각해 버리는 것이 일반적이다. 세 측면은 다소간 다음과 같이 서로 얽혀 있다. 도덕적 측면, 즉 도덕규범은 신의 말씀이다. 이 말은 형이상학적 질문과 연관되어 있다. 그리고 영감이 일어나는 것은 인간이 신의 뜻대로 일하고 있기 때문이다. 인간은 신을 위한 존재다. 부분적으로 인간은 신과 더불어 존재한다는 느낌을 갖는다. 이것은 아주 위대한 영감인데, 이 영감을 통해 인간의 행동은 거시적으로 우주와 교응하기 때문이다.

이렇게 이 세 가지는 서로 연관되어 있다. 난점은 다음과 같다. 즉, 과학은 때로 이 세 가지 가운데 형이상학적 측면과 충돌한다. 예를 들어, 과거에 지구가 우주의 중심인가 아닌가에 대한 논쟁이 있었다. 지구는 태양 주위를 도는가 정지해 있는가? 이 논쟁은 커다란 종교 투쟁과 혼란을 일으켰지만 결국 해결되었다. 이 경우에는 종교가 물러선 것이다. 좀더 지나서는 인간의 조상이 동물인가에 대한 논쟁으로 충돌이 일어났다.

이런 상황에 맞닥뜨린 결과, 대개는 종교의 형이상학적 관점이 물러서게 되었지만, 그랬는데도 종교는 무너지지 않았다. 나아가 도덕적 관점에 상당한 혹은 근본적인 변화도 일어나지 않은 것 같다.

결국 지구는 태양 주위를 돌고 있다. 그렇다면 다른 쪽 뺨도 내밀어야 하지 않는가? 지구가 정지해 있든 태양 주위를 돌든 무엇이 달라지는가? 우리는 다시 충돌을 예상할 수 있다. 과학은 발전하고 있으니, 현 종교의 형이상학적 관점과 충돌하는 새로운 것이 거듭 발견될 것이다. 사실 과거에 종교가 거듭 물러섰는데도, 각 개인들이 과학을 배우고 종교에 대해 들을 때 여전히 심각한 충돌이 생긴다. 오늘날까지 이 충돌은 제대로 조정되지 않았다. 여기에는 심각한 충돌이 있는데도 도덕은 영향을 받지 않는다.

사실 이러한 형이상학적 측면의 충돌을 해소하기는 곱으로 어렵다. 무엇보다도 사실들이 충돌할 수 있기 때문이고, 사실들이 충돌하지 않더라도, 양자의 태도가 다르기 때문이다. 과학이 가진 불확실성의 정신은 형이상학적 질문을 추구하는 태도로 나타나는데, 이 태도는 종교에서 요구하는 믿음과 확실성의 태도와 아주 다르다. 종교의 형이상학적 측면에는, 사실과 태도 모두에 확실한 충돌이 있다고 나는 믿는다.

계속 발전하고 항상 변화하면서 미지의 영역으로 나아가는 과학과 충돌하지 않을 형이상학적 개념을 종교가 갖는다는 것은 불가능하다고 나는 믿는다. 이런 문제를 어떻게 풀어야 할지 우리는 그 답을 모른다. 미래에도 틀렸다고 말할 수 없는 답을 찾는 것은 불가능하다. 이러한 어려움은 과학과 종교가 같은 영역의 질문에 대답하려고 하기 때문에 생겨난다.

도덕적 질문과 과학

한편으로 나는 과학이 도덕적 질문과 충돌하지 않는다고 생각한다. 도덕적 질문이 과학의 영역 밖에 있다고 믿기 때문이다. 내가 왜 이렇게 생각하는지 서너 가지 논거를 제시하겠다.

첫째, 지난날 과학과 종교는 형이상학적인 측면에서 충돌했지만, 옛날의 도덕적 관점은 무너지지 않았고 변하지도 않았다.

둘째, 예수의 신성을 믿지 않으면서도 기독교적 윤리를 실천하는 훌륭한 사람들이 있다. 그들은 어떤 모순도 발견하지 않는다.

셋째, 비록 예수의 생애에 관한 어떤 특별한 측면, 혹은 종교의 다른 형이상학적 개념에 대한 증거라고 부분적으로 해석될 수 있는 과학적 증거가 때로 발견되기도 하지만, 황금률(마태복음 7장 12절: 무엇이든지 남에게 대접을 받고자 하는 대로 너희도 남을 대접하라—옮긴이주)에 영향을 미칠 과학적 증거는 존재하지 않는다고 본다. 내가 보기에 이것은 영역이 다르다.

이제, 왜 다른지에 대해 내가 약간의 철학적 설명을 할 수 있는지 보자. 어째서 과학은 도덕의 근본적 기초에 영향을 줄 수 없는가?

전형적인 인간의 문제, 그리고 그 문제에 대해 종교가 제시하고자 하는 대답은 항상 다음과 같은 형태를 띤다. 내가 이걸 해야 하는가? 우리가 이걸 해야 하는가? 정부가 이걸 해야 하는가? 이 질문에 대답하기 위해 우리는 이것을 두 부분으로 나눌 수 있다.

첫째, 내가 이것을 하면 무슨 일이 일어날까?

둘째, 나는 그 일이 일어나기를 바라는가? 그 일의 결과는 가치 있는 것, 좋은 것인가?

내가 이것을 하면 무슨 일이 일어날까? 이 질문은 엄격히 과학적인 것이다. 사실 과학은 바로 그러한 형태의 질문에 대답하고자 하는 하나의 방법이며, 그 결과로 얻어진 정보의 집합이라고 정의할 수 있다. 내가 이것을 하면 무슨 일이 일어날까? 답을 찾는 방법은 근본적으로 이런 것이다. 해보고 관찰한다. 그런 다음 그 경험으로부터 대량의 정보를 얻어서 결합한다. 철학적 질문이든 다른 어떤 질문이든, 실험으로 검증할 수 있는 형태로 만들 수 없는 질문, 즉 간단하게 말해서 '내가 이것을 하면 무슨 일이 일어날까?' 와 같은 형태로 만들 수 없는 질문은 과학적 질문이 아니다. 그것은 과학의 영역 밖에 있는 질문이다. 이 말에 대해서는 모든 과학자들이 동의할 것이다.

나는 그 일이 일어나기를 바라는가? 그 일의 결과는 어떤 가치가 있는가? 그리고 그 결과의 가치는 어떻게 판단할 수 있는가? 이것은 '내가 이걸 해야 하는가?' 라는 질문과 상응한다. 이런 질문은 과학의 영역 밖에 있는 질문이라고 나는 주장한다. 무슨 일이 일어나는지 아는 것만으로는 대답할 수 없기 때문이다. 그래도 우리는 그런 판단을 해야 한다. 도덕적으로. 따라서 이러한 이론적 이유 때문에, 종교의 도덕적 관점 혹은 윤리적 관점은 과학적 정보와 전혀 충돌하지 않는다고 나는 생각한다.

종교의 세 번째 측면, 영적 측면은 내가 가상의 토론자들에게 제시하고 싶은 가장 핵심적인 주제다. 오늘날 어떤 종교든, 힘과 평안을 위한 영감의 원천은 형이상학적 측면과 밀접한 관계가 있다. 즉, 신의 뜻에 복종하며, 신과 더불어 존재한다고 느끼며, 신을 위해 일하는 데서 영감이 일어난다. 이러한 태도를 기초로 한 도덕규범과 맺어진 정서적 유대감은 신의 존재를 의심하는 순간 심각하게 약화되기 시작한다. 아주 근소한 의심만 일어도 그러하다. 따라서 신에 대한 믿음이 불확실해지면, 영감을 얻는 이 특별한 방법은 쓸모가 없게 된다.

나는 이 핵심 문제를 어떻게 풀어야 할지 답을 모른다. 그런데 이 문제가 종교의 참된 가치를 유지할 수 있는 관건이 된다. 종교는 형이 상학적 측면의 절대적 확신을 요구하지 않으면서도 동시에, 대다수 사람들에게 힘과 용기의 원천이 될 수 있는가?

서구 문명의 유산

내가 보기에 서구 문명은 두 가지 커다란 유산을 기초로 하고 있다. 하나는 과학의 모험 정신, 즉 미지에 대한 모험 정신이다. 미지를 탐구하기 위해서는 우리가 그것을 모른다는 것을 먼저 인식해야 한다. 대답될 수 없는 우주의 신비는 대답되지 않은 채 남겨둘 필요가 있다. 과학은 모든 것이 불확실하다는 태도를 필요로 하며, 한마디로 지성인의 겸허함을 필요로 한다. 또 하나의 거대한 유산은 기독교 윤리다. 이 윤리는 사랑에 입각한 행동의 기초가 되며, 인류의 형제애와 개인의 가치, 영혼의 겸허함에 입각한 행동의 기초가 된다.

이 두 가지 유산은 논리적으로 전혀 모순되지 않는다. 그러나 논리가 전부는 아니다. 인간이 어떤 사상을 따르기 위해서는 가슴을 필요로 한다. 사람들이 종교로 돌아간다면, 그것은 어디로 돌아간다는 뜻인가? 교회인가? 현대 교회는 신을 의심하는 사람에게도 안식을 주는 곳인가? 나아가 신을 믿지 않는 자에게도 안식을 주는가? 현대 교회는 그러한 의심의 가치를 마음껏 북돋아주는 곳인가? 우리는 이제까지 이 모순 없는 두 유산의 어느 하나를 유지하기 위해 상대의 가치를 공격함으로써 힘을 소모해 오지는 않았을까? 그것은 불가피한 것일까? 서구 문명의 두 기둥이 서로를 두려워하지 않고 정정히 함께 서 있을 수 있도록, 두 기둥을 받쳐줄 영감을 어떻게 끌어낼 수 있을 것인가? 이것이 바로 우리 시대의 핵심 문제일 것이다.

이 문제에 대한 토론은 다른 패널들에게 넘기겠다.

게재 허가에 감사드리며

'발견하는 즐거움'은 리처드 P. 파인만의 인터뷰를 편집한 것으로서, 영국 BBC2 텔레비전 방송에서 'Horizon: The Pleasure of Finding Things Out'이라는 제목으로 방영되었다. 제작자 크리스토퍼 사이키스와, 칼 파인만, 미셸 파인만의 허락을 받고 실었다.

'과학이란 무엇인가?'는 〈물리교사〉(제9권, 313~320쪽, 1969년 출판)에서 뽑은 글로서, 저작권인 미국 물리교사협회의 허락을 받고 실었다.

'밑바닥에서 본 로스앨러모스'는 캘리포니아 공대의 〈엔지니어링과 과학〉지에 발표된 것으로, 허락을 받고 실었다.

'현대 사회에서 과학문화란 무엇이며, 어떤 역할을 해야 하는가?'는 이탈리아 물리학회의 허락을 받고 실었다.

'과학의 가치'는 〈남들이 뭐라든 무슨 상관이람?—호기심 많은 사람의 더 큰 모험〉(리처드 파인만이 랠프 레이튼에게 구술한 것으로서 1988년 출판. 저작권자는 게네스 파인만과 랠프 레이튼)에 실린 글이다. W.W. 노튼 앤드 컴퍼니(주)의 허락을 받고 실었다.

'바닥에는 풍부한 공간이 있다'는 캘리포니아 공대의 〈엔지니어링과 과학〉지에 발표된 것으로, 허락을 받고 실었다.

'세상에서 가장 똑똑한 사람'은 〈옴니〉지(1992)의 저작권자인 옴니 퍼블리케이션스 인터내셔널(주)의 허락을 받고 실었다.

'카고 컬트 과학'은 캘리포니아 공대의 〈엔지니어링과 과학〉지에 발표된 것으로서, 허락을 받고 실었다.

'하나 둘 셋을 세는 것만큼 쉽다' 는 〈남들이 뭐라든 무슨 상관이람?〉에 나온 글로서, W.W. 노튼 앤드 컴퍼니(주)의 허락을 받고 실었다.

'미래의 컴퓨터' 는 니시나 추모 강연으로서 1985년에 처음 출판된 것이다. 니시나 기념 재단을 대표하는 K. 니시지마 교수의 친절한 허락을 받아 여기에 실었다.

'과학과 종교의 관계' 는 캘리포니아 공대의 〈엔지니어링과 과학〉지에 발표된 것으로서, 허락을 받고 실었다.

파인만이 지은 책들

The Character of Physical Law

Elementary Particles and the Laws of Physics:
The 1986 Dirac Memorial Lectures (with Steven Weinberg)

Feynman Lectures on Physics
(with Robert Leighton and Matthew Sands)

Lectures on Gravitation
(with Fernando B. Morinigo and William G. Wagner; edited by Brian Hatfield)

The Meaning of It All: Thoughts of a Citizen-Scientist

Photon-Hadron Interactions

QED: The Strange Theory of Light and Matter

Quantum Electrodynamics

Quantum Mechanics and Path Integrals (with A. R. Hibbs)

Six Easy Pieces:
Essentials of Physics Explained by Its Most Brilliant Teacher

Six Not-So-Easy Pieces:
Einstein's Relativity, Symmetry, and Space-Time

Statistical Mechanics: A Set of Lectures

Surely You're Joking, Mr. Feynman!
Adventures of a Curious Character

The Theory of Fundamental Processes

What Do You Care What Other People Think?
Further Adventures of a Curious Character